高职高专"十二五"规划教材

金属材料与热处理

杨海鹏　主编

邹建生　郑淑玲　副主编

U0203757

化学工业出版社

·北京·

本书从高职高专学生的学习特点和认知规律出发，将工程应用的金属材料、模具材料及热处理有机结合起来。以任务驱动为抓手，以金属材料选用、热处理工艺制定为主线，从生产一线选择大量真实图片、表格、典型案例、练习题，结合金属材料在工程上的实际应用与技能要求，提炼优化 10 个大项内容，即认识并掌握金属材料基本性能、认识并应用金属材料的晶体结构与结晶、掌握并运用铁碳合金相图、掌握钢的热处理工艺与应用、熟悉并正确选用碳素钢、掌握常用合金钢的性能与应用、掌握常用铸铁性能与应用、合理选用非铁金属及其合金、金属材料工程选用、了解工程前沿新材料。

本书可作为高职高专院校机械设计与制造、模具设计与制造、数控加工、计算机辅助设计与制造、机电一体化等专业的学生教材，也可作为中等职业技术学校机械类专业学生的教材，还可供生产一线在职机械设计人员查阅与技术工人培训使用。

图书在版编目（CIP）数据

金属材料与热处理/杨海鹏主编. —北京：化学工业出版社，2014.7（2019.9 重印）
高职高专"十二五"规划教材
ISBN 978-7-122-20899-6

Ⅰ. ①金… Ⅱ. ①杨… Ⅲ. ①金属材料-高等职业教育-教材②热处理-高等职业教育-教材 Ⅳ. ①TG14 ②TG15

中国版本图书馆 CIP 数据核字（2014）第 124324 号

责任编辑：高　钰　　　　　　　　　　文字编辑：杨　帆
责任校对：宋　玮　　　　　　　　　　装帧设计：刘丽华

出版发行：化学工业出版社（北京市东城区青年湖南街 13 号　邮政编码 100011）
印　　装：北京虎彩文化传播有限公司
787mm×1092mm　1/16　印张 15¼　字数 373 千字　2019 年 9 月北京第 1 版第 3 次印刷

购书咨询：010-64518888　　　　　　售后服务：010-64518899
网　　址：http://www.cip.com.cn
凡购买本书，如有缺损质量问题，本社销售中心负责调换。

定　　价：32.00 元　　　　　　　　　　　　　　　　版权所有　违者必究

前言

改革与创新时代迫切需要综合素质高、实践能力强和创新能力突出的一线复合技能型人才。这就需要教育机构勇于改革，探索科学合理、适合高职高专院校学生学习特点的教学模式与教材。

本书由长期从事金属材料与热处理的生产一线的科研人员、教学经验丰富的优秀教师合力打造，内容力求保持科学性、实用性、新颖性、前瞻性。以任务驱动为主线，再配以精炼的语言表述、丰富生动的插图、设计合理的表格、典型案例分析等手段，培养学生应用能力、实践动手能力和分析问题、解决问题的能力。通过课程学习，使学生初步获得金属材料性能与热处理知识、合理选用金属材料及正确制定热处理工艺的能力。力求使学生在理论知识、素质、能力等方面得到较大提升。

书中语言叙述精炼，文字与图片、表格并举，力求避免大段或整页文字的烦躁表述，必将极大提高学生的感性认识，从而提高学生的学习与阅读兴趣。书中各章配备大量的填空题、选择题、判断题、简答题及综合分析题，供学生学习时自我检查与提高。

本书由杨海鹏主编，邹建生、郑淑玲任副主编。其中课题一、六、九由杨海鹏编写，课题三、七由邹建生编写，课题二、十由张晓宇编写，课题四由郑淑玲编写，课题五由廖红宜编写，课题七由广顺达电器有限公司高燕宏编写，课题八由汉宇电器有限公司林瑞展编写，君盛模具有限公司刘炳良参与资料整理与校对工作。

本书的内容已制作成用于多媒体教学 PPT 课件，并将免费提供给采用本书作为教材的院校使用。如有需要，请发电子邮件至 cipedu@163.com 获取，或登陆 www.cipedu.com.cn 免费下载。

本教材编写过程中，参阅了有关教材和资料，在此表示衷心感谢。恳请适用本教材的读者对书中的错误和疏漏之处批评指正，以便修订时改进。

编者

课题一

认识并掌握金属材料基本性能

任务一　认识金属材料

● 知识目标

了解材料的历史；熟悉材料的分类；认识新材料。

● 能力目标

能够区分金属材料与非金属材料；能够辨别金属材料物理性能和化学性能。

1. 材料的历史与发展

什么是材料呢？人类利用材料制作生产和生活用的工具、设备及设施，不断改善了自身的生存环境与空间，创造了丰富的物质文明和精神文明。例如我们穿的衣服是由各种纤维材料制成；我们住的房屋是由各种建筑材料建成，窗户上的玻璃，吃饭用的碗、勺子，工厂里的机器；大街上行驶的自行车、摩托车与汽车；铁路上飞驰的列车；河流与海洋中的轮船和战舰，天上飞行的飞机、火箭；太空中的人造卫星与太空舱等产品都是由各种各样的材料制成，如图1-1所示。因此可以说，材料是人类用来制作各种产品的物质，是先于人类存在且能为人类制造有用器件的物质，材料是人类生活、社会发展的重要物质文明基础。

图1-1　陆海空运输工具

材料的特性是能用于结构、机器、器件或其他产品。例如，金属、陶瓷、半导体、超导体、聚合物（塑料）、玻璃、介电材料、纤维、木材、沙子、石块、复合材料等都属于材料的范畴。材料的特点是既要能为人类使用，同时具备经济性。材料的发展与进步不断改善着人类的生活质量。人类社会的发展历史表明，生活中使用的材料的性质直接反映人类社会文明的发展水平，材料应用的发展是人类发展的里程碑！

大约在公元前10万年的远古时代，人类只能使用天然的石头、木棒作为狩猎工具，称之为石器时代，如图 1-2 所示；大约公元前 8000 年，火的发现使人类有了改造自然的武器，从此人类对材料的使用由天然材料向人工材料发展，开始了陶器时代，如图 1-3 所示；大约公元前 3000 年，随着制陶技术的发展，又为炼铜准备了必要的条件，紧接着是青铜器时代，如图 1-4 所示；大约公元前 1000 年，由青铜器过渡到铁器是生活工具的重大发展，伴随着冶炼技术的提高，人类社会步入了铁器时代，如图 1-5、图 1-6 所示；公元元年欧洲制造出水泥，开辟了水泥时代；随着农业、手工业的技术进步和商品经济的发展、新航路的开辟等，促进了世界各大洲间的联系，为资本主义的产生和发展提供了地理方面的便利，人类迎来了资本主义大工业的钢铁时代，如图1-7 所示；20 世纪 40 年代材料科学的技术革命产生了复合材料，人类进入了新材料时代（硅器时代）；21 世纪的人类已进入金属（如钛金属）、高分子、陶瓷及复合材料共同发展的时代，如图 1-8所示。因此，人类使用材料经历了从低级到高级、从简单到复杂、从天然到合成的过程。

旧石器　　　　　　　　　　　新石器

图 1-2　石器时代

图 1-3　陶器　　　　　　　　　　　图 1-4　商代青铜器

图 1-5　战国铁锄　　　　　　　　　图 1-6　黄河镇河大铁牛

材料、能源、信息共同组成了人类生活的基本资源。建筑、交通、能源、计算机、通信、多媒体、生物医学工程等学科无一不依赖于材料科技的发展而实现和突破。没有钢铁材料，就没有今天的高楼大厦；没有专门为喷气发动机研制的材料，就没有乘坐飞机旅行的今天；没有耐高温复合涂层材料，就没有人类探索太空的飞船；没有固体微电子材料，就没有当今的计算机。因此，材料是所有科技进步的基石。当前，材料有数十万余种之多，而新材料的种类每年以5％左右的速度递增。材料的质量、品种和数量已成为衡量一个国家科技、经济水平和国防力量的重要标志之一，如图1-9～图1-15所示。

图1-7 现代工业炼钢

图1-8 人工合成材料

图1-9 尼龙齿轮

图1-10 耐磨陶瓷

图1-11 高速列车（时速400km）

图1-12 汽车

图1-13 飞机

图1-14 飞船

图 1-15　航空母舰

2. 材料的分类

按不同的分类方法可以将材料分成不同的类别，常见的五种分类方法如下。

（1）按材料的化学组成分类

根据材料的化学组成可将材料分为金属材料和非金属材料两大类。非金属材料又可分为高分子材料、陶瓷材料和复合材料三种类型。

金属材料可分为钢铁材料（黑色金属）和非铁金属材料（有色金属），如图 1-16 所示。

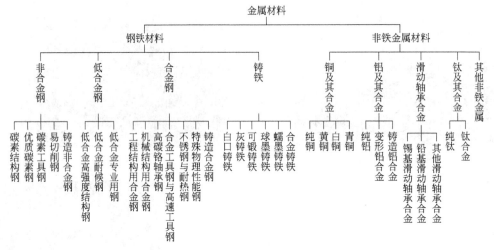

图 1-16　金属材料分类

（2）按材料的特性和用途分类

根据材料的特性和用途可将材料分为结构材料和功能材料两大类。

① 结构材料：使用时考虑材料的强度、硬度和韧性等各种力学性能，用于实现运动、传递动力、承担负荷等，通常作为结构件（梁、轴、齿轮、螺栓等）。例如房屋、桥梁用钢和混凝土、汽车底盘和发动机用材料、飞机机翼和机身用铝材、塑料座椅等。

② 功能材料：使用时考虑材料的电、磁、光、热、声以及功能转换（如压电、光电、声光、热电等变换）等物理和化学性能，如电线、磁铁、磁头、光纤、光控（声控）电灯、

热电偶等。一般作为计算机硬盘的磁记录材料和芯片的硅基片及其上的各种薄膜材料、光缆的光导纤维等信息技术的主体材料、人工器官和各种保温材料等。

（3）按材料内部原子排列情况分类

根据材料内部原子排列情况可将材料分为晶体材料与非晶体材料两大类。

（4）按材料的热力学状态分类

根据材料的热力学状态可将材料分为稳态材料及亚稳态材料两大类。

（5）按材料尺寸分类

根据材料尺寸可将材料分为一维（纤维及晶须）材料、二维（薄膜）材料及三维（大块）材料三大类。

3. 金属材料的应用

在近代，材料专家把金属材料比做现代工业的骨架，并且随着金属材料大规模生产及其使用量的急剧上升，它极大地促进了人类社会经济和科学技术的飞速发展。如果没有耐高温、高强度、高性能的钛合金等金属材料，就不可能有现代宇航工业的发展。

随着金属材料的广泛使用，地球上现有的金属矿产资源将越来越少。据估计，铁、铝、铜、锌、银等几种主要金属的储量，只能再开采 100～300 年。主要解决办法：一是向地壳的深部要金属；二是向海洋要金属；三是节约金属材料，寻找其代用品。目前，世界各国都在积极采取措施，不断改进现有金属材料的加工工艺，提高其性能，充分发挥其潜力，从而达到节约金属材料的目的。如轻体汽车的设计，就是利用高强度钢材，达到节约金属材料、减轻汽车自重和省油的目的。

2012 年我国钢铁产量突破了 7 亿吨，成为国际钢铁市场上举足轻重的"第一力量"，有力地促进了我国机械制造、矿山冶金、交通运输、石油、电子仪表、宇宙航行等行业的发展。同时，原子弹、氢弹、导弹、人造地球卫星、载人火箭、超导材料、纳米材料等重大项目的研究与试验成功，都标志着我国在金属材料及加工工艺方面达到了新的水平，相信在不远的将来，我国在机械制造方面定能进入世界先进行列。

任务二 了解钢铁材料的生产过程

知识目标

了解炼铁、炼钢的生产过程。

能力目标

能说出炼铁与炼钢生产过程的差别。

钢铁材料是钢和生铁的总称，是铁和碳的合金，按含碳的质量分数 w_c 可分为：工业纯铁 $w_c<0.0218\%$、钢 $w_c=0.0218\%\sim2.11\%$、白口铸铁或生铁 $2.11\%<w_c<6.69\%$。

铁矿石经高炉冶炼获得生铁，生铁再经过冶炼得到钢。

1. 熟悉炼铁原理与过程

铁的化学性质活泼，自然界中的铁绝大多数是以铁的化合物形式存在的。炼铁用的原料主要是铁矿石（铁的氧化物），即含铁比较多并且具有冶炼价值的矿物。铁矿石除含有铁的氧化物外，还含有硅、锰、硫、磷等元素的氧化物杂质，称为脉石。从铁的氧化物中提炼铁的过程称为还原过程。炼铁的实质就是从铁矿石中提取铁及其有用元素并形成生铁的过程。

（1）炼铁的原料及作用

① 铁矿石。种类有赤铁矿（Fe_2O_3）、磁铁矿（Fe_3O_4）、菱铁矿（$FeCO_3$）、褐铁矿等，含铁量在30％就有开采价值。

② 燃料。高炉炼铁的燃料是焦炭，作用是燃烧后提供高温，并提供一氧化碳还原剂。

③ 熔剂。常用的熔剂主要是石灰石（$CaCO_3$），其作用是造渣。矿石中的脉石熔点很高，加入熔剂与脉石发生化学作用，生成熔点低、密度小、流动性好的炉渣，将铁分离出来。

（2）炼铁的基本过程

炼铁的设备是高炉，其构造及工作原理如图1-17所示。铁矿石、焦炭、石灰石由装料机构分层在高炉上部装料口装入，经过燃料燃烧、铁的还原和增碳、其他元素的还原、造渣等过程。

① 燃料燃烧。热风（预热后吹入）中的氧与风口附近红热的焦炭燃烧放出大量的热，使燃烧区温度达到1800～1900℃。燃烧产物CO_2热气体上升并与炽热的焦炭层接触，被还原成CO；炽热的CO炉气沿着炉料中的缝隙上升，一方面燃烧加热炉料，另一方面使铁和其他元素的氧化物还原。

② 氧化铁的还原和铁的增碳。铁矿石中氧化铁的还原是高炉冶炼的主要过程。在一定温度下，氧化铁依$Fe_2O_3 \rightarrow Fe_3O_4 \rightarrow FeO \rightarrow Fe$的顺序，被CO还原。整个还原过程在高炉的中部和上部进行。最初还原出来的铁呈海绵状，叫作海绵铁。海绵铁在下降过程中会不断吸收碳而形成含碳3％左右的铁。铁吸收了碳后熔点降低，逐渐熔化成液体，最后汇积在高炉底部形成铁液。

铁液中还含有其他元素，如Si、Mn、S、P等。这些元素主要来自炉料，其中Si、Mn是有益元素，S、P会使钢铁材料变脆，是有害元素，应在冶炼时尽可能地去除。

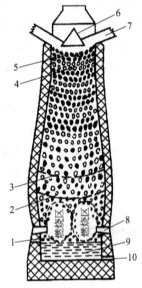

图1-17　高炉及炉内各区域示意图
1—出渣口；2—渣液开始生成滴下（＞1400℃）；
3—铁液开始生成滴下（约1200℃）；4—焦炭区；
5—矿石区；6—装料口；7—煤气出口；
8—热风口；9—生铁液；10—出铁口

③ 造渣。石灰石在加热到一定的温度后，会发生分解，生成生石灰，生石灰与杂质发生反应生成熔渣，渣的密度比铁液小，浮在铁液上，从出渣口排出。

（3）高炉的产品

① 铸造生铁和炼钢生铁。高炉炼出的铁液（称为生铁液），从出铁口流出盛入铁液罐车中，送至炼钢厂将铁液直接炼制为钢，或者将生铁液铸成铸造生铁块（供铸造厂用）或炼钢生铁块（供无炼铁厂的炼钢厂用）。

铸铁零件是将铸造生铁块熔化后浇注而成的。铸造生铁中含硅量较高（$w_{Si} > 1.25\%$），碳大部分以石墨形态存在，断口呈灰色。

② 高炉煤气和炉渣。高炉煤气是炼铁时的重要副产品，煤气经过除尘等处理后，作为各种加热设备的燃料和民用管道煤气。炉渣是炼铁时的一项数量很大的副产品，用来制造水

泥、渣砖等建筑材料。

2. 熟悉炼钢原理与过程

（1）炼钢的过程

钢和铁的最基本的区别在于钢中含碳量和硅、锰、磷、硫的含量都比铁中少，因此，炼钢实质是把生铁中的碳及杂质元素降到规定的水平的过程。降碳及杂质元素的方法是在熔化生铁时，利用纯氧等将碳及杂质元素氧化成气体或炉渣而得以去除。炼铁是一个还原过程，而炼钢则是一个氧化过程，氧化过程结束后，铁液就变成了钢液。但此时钢液中形成了大量 FeO，会使钢的力学性能变差，因此在炼钢的后期需进行脱氧，脱氧过程是向钢液中加入脱氧剂（如锰铁、硅铁、纯铝块），脱氧剂与 FeO 反应，生成炉渣。

（2）炼钢的方法

炼钢的方法有平炉炼钢法、转炉炼钢法和电炉炼钢法，为了提高钢液质量，采用炉外精炼和电渣重熔等方法。平炉构造复杂、建厂投资大、燃料利用率很低、氧化过程缓慢及熔炼时间长等缺点，现已被淘汰。

① 转炉炼钢法。如图 1-18 所示，氧气顶吹转炉炼钢是利用一根或几根吹氧管从钢液上方吹入纯氧，利用炉中化学反应产生的热进行冶炼，不需外加热源。

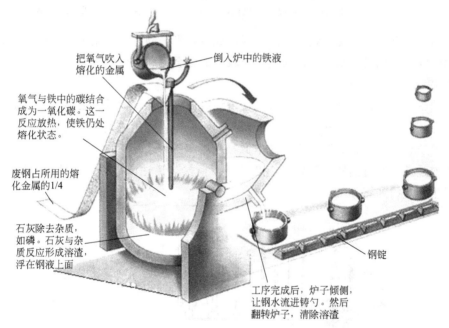

图 1-18　氧气顶吹转炉炼钢示意图

炼钢过程中首先是装料，将铁液注入炉内，并按比例向炉内加入一定量的废钢和造渣材料。然后向炉中吹入 8～12 个标准大气压的氧气。吹炼几分钟后，剧烈的氧化反应使铁液温度升高，使 Si、Mn、S、P 被氧化，并进入渣中，碳被氧化形成 CO 气体逸出炉外。当钢液中 S、P、Si、Mn、C 的含量均已达到技术要求的数量时，停止吹氧。在出钢之前要进行钢液的脱氧和合金化，根据钢种要求加入适量的脱氧剂和合金料（易氧化的合金元素是在出钢后加入到盛钢桶中）。最后将钢液注入钢包以备连铸或模铸使用。

氧气顶吹转炉炼钢法具有生产率高（每炉只需几十分钟）、原料适应性强、成本低等优点。缺点是氧、硫、磷含量较高，烟尘污染较大。主要用来生产用量极大的普通碳钢及低合金钢，但配上炉外精炼也可生产优质合金钢。

② 电炉炼钢法。对于要求更高或在特殊条件下工作的高、中合金钢，多用电炉冶炼。因为电炉具有炉温高，氧、硫及非金属夹杂含量较低，合金元素烧损少等优点。

炼钢用的电炉主要是电弧炉，构造如图 1-19 所示，利用石墨制成的电极与废钢料或钢液之间产生的高温电弧作为热源来进行熔炼的。

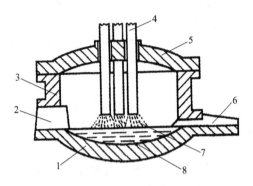

图 1-19　炼钢电炉构造简图与实物
1—炉底；2—装料口；3—炉墙；4—电极；5—炉盖；6—出钢槽；7—电弧；8—钢液

电炉炼钢缺点是要消耗大量的电能，因此成本比平炉钢、转炉钢要高，所以电炉炼钢主要用废钢作为炼钢原料，用于生产质量要求较高的合金钢和特殊钢种。

3. 认识钢的浇注与最终产品

炼好的钢液放入盛钢桶内，除少数直接浇注成铸钢件外，大部分要浇注成钢锭，或用连铸机铸成连铸坯，然后送往轧钢车间或锻压车间，轧制或锻压成型材、坯料等。连铸法生产率高，钢坯质量好，节约能源，生产成本低，应用广泛。

钢锭或连铸坯经过热轧或冷轧后，最终形成板材、管材、型材、线材及其他类型钢材，钢铁材料生产过程如图 1-20 所示。

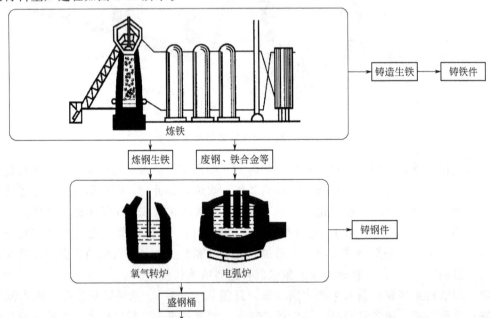

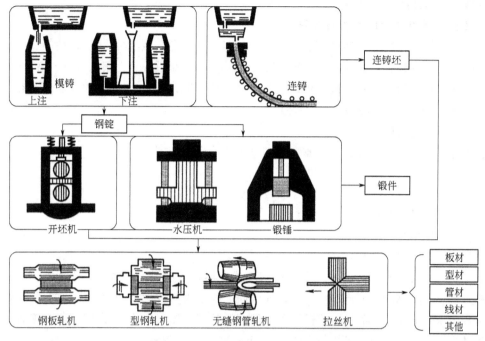

图 1-20　钢铁材料生产过程示意图

① 板材。板材一般分为厚板和薄板。4～60mm 为厚板，常用于造船、锅炉和压力容器等；4mm 以下为薄板，分为冷轧钢板和热轧钢板。薄板轧制后可直接交货或经过酸洗镀锌或镀锡后交货使用。

② 管材。管材分为无缝钢管和有缝钢管两种。无缝钢管用于石油、锅炉等行业；有缝钢管由带钢焊接而成，用于制作煤气管道及自来水管道等。焊接钢管生产率高、成本低，但质量和性能比无缝钢管差。

③ 型材。常用的型材有方钢、圆钢、扁钢、角钢、工字钢、槽钢、钢轨等。

④ 线材。线材是用圆钢或方钢经过冷拔而成的。其中的高碳钢丝用于制作弹簧丝或钢丝绳，低碳钢丝用于捆绑或编织等。

⑤ 其他类型钢材。要求具有特种形状与尺寸的异形钢材，如车辆轮箍、齿轮坯等。

任务三　掌握金属材料的物理与化学性能

● 知识目标

掌握金属材料的物理和化学性能知识。

● 能力目标

能具体应用金属材料的物理和化学性能。

我们通常把金属材料的性能分为使用性能和工艺性能。使用性能是在使用过程中所表现出的特性，包括力学性能、物理性能、化学性能等。工艺性能是金属材料在加工过程中适应各种冷热加工的性能。

1. 掌握金属材料物理性能与应用

金属材料的物理性能包括密度、熔点、导热性、导电性、热膨胀性、磁性等。

常见纯金属材料有：铁（Fe）、铝（Al）、铜（Cu）、金（Au）、银（Ag）、铬（Cr）、镍（Ni）、锰（Mn）、钼（Mo）、钨（W）、钒（V）、钛（Ti）、锌（Zn）、锡（Sn）、铅（Pb）、铍（Be）、铌（Nb）、锆（Zr）、钴（Co）等。

（1）金属密度及应用

金属密度指单位体积金属的质量，用 ρ 表示。计算公式为

$$\rho = \frac{m}{V}$$

式中　ρ ——金属材料密度，kg/m^3；

m ——金属材料，kg；

V ——金属材料体积，m^3。

不同金属的密度不同，同体积金属的密度越大其质量也越大。密度大于 $5 \times 10^3 kg/m^3$ 的金属称为重金属，密度小于 $5 \times 10^3 kg/m^3$ 的金属称为轻金属。密度最大的重金属是锇（$22.48 \times 10^3 kg/m^3$），密度最小的轻金属是锂（$0.534 \times 10^3 kg/m^3$）。常用金属密度查表 1-1。

金属的密度直接影响到所制造设备的自重和效能。如发动机要求质轻和惯性小的活塞，需采用密度小的铝合金制造。航空航天工业领域中，材料密度是选材的最关键性能指标之一，因此，常用铝或钛等质轻合金。

表 1-1　常用金属的物理性能

金属名称	元素符号	密度（20℃）ρ / (kg/m³)	熔点 /℃	热导率 λ / [W/ (m·K)]	线胀系数（0~100℃）$\alpha_1/10^{-6}℃^{-1}$	电阻率（0℃）ρ / (10⁻⁸Ω·m)
银	Ag	10.49	960.8	418.6	19.7	1.5
铝	Al	2.6984	660.1	221.9	23.6	2.655
铜	Cu	8.96	1083	393.5	17.0	1.67~1.68（20℃）
铬	Cr	7.19	1903	67	6.2	12.9
铁	Fe	7.84	1538	75.4	11.76	9.7
镁	Mg	1.74	650	153.7	24.3	4.47
锰	Mn	7.43	1244	4.98（-192℃）	37	185（20℃）
镍	Ni	8.90	1453	92.1	13.4	6.84
钛	Ti	4.508	1677	15.1	8.2	42.1~47.8
锡	Sn	7.298	231.91	62.8	2.3	11.5
钨	W	19.3	3380	166.2	—	5.1

（2）金属熔点及应用

金属和合金从固态向液态转变时的温度称为熔点。纯金属都有固定的熔点。常用金属的熔点见表 1-1。合金的熔点与其化学成分有关，如钢和生铁虽然都是铁和碳的合金，但由于碳的质量分数不同，其熔点也就不同。熔点对于金属和合金的冶炼、铸造、焊接都是重要的工艺参数。

工业上把熔点低于700℃的金属称为易熔金属（如锡、铅、锌等），熔点高于700℃的金属称为难熔金属（如钨、钼、钒等）。熔点高的金属材料用来制造火箭、导弹、燃气轮机和喷气飞机等产品的耐高温零件。熔点低的金属材料用来制造印刷铅字（铅与锑的合金）、保险丝（铅、锡、铋、镉的合金）和防火安全阀等零件。

（3）金属导热性及应用

金属材料能够传导热量的性能称为导热性，其导热能力的大小常用热导率（亦称导热系数）λ 表示。金属的热导率越大，导热性就越好（如银、铜、铝、铬、铁）。金属越纯，导热能力就越大，因此，合金的导热性比自身纯金属差。金属的导热能力以银为最好，铜、铝次之。常用金属的热导率见表 1-1。

导热性好的金属其散热性也好，如在制造空调散热器、热交换器与活塞等零件时，应选用导热性好的金属。在制订焊接、铸造、锻造和热处理等热加工工艺时，必须考虑金属的导热性，防止金属材料在加热或冷却过程中形成过大的内应力，造成金属材料发生变形或开裂。

（4）金属导电性及应用

金属材料能够传导电流的性能称为导电性。金属导电性的好坏常用电阻率的大小来衡量。长 1m、截面积为 $1mm^2$ 的物体在一定温度下所具有的电阻值称作电阻率，用 ρ 表示，单位是 $\Omega \cdot m$。电阻率越小，导电性就越好（如银、铜、铝、镁、钨、镍、铁其电阻率逐次增加，导电性能逐次变差）。

导电性和导热性一样，金属越纯其导电能力就越强，导电性随着合金成分的复杂化而降低，因而纯金属的导电性总比自身合金好。工业上常用纯铜、纯铝作导电材料，而用导电性差的铜合金（康铜）和铁铬铝合金材料作电热元件。常用金属的电阻率见表 1-1。

（5）金属热膨胀性及应用

金属材料随着温度变化而膨胀、收缩的特性称为热膨胀性，用线胀系数 α_l 和体胀系数 α_V 来表示。体胀系数约为线胀系数的 3 倍。线胀系数 α_l 的计算公式如下：

$$\alpha_l = (l_2 - l_1)/l_1 \Delta t$$

式中　α_l——金属材料的线胀系数，$℃^{-1}$；

　　　l_1——金属材料的膨胀前长度，m；

　　　l_2——金属材料的膨胀后长度，m；

　　　Δt——金属材料温度变化量，℃。

常用金属的线胀系数见表 1-1。

在日常生活和工作中需考虑热膨胀性的地方很多，例如：铺设钢轨和建设大桥时在钢轨、桥梁衔接处应留有一定的空隙，保证长度方向上有膨胀的余地；轴与轴瓦之间要根据膨胀系数来控制其间隙尺寸；在制定焊接、热处理、铸造等工艺时须考虑金属的热膨胀影响，以减少工件的变形与开裂；测量工件尺寸时要注意温度，考虑热膨胀的因素，以减少测量误差。

（6）金属磁性及应用

金属材料在磁场中能被磁化的性能称为磁性。根据金属在磁场中受到磁化程度的不同，金属材料可分为以下几种。

① 铁磁性材料。在外加磁场中，能被强烈磁化，如铁、镍、钴等。

② 顺磁性材料。在外加磁场中呈现十分微弱的磁性，如锰、铬、铝等。

③ 抗磁性材料。能够抗拒或减弱外加磁场磁化作用的金属材料，如铜、银、铅、锌等。

在铁磁性材料中，铁及其合金（包括钢与铸铁）具有明显磁性。镍和钴也具有磁性，但远不如铁。铁磁性材料可用于制造变压器、电动机、仪表等；抗磁性材料可用于避免电磁场干扰的零件和结构材料。

当铁磁性材料温度升高到某一温度时就会失去磁性，变为顺磁体，这个转变温度称为居里点，如铁的居里点是 770℃。

2. 掌握金属材料化学性能与应用

金属材料的化学性能有耐腐蚀性、抗氧化性和化学稳定性。

（1）金属材料的耐腐蚀性及应用

金属耐腐蚀性是金属材料在常温下抵抗氧、水蒸气及其他化学介质腐蚀破坏作用的能力。腐蚀是由于金属与周围介质发生化学或电化学作用而发生的。腐蚀作用对金属材料的危害很大，它不仅使金属材料本身受到损伤，严重时还会使金属构件遭到破坏，引起灾难性事故，因此，石油、化工、制药、桥梁等部门应该引起高度重视。

人们在长期的实践中，对金属材料防腐积累了非常丰富的经验，研究出多种防腐方法，大大延长金属材料的使用寿命，也使金属材料的表面更加美观。

① 覆盖法防腐。把金属材料同腐蚀介质隔开，以达到防腐目的。常用的有喷涂油漆（如汽车和摩托车喷漆、"鸟巢"体育馆涂了 6 层防腐漆）、镀层（如镀锌、镀铬等）、喷塑（如家用电器金属表面喷涂热固性塑料）、化学钝化处理（如铝合金表面形成一层色彩艳丽的保护膜）、涂油脂、发蓝处理（钟表零件、枪械零件）、搪瓷。

② 提高金属本身的耐腐蚀性。主要有合金化提高材料的耐腐蚀性（不锈钢）、采用化学热处理法（渗铬、渗铝、渗氮等）使金属表面产生一层耐腐蚀性强的表面层。

③ 电化学防腐。采用牺牲阳极法，即用电极电位较低的金属与被保护的金属接触，使被保护的金属成为阴极而不被腐蚀。例如在轮船机体上焊接一块锌板，来保护船体。

④ 干燥气体封存法。采用密封包装，在包装袋内放入干燥剂或充入干燥气体，湿度控制在 35％以下，使金属防腐，用于包装整架飞机、整台发动机等。

（2）金属材料的抗氧化性及应用

金属材料在室温或加热时抵抗氧气氧化作用的能力称为抗氧化性。金属材料的氧化随温度升高而加速，例如在金属铸造、锻造、热处理、焊接等热加工时，氧化现象比较严重，不仅造成材料的过量损耗，还会形成各种缺陷，影响加工质量。为此，常在加工工件的周围形成一种保护气体，避免金属材料被氧化，提高产品质量。例如在不锈钢焊接时采用氩气保护、碳钢采用二氧化碳气体保护焊等。制造热作模具的材料就要具有较好的抗氧化性。

（3）金属材料的化学稳定性及应用

金属材料耐腐蚀性和抗氧化性，总称为金属材料的化学稳定性。金属材料在高温下的化学稳定性称为热稳定性，即金属材料在受热过程中保持金相组织和性能的能力。在高温条件下工作的设备，如锅炉、汽轮机、喷气发动机等设备上的部件需要选择热稳定性好的材料来制造。化学稳定性的好坏取决于耐腐蚀性和抗氧化性，其中一方面不好其化学稳定性就不好。

任务四　掌握并能测量金属材料的力学性能

●**知识目标**

认识金属材料力学性能；掌握金属材料力学性能的测试方法。

● 能力目标

能利用相关测试设备测量金属材料的力学性能。

金属材料力学性能（机械性能）是指在外力作用是表现出来的性能，指标有强度、刚度、硬度、塑性、韧性、疲劳强度等。

1. 认知并理解载荷、变形、内力、应力、刚度的概念

① 载荷：金属材料在加工和使用过程中所受的外力。载荷作用的性质不同，又分为以下几种。

静载荷——大小不变或变动很小（绳上挂重物）。

冲击载荷——突然增加的载荷（钉钉子、打桩）。

交变载荷——周期或非周期的动载荷（摩托、汽车减振弹簧）。

② 变形：金属材料受载荷作用发生几何形状和尺寸的变化，又分为：

弹性变形——受外力作用时产生变形，当载荷去掉后能恢复到原来形状及尺寸。

塑性变形——受外力作用时产生变形，当载荷去掉后不能恢复到原来形状及尺寸。

③ 内力：金属材料受外力作用，为保持其原状，材料内部作用着与外力相对抗的力。

④ 应力：单位面积上的内力，用 σ 表示

$$\sigma = F/A$$

式中　F——外力，N；

　　　A——横截面积，mm^2；

　　　σ——应力，MPa，$1MPa = 10^6\ Pa$，N/mm^2。

⑤ 刚度：零（构）件加载受力时抵抗弹性变形的能力。刚度等于材料弹性模量与零件截面积的乘积，即 $E \cdot A$。提高零件刚度的方法有增加横截面面积，改变截面形状，选用弹性模量较大的材料。

2. 金属材料强度与塑性及其测定

金属材料抵抗塑性变形或者破坏（断裂）的能力称为强度。

（1）通过静拉伸试验测定金属材料的强度和塑性

金属材料的强度和塑性指标是通过静拉伸试验测得的。静拉伸试验是对试样施加轴向拉力进行拉伸，记录拉伸力和伸长量之间的关系曲线，称为力-伸长曲线，获取金属材料强度和塑性指标参数。拉伸时一般将拉伸试样拉至断裂。

试验前，将金属材料制成一定形状和尺寸的标准拉伸试样，如图 1-21 所示。图中 d_0 为试样原始直径（mm），L_0 为试样原始标距长度（mm）。按照 GB/T 2281—2010《金属材料室温拉伸试验方法》规定：试样分为长试样和短试样。对圆形拉伸试样，长试样 $L_0 = 10d_0$，短试样 $L_0 = 5d_0$。

试验时，将标准试样装夹在拉伸试验机上，如图 1-22 所示，对试样进行轴向拉伸，缓慢地施加载荷，对拉伸过程中特殊变化的载荷进行记录，直至拉断为止。

试验机自动记录装置将整个拉伸过程中的拉伸力和伸长量描绘在以拉伸力 F 为纵坐标，伸长量 ΔL 为横坐标的图上，得到力-伸长量曲线，图 1-23 所示为退火低碳钢试样作出的拉伸曲线。

当拉伸力由零逐渐增加到 F_e 时（即曲线上 Oe 段），试样的伸长量与拉伸力成正比例增

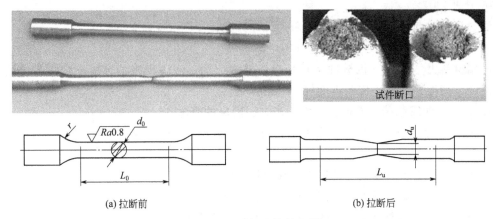

图 1-21　圆形标准拉伸试样

(a) 拉断前　　　　　　　　　　　　(b) 拉断后

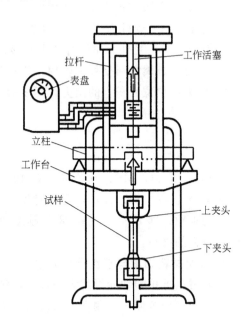

图 1-22　拉伸试验机及其示意图

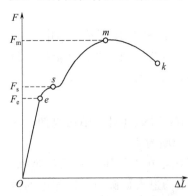

图 1-23　退火低碳钢拉伸曲线

加，试样随拉伸力的增大而均匀伸长，此时若去除拉伸力，试样能完全恢复到原来的形状和尺寸，即试样处于弹性变形阶段。当拉伸力超过 F_e 后，试样除产生弹性变形外，还开始出现微量的塑性变形。当拉伸力增大到 F_s 时，曲线上出现水平（或锯齿形）线段，即表示拉伸力不增加，试样却继续伸长，称此现象为屈服。拉伸力超过 F_s 后，抵抗变形能力增加，此现象称作冷变形强化。随着塑性变形的增大，试样变形抗力逐渐增大，直到最大拉伸力 F_m 时，试样横截面发生局部收缩，即产生缩颈。此后试样的变形局限在缩颈部分，能承受的拉伸力迅速减小，直至拉断试样（曲线 k 点）。

从拉伸曲线上可以看出，试样从开始拉伸到断裂经过了弹性变形阶段、屈服阶段、变形强化阶段、缩颈与断裂四个阶段。

（2）强度的衡量指标

强度是用材料产生一定量的变形和破坏时所对应的应力值来度量的，强度是通过拉伸试验所测得的屈服点和抗拉强度来衡量，如图 1-23 所示。

① 屈服强度。是指试样在拉伸过程中，力不增加（保持恒定）仍能继续伸长（变形）时的现象，称为屈服现象，F_s 表示屈服拉伸力，如图 1-23 所示。这一阶段的最大、最小应力分别称为上屈服强度（R_{eH}）和下屈服强度（R_{eL}）。由于下屈服强度的数值较为稳定，因此以它作为材料抗力的指标。

$$R_{eL} = F_s / S_0$$

式中　R_{eL}——下屈服强度，MPa；

　　　F_s——试样产生屈服时的拉伸力，N；

　　　S_0——试样的初始横截面积，m^2。

有些材料在拉伸时没有明显的屈服现象，如高碳钢和铸铁。因此，以试样去掉拉伸力后，其标距部分的残余伸长量达到规定原始标距长度 0.2% 时的应力，作为该材料的条件屈服点，用符号 $R_{r0.2}$ 表示。R_{eH} 和 $R_{r0.2}$ 是表示材料抵抗微量塑性变形的能力。零件工作时不允许产生塑性变形。因此，R_{eH} 是设计和选材时的主要参数之一。

② 抗拉强度。是指试样被拉断前所能承受的最大拉应力，用符号 F_m 表示，如图 1-23 所示。

$$R_m = F_m / S_0$$

式中　R_m——抗拉强度，MPa；

　　　F_m——试样被拉断前的最大拉伸力，N。

R_m 表征材料对最大均匀塑性变形的抗力。R_{eL} 与 R_m 的比值称为屈强比，屈强比越小，零件工作时的可靠性越高，若超载也不会立即断裂。但屈强比太小，材料强度的有效利用率降低。R_m 也是设计和选材时的主要参数之一。

（3）塑性的衡量指标

塑性是指断裂前材料发生不可逆永久变形的能力，它是用试样在断裂前所能产生的最大塑性变形量来衡量。常用衡量指标是断后伸长率和断面收缩率，如图 1-23 所示。

① 断后伸长率。指试样被拉断后，标距的伸长量与原始标距的百分比，用符号 A 表示：

$$A = (L_u - L_0) / L_0 \times 100\% = \Delta L / L_0 \times 100\%$$

式中　L_0——试样原始标距长度，mm；

　　　L_u——试样被拉断后的标距长度，mm。

长试样的断后伸长率用符号 A_{10} 表示，通常写成 A；短试样的断后伸长率用符号 A_5 表示，同种材料的 A_{10} 与 A_5 数值不相等，二者不能直接比较，一般 $A_5 > A_{10}$。

② 断面收缩率。是指试样被拉断后，缩颈处横截面积的最大缩减量与原始横截面积的百分比，用符号 Z 表示：

$$Z = (S_0 - S_U) / S_0 \times 100\%$$

式中　S_U——试样被拉断处的最小横截面积，mm^2。

A 值或 Z 值越大，材料塑性越好。塑性好的材料可用轧制、锻造、冲压等方法加工成形。

3. 金属材料的硬度及其测试方法

硬度是指材料抵抗其他更硬物体压入其表面的能力。硬度是衡量金属软硬程度的指标。

金属材料硬度的高低是通过特定的方法来测试的。

（1）硬度的测试方法

测定硬度的方法较多，生产中常用的有洛氏硬度、布氏硬度和维氏硬度。

① 洛氏硬度。根据 GB 230.1—2009《金属材料洛氏硬度试验第 1 部分：试验方法（A、B、C、D、E、F、G、H、K、N、T 标尺）》，洛氏硬度测试原理如图 1-24 所示，用锥顶角为 120°金刚石圆锥体或直径为 1.588mm 淬火钢球作压头，先施加初始载荷 F_0，后施加主试验载荷 F_1，总实验载荷 $F = F_0 + F_1$。将压头压入试件表面，保持一定时间后卸去载荷，根据残余压痕深度增量（增量是指去除主试验载荷并保持初试验载荷的条件下，在测量的深度方向上产生的塑性变形量）来计算硬度的一种硬度测试法。

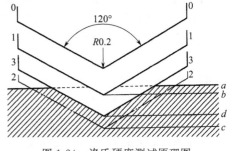

图 1-24　洛氏硬度测试原理图

图 1-24 中 0-0 面位置为压头与试件表面未接触的位置；1-1 面位置为加初试验载荷（98.07 N）后，压头经试件表面 a 压入到 b 处的位置，b 处是测量压入深度的起点（可防止因试件表面不平引起的误差）；2-2 面位置为初试验载荷和主试验载荷共同作用下，压头压入到 c 处的位置；3-3 面位置为卸除主试验载荷，但保持初试验载荷的条件下，因试件弹性变形的恢复使压头回升到 d 处的位置。因此，压头在主试验载荷作用下，实际压入试件产生塑性变形的压痕深度为 bd（称为残余压痕深度增量）。用 bd 大小来判断材料的硬度高低，bd 越大，硬度越低；反之，硬度越高。为适应数值越大，硬度越高的习惯，用一常数 K 减去 bd 作为硬度值（每 0.002mm 的压痕深度为一个硬度单位），直接由硬度计表盘上读出。洛氏硬度用符号 HR 表示，其计算公式为

$$HR = K - bd/0.002$$

用金刚石作压头时，K 为 100；用淬火钢球作压头时，K 为 130。

为使同一硬度计能测试不同硬度范围的材料，可采用不同的压头和试验力。按压头和试验力不同，GB/T 230.1—2009 规定洛氏硬度的标尺有九种，但常用的是 HRA、HRB、HRC 三种，其中 HRC 在工厂里应用最广。洛氏硬度无单位，各标尺之间硬度值没有直接的对应关系，无可比性，只能在同种标尺之间比较硬度的高低。洛氏硬度表示方法是在符号前面写出硬度值，如 60HRC、85HRA 等。洛氏硬度的测试条件和应用范围见表 1-2。

表 1-2　常用洛氏硬度的测试条件和应用范围

硬度符号	压头类型	初试验力 F_0/N	主试验力 F_1/N	总试验力 F/N	适用范围	应　　用
HRA	120°金刚石圆锥	98.07	490.3	588.4	20～88	适用于测量硬度极高的材料和成品，如硬质合金，表面淬火、渗碳钢
HRB	φ1.588mm 淬硬钢球	98.07	882.6	980.7	20～100	适用于测量硬度较低的材料和成品，如有色金属，退火、正火钢等
HRC	120°金刚石圆锥	98.07	1373	1471.1	20～70	适用于测量硬度较高的材料和成品，如淬火钢、调质钢等

注：总试验力＝初试验力＋主试验力。

测量洛氏硬度时要求工件平整，测量表面与压头垂直，工件表面无氧化皮，需在试件不同部位测定三点或三点以上取其平均值。测量时无需换算，可直接从仪表盘中读出硬度值，洛氏硬度计如图 1-25 所示。

洛氏硬度测试操作简便、迅速，测量硬度范围大，压痕小，对试件表面损伤较小，用于测量半成品、成品或较薄工件。但因压痕小，对内部组织和硬度不均匀的材料，所测结果不够准确。

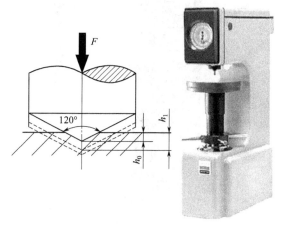

图 1-25　洛氏硬度计

② 布氏硬度。根据 GB/T 231.1—2009《金属材料布氏硬度试验第 1 部分：试验方法》，布氏硬度测试原理如图 1-26 所示。用直径为 D 的淬火钢球或硬质合金球作压头，放置在金属材料表面，施加一定的试验载荷 F，将压头压入试件表面，保持一定时间后卸去载荷，根据试件表面得到压痕直径 d 确定布氏硬度值的大小，用符号 HBW 表示，如图 1-26 所示，图 1-27 为数显布氏硬度计。

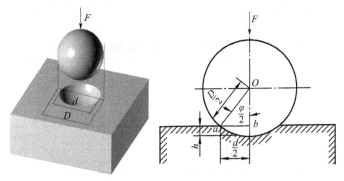

图 1-26　布氏硬度试验原理图

布氏硬度值用下列公式计算：

$$HBW = 0.102 \frac{2F}{\pi D(D - \sqrt{D^2 - d^2})}$$

式中　F——试验力，N；

　　　D——压头直径，mm；

　　　d——压痕直径，mm。

上式中只有 d 是变数，只要测出 d 值，即可通过计算或查布氏硬度表（GB/T 231.4—2009）得到相应的硬度值，d 越小，硬度值越大。实际测量时不用计算，而采用专用刻度放大镜测量压痕直径 d，查附录 2 得到硬度值。目前已有带数字显示的布氏硬度计，测试后可直接读出硬度值，仪器的各项技术指标应符合 GB/T 231.2—2009 的规定，数显布氏硬度计如图 1-27 所示。

试验力的选择应保证压痕直径在 $0.24D < d < 0.6D$ 之间。试验力 F 与压头直径 D 平方的比率（$0.102/D^2$ 比值）应根据材料和硬度值选择。按 GB/T 231.1—2009 规定，压头直径有五种（10mm、5mm、2.5mm、2mm 和 1mm），F/D^2 的比值有七种（30、15、10、5、2.5、1.25 和 1），见表 1-3。

图 1-27　数显布氏硬度计

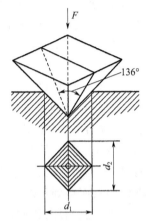

图 1-28　维氏硬度实验原理

表 1-3　不同材料的试验力与压头球直径平方的比率

材　　料	布氏硬度 HBW	试验力—压力球直径平方的比率 $0.102 \times F/D^2 /$（N/mm²）
铜、镍基合金、钛合金		30
铸铁	＜140	10
	≥140	30
钢和钢合金	＜35	5
	35～200	10
	＞200	20
轻金属及其合金	＜35	2.5
	35～80	5
		10
		15
	＞80	10
		15
铅、锡		1

注：对于铸铁试验，压头的名义直径应为 2.5mm、5mm 或 10mm。

　　试验时，无冲击和振动且垂直施压，从加力开始至全部试验力施加完毕的时间应控制在 2～15s 之间，试验力保持时间为 10～15s，允许误差应在±2s 以内。注意压痕中心距试样边缘距离至少应为压痕平均直径的 2.5 倍，相邻压痕中心间距离至少应为压痕平均直径的 3 倍。

　　布氏硬度表示方法是在符号前面写出硬度值，后面依次用相应数字注明压头直径（D）、试验载荷（F）和保载时间（t），保持时间在 10～15s 时不标注。

例 1：200HBW10/1000/30 表示用直径 10mm 的硬质合金球作压头，在 9807N（1000kgf）试验力作用下，保持 30s 所测得的布氏硬度值为 200。

例 2：300HBW5/750 表示用直径 5mm 的硬质合金球作压头，在 7355N（750kgf）试验力作用下，保持 10～15s 所测得的布氏硬度值为 300。

布氏硬度测试法压痕面积较大，能反映出较大范围内材料的平均硬度，测得结果较准确、稳定，但操作不够简便。由于压痕大，故不宜测试薄件或成品件，也不使用于硬度较高的工件。HBW 适于测量硬度值小于 650 的材料，主要用来测定铸铁，有色金属及钢的退火、正火和调质状态的 HBW 值。

布氏硬度不适合测定高硬度材料，三种洛氏硬度所采用的压头、总试验力和标尺不同，彼此之间硬度值无联系，也无法换算。为了从软到硬对各种金属材料进行连续标定，制定了维氏硬度试验法。

③维氏硬度。维氏硬度测试与布氏硬度测试原理相似。区别在于维氏硬度以面夹角为 136° 的金刚石正四棱锥体作为压头。测试时，在规定试验载荷 F（49.03～950.7N）作用下，压头压入试件表面，保持一定时间后，卸除试验载荷，测量压痕两对角线长度 d_1 和 d_2，求其平均值，用以计算出压痕表面积，如图 1-28 所示。单位压痕表面积所承受试验载荷的大小即为维氏硬度值，用符号 HV 表示，计算公式为

$$HV = 0.1891F/d^2$$

式中 F——试验力，N；

d——压痕两对角线长度的算术平均值，mm。

维氏硬度值不需计算，一般是根据压痕对角线长度平均值查 GB/T 4340.11—2009 附表得出。维氏硬度习惯上不标单位，表示方法为：在符号 HV 前面写出硬度值，后面依次用相应数字注明试验力和保持时间（10～15s 不标），例如 640HV30/20，表示在 30kgf（294.2N）试验力作用下，保持 20s 测得的维氏硬度值为 640。

维氏硬度测试法所用试验力小，压痕深度浅，轮廓清晰，数字准确可靠，广泛用于测量金属镀层、薄片材料和化学热处理后的表面硬度。维氏硬度值在 5～1000HV，可测量从很软到很硬的材料。但维氏硬度试验不如洛氏硬度试验简便、迅速，不适于成批生产的常规试验。三种硬度值与强度的近似关系见附录二和附录三。

目前已有先进维氏硬度计，测试后可直接读出或打印出硬度值，如图 1-29 所示。图 1-29(a) 为 LCD 屏幕数显型；图 1-29(b) 为计算机一体型；图 1-29(c) 为笔式无损检测型。

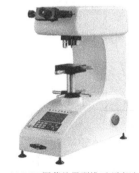  

(a) LCD屏幕数显型维氏硬度计　　　(b) 计算机一体型维氏硬度计　　　(c) 笔式无损检测型维氏硬度计

图 1-29　先进维氏硬度计

目前硬度计市场上已研制出数显布氏、洛氏、维硬度计，具备了布氏、洛氏与维氏三种试验方法，七级试验力的多功能硬度计，能满足多种硬度测试需求。试验力的加载、保载及卸载采用自动切换机构，试验力变换由手轮旋转而获得，有高精度编码器和传感器测量压痕，并由内部系统程序计算出硬度值而显示出来。该硬度计操作简便迅速，界面直观，较少人为操作误差，具有很高的灵敏度，稳定性，适用于车间和试验室，如图1-30所示。

图1-30 布氏、洛氏、维氏硬度计

（2）金属材料硬度值比较及零件硬度要求

常用硬度测定方法HBW、HRC、HV不同，硬度值也不同。如何比较不同硬度值的大小呢？除通过查阅硬度值换算表外，还可以用经验公式进行近似换算：

$$HRC \approx 1/10HBW, \qquad HBW \approx HV$$

硬度是检验毛坯、成品零件的重要性能指标，多数零件图纸中标注有硬度要求。如中碳钢的调质硬度180～320HBW；机械结构零件要求25～45HRC；弹簧类零件要求40～52HRC；注塑模具工作零件要求35～50HRC；冲压模具工作零件要求58～62HRC；刀具、量具要求60～65HRC；硬质合金硬度要求700～2980HV。

4. 金属材料的韧性及其测试

强度、塑性、硬度的力学性能指标是在静载荷作用下测定的。但有些零件在工作过程中受到的是动载荷，如锻锤的锤杆、冲床的冲头等，这些零件除要求强度、塑性、硬度外，还应有足够的韧性。

韧性是指金属材料抗冲击载荷作用而不破坏的能力，韧性的性能指标是通过冲击试验确定。常用夏比冲击试验（摆锤式一次冲击试验）来测定金属材料的韧性，是在专门的摆锤试验机上进行的。按照GB/T 229—2007《金属材料 夏比摆锤冲击试验方法》规定，将被测材料制成V形缺口或U形缺口标准冲击试样。

冲击试验原理图如图1-31所示，试验时，将试样V（U）形缺口背向摆锤冲击方向放在试验机支座上，摆锤举至h_1高度，具有位能$A_{KV1}=mgh_1$，然后使摆锤自由落下，冲断试样后，摆锤升至高度h_2，此时摆锤的位能为$A_{KV2}=mgh_2$，摆锤冲断试样所消耗的能量等于

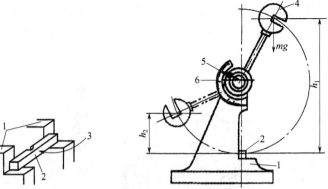

图1-31 夏比摆锤式冲击试验原理示意图

1—支座；2—试样；3—冲击方向；4—摆锤；5—指针；6—刻度盘

V形缺口试样：$KV=A_{KV1}-A_{KV2}=mgh_1-mgh_2=mg$ （h_1-h_2）

U形缺口试样：$KU=A_{KU1}-A_{KU2}=mgh_1-mgh_2=mg$ （h_1-h_2）

试样冲击载荷一次作用下折断工件所吸收的功，称为冲击吸收功，用符号 K 表示，K 值不需计算，可由冲击试验机刻度盘上直接读出。

吸收能量越大，表示金属材料抵抗冲击试验力而不破坏的能力越强。

冲击试样缺口处最小单位横截面积上的冲击吸收功，称为冲击韧度，用符号 a_k 表示

$$a_k = K/S$$

式中　　K——吸收能量；

S——试样缺口底部最小横截面积，cm^2。

冲击吸收功越大，材料韧性越好。冲击吸收功与温度有关，a_k 值随温度降低而减小。冲击吸收功还与试样形状、尺寸、表面粗糙度、内部组织和缺陷等有关。因此，冲击吸收功一般作为选材的参考，而不能直接用于强度的计算。

冲击试验时，冲击吸收功中只有一部分消耗在缺口试样的断开截面上，冲击吸收功的其余部分则消耗在冲断试样前，缺口附近体积内的塑性变形上。因此，冲击韧度不能真正代表材料的韧性，而用冲击吸收能量 K 作为材料韧性的判据更为适宜。国家标准已规定采用 K 作为韧性判据。

5. 金属材料的疲劳强度及其测试

（1）金属材料的疲劳现象

许多机械零件，如轴、齿轮、弹簧等，在工作过程中各点所受的应力随时间而呈周期性变化，这种应力称为交变应力或循环应力，如图 1-32 所示，通常零件工作时承受的应力值低于材料的屈服强度 R_{eL}，零件在这种循环载荷作用下，经过一定循环次数后就会产生裂纹或突然断裂，这种现象叫作疲劳。

疲劳断裂与静态力作用下的断裂不同。在疲劳断裂前都不产生明显的塑性变形，断裂是突然发生的，具有很大的危险性，常常造成严重的事故。在机械零件失效中约有 80% 属于疲劳破坏，因此，研究疲劳现象对于正确使用材料，进行合理设计机械构件具有重要意义。

研究表明：疲劳断裂首先是在零件应力集中局部区域产生的，先形成微小的裂纹核心，即微裂源。在循环应力作用下，裂纹不断扩展，使零件的有效工作面逐渐减小，在裂纹所在的断面上，零件所受应力不断增加，当应力超过材料的断裂强度时，则发生疲劳断裂，形成最后瞬断区。疲劳断裂的断口如图 1-33 所示。

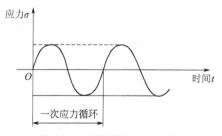

图 1-32　对称循环交变载荷

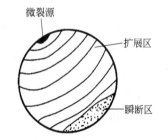

图 1-33　疲劳断裂的断口示意图

（2）疲劳强度

金属材料疲劳是用疲劳强度来衡量的，金属材料在循环应力作用下能经受无限次循环而不断裂的最大应力值，称为金属材料的疲劳强度，对称循环应力的疲劳强度用 σ_{-1} 表示，它是通过疲劳试验测量出来的，对于钢铁材料，循环基数为 10^7；对于非铁合金，循环基数为 10^8。金属材料在承受循环应力 σ 条件下，断裂时对应的循环次数 N 可用曲线描

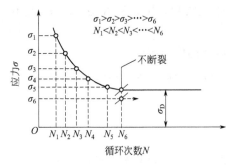

图 1-34　对称循环载荷下的疲劳曲线

述，如图 1-34 所示。

试验结果表明：金属材料的疲劳强度随着抗拉强度的提高而提高。

疲劳破坏一般是由于金属材料内部的气孔、疏松、夹杂及表面划痕、缺口等引起应力集中，导致产生微裂纹。除零件优化设计外，降低零件表面粗糙度值，减少缺口效应，提高疲劳强度；采用表面热处理，如高频淬火、表面形变强化（喷丸、滚压、内孔挤压等）；化学热处理（渗碳、渗氮、碳氮共渗）等都可改变零件表层的残余应力状态，提高零件疲劳强度。

任务五　掌握金属材料的工艺性能

● 知识目标

了解金属材料的加工类型与工艺性能及其影响因素。

● 能力目标

能正确选择金属材料的加工类型。

金属材料的工艺性能是指金属材料在加工制造过程中，适应各种冷、热加工工艺的性能，即金属采用某种加工方法制成成品的难易程度。它包括铸造性能、压力加工性能、焊接性能、热处理工艺性能及切削加工工艺性能等。

1. 掌握金属铸造性能及其影响因素

铸造是将金属熔化为液体，浇注入铸型的空腔，冷却后获得相应的工件毛坯或零件的工艺过程。金属熔化后是否易于铸造成优良铸件的性能称为金属的铸造性能。金属铸造性能包括流动性、收缩性和成分偏析。

（1）流动性

指熔融金属的流动能力。金属的流动性好，铸造时容易充满铸型，可浇注形状复杂的零件。影响流动性的主要因素是化学成分。钢铁材料中含磷量越高，流动性就越好。由于铸铁的含磷量比铸钢高，所以铸铁的流动性比铸钢好。但磷会增加金属的脆断性。

（2）收缩性

指铸件在冷却过程中体积和尺寸减小的现象。铸件的收缩会产生收缩应力，导致缩孔、疏松、变形，甚至裂纹。铸铁的收缩率约为 1%，铸钢的收缩率约为 2%。

（3）成分偏析

指金属凝固后内部组织和化学成分不均匀的现象。偏析使铸件各部分的力学性能产生差异，影响铸件的质量。铸铁的偏析比铸钢小，因此，铸铁的铸造性能比钢好。

流动性好、收缩率小、偏析倾向小的材料其铸造性也好。图 1-35 所示为铸造过程与铸件。

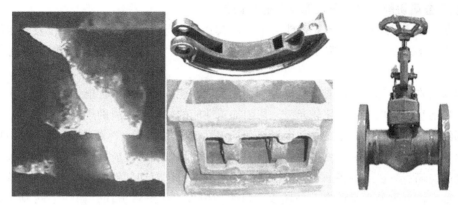

图 1-35　铸造过程与铸件

2. 掌握金属压力加工性能及其影响因素

金属材料在压力加工中承受压力发生变形而不破坏的能力称为压力加工性能，包括锻造性能、轧制性能、挤压性能、拉制性能和冲压性能等。如图 1-36 所示的锻件。

图 1-36　锻件

金属材料的压力加工性能的好坏主要同金属的塑性和变形抗力有关。塑性越好，变形抗力越小，金属的压力加工性能就越好。例如，黄铜和铝合金在室温状态下就有良好的压力加工性能；钢在加热状态下锻造性能良好，锻造不仅减少了模具钢的机械加工余量、节约钢材，而且改善了模具钢内部组织缺陷，如气孔、疏松、碳化物偏析等，所以压力加工质量好坏直接影响模具或零件的质量。重要零件需经锻造。

3. 掌握金属焊接性能及其影响因素

将两部分金属材料通过加热、加压使其牢固结合为一体的工艺方法称为焊接。金属材料对焊接加工的适应能力称为焊接性。焊接性能好的金属能获得没有裂缝、气孔等缺陷的焊缝，焊接接头具有较高的力学性能。金属材料的化学成分对金属的焊接性能有较大影响，低碳钢具有良好的焊接性能，高碳钢、不锈钢、铸铁和铝的焊接性能较差。有些模具要求在工作条件最苛刻部分堆焊上特种耐磨和耐蚀材料，有些模具力求在使用过程中采用堆焊工艺进行修复。焊接性好可以避免焊前预热和焊后处理工艺。图 1-37 所示为电弧焊示意图。

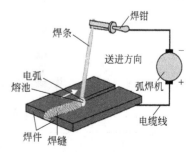

图 1-37　电弧焊示意图

4. 认识金属切削加工工艺性能及其影响因素

切削加工是用刀具切削金属材料毛坯，使其达到一定形状、尺寸精度和表面粗糙度的零件的工艺方法。常用的切削加工方法有车削、铣削、钻削、镗削、刨削和磨削及钳工加工。

金属材料在切削加工中的难易程度称为切削加工性能，切削加工性能好的金属材料使刀具磨损小、切削量大、加工表面比较光滑。切削加工性能的好坏与金属的硬度、导热性、加工硬化、内部组织结构等有关。尤其是硬度对切削加工性能的影响最大，硬度在170～230HBW 的金属材料切削加工性能最好。就钢铁材料而言，铸铁的切削加工性能比钢要好。模具制品有时要求很高的表面质量、低的表面粗糙度值及高的精度，所以对切削性能和抛光性能均有较高要求，这就要求模具钢的质量更高、杂质少、组织均匀以及无纤维方向。如图 1-38 所示切削加工刀具、机床与工件。

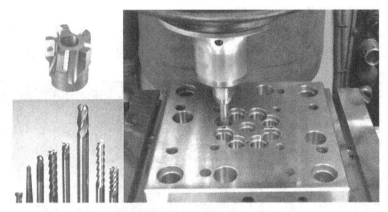

图 1-38　切削加工刀具、机床与工件

5. 了解热处理工艺性能及其影响因素

金属材料的热处理性能是指材料在热处理时的难易程度和产生热处理缺陷的倾向，热处理是改变其性能的主要途径。热处理性能主要包括淬透性、淬硬性、回火稳定性、回火脆性、过热倾向、氧化脱碳倾向、变形倾向和开裂倾向等。影响金属材料热处理性能的主要因素是材料的化学成分和原始组织、加热温度。图 1-39 所示为热处理车间与设备。

图 1-39　热处理车间与设备

【史海觅踪】公元前 6 世纪即春秋末期，我国就已出现了人工冶炼的铁器，比欧洲出现生铁早

1900 多年，如 1953 年在河北兴隆地区发掘出的用来铸造农具的铁模子，说明当时铁制农具已大量地应用于农业生产中。同时，我国古代还创造了三种炼钢方法：第一种是战国晚期从矿石中直接炼出的自然钢，用这种钢制作的刀剑在东方各国享有盛誉，后来在东汉时期传入欧洲；第二种是西汉期间经过"百次"冶炼锻打的百炼钢；第三种是南北朝时期的灌钢，即"先炼铁，后炼钢"的两步炼钢技术，这种炼钢技术比其他国家早 1600 多年。直到明朝之前的 2000 多年间，我国在钢铁生产技术方面一直是遥遥领先于世界的。

思考与练习

一、名词解释

1. 炼铁；2. 炼钢；3. 金属的力学性能；4. 强度；5. 屈服强度；6. 抗拉强度；7. 断后伸长率；8. 塑性；9. 硬度；10. 韧性；11. 疲劳；12. 金属的物理性能；13. 磁性；14. 金属的化学性能；15. 金属的工艺性能

二、填空题

1. 根据材料的化学组成可将材料分为_____和_____两大类；根据材料的特性和用途可将材料分为_____和_____两大类；根据材料内部原子排列情况可将材料分为_____与_____两大类。

2. 炼铁的原料有_____、_____、_____。炼铁的基本过程是_____、_____、_____。炼钢的方法有_____、_____和_____。

3. 金属材料的性能包括使用性能和_____性能。使用性能包括_____性能、_____性能和_____性能。

4. 金属材料的物理性能包括_____、_____、_____、_____和_____。

5. 金属的力学性能指标主要有_____、刚度、_____、韧性、_____和疲劳强度等。

6. 低碳钢拉伸试验过程中的变形阶段包括_____、_____、_____、_____。

7. 常用的硬度测试方法有_____硬度（HBW）、_____硬度（HRA、HRB、HRC 等）和_____硬度（HV）。

8. 450HBW5/750 表示用直径为_____mm 的压头，压头材质为_____，在_____N 压力下，保持_____s，测得的_____硬度值为_____。

9. 填出下列力学性能指标的符号：屈服强度_____、抗拉强度_____、洛氏硬度 A 标尺_____、断后伸长率_____、断面收缩率_____、对称循环应力的疲劳强度_____。

10. 一般将密度_____$5 \times 10^2 \text{kg/m}^3$ 的金属称为轻金属，密度_____$5 \times 10^2 \text{kg/m}^3$ 的金属称为重金属。铁和铜的密度较大，称为_____金属；铝的密度较小，则称为_____金属。

11. 金属材料的化学性能包括_____、_____和_____等。

12. 金属材料工艺性能有_____、_____、_____、_____等。

三、单项选择题

1. 拉伸试验时，试样拉断前能承受的最大标称拉应力称为材料的_____。
   A. 屈服强度　　　B. 抗剪强度　　　C. 疲劳强度　　　D. 抗拉强度

2. 测定淬火钢件的硬度，一般常选用_____来测试。

    A. 布氏硬度计   B. 洛氏硬度计   C. 维氏硬度   D. 邵氏硬度

3. 金属在力的作用下，抵抗永久变形和断裂的能力称为_____。

    A. 强度   B. 塑性   C. 硬度   D. 韧性

4. 作冲击试验时，试样承受的载荷为_____。

    A. 静载荷   B. 冲击载荷   C. 拉伸载荷   D. 交变载荷

5. 金属材料的疲劳强度随着_____的提高而提高。

    A. 屈服强度   B. 塑性   C. 硬度   D. 抗拉强度

6. 金属_____越好，其变形抗力越小，则金属的锻造性能越好。

    A. 强度   B. 硬度   C. 塑性   D. 韧性

7. 测定非铁合金（有色金属）、铸铁及钢的退火、正火和调质状态的金属材料硬度，常选用_____来测试。

    A. 布氏硬度计   B. 洛氏硬度计   C. 维氏硬度   D. 邵氏硬度

8. 当应力超过材料的_____，零件会发生塑性变形。

    A. 弹性极限   B. 抗拉极限   C. 屈服点   D. 疲劳极限

9. 在交变载荷工作条件下的零件材料要考虑的主要的力学性能指标为_____。

    A. 塑性   B. 硬度   C. 疲劳极限   D. 强度

10. 材料的耐磨性与_____的关系密切。

    A. 塑性   B. 硬度   C. 疲劳极限   D. 强度

四、判断题

1. 塑性变形能随载荷的去除而消失。（　　　）

2. 当拉伸力超过屈服强度后，试样抵抗变形的能力将会增加，此现象为冷变形强化，即形变抗力增加的现象。（　　　）

3. 测定金属的布氏硬度，当试验条件相同时，压痕直径越小，则金属的硬度越低。（　　　）

4. 洛氏硬度值是根据压头压入被测金属材料的残余压痕深度增量来确定的。（　　　）

5. 钢和生铁都是以铁和碳为主的合金，二者的含碳量没有差别。（　　　）

6. 1kg 钢和 1kg 铝的体积是相同的。（　　　）

7. 合金的熔点取决于它的化学成分。（　　　）

8. 一般来说，纯金属的导热与导电能力比自身合金好。（　　　）

9. 所有的金属都具有磁性，能被磁铁所吸引。（　　　）

10. 金属的工艺性能是指适应切削加工性能。（　　　）

五、简答题

1. 炼铁的主要原料有哪些？

2. 简述金属的特性有哪些？选用材料时如何应用这些特性？

3. 简述布氏硬度、洛氏硬度及维氏硬度试验测取金属材料硬度值的优缺点。

4. 金属疲劳断裂是怎样产生的？如何提高材料的疲劳强度？

5. 简述金属材料的工艺性能。

六、分析与应用题

1. 画出退火低碳钢的力-伸长曲线，并简述其拉伸变形的几个阶段。

2. 有一钢试样，其原始直径是 10mm，原始标距长度是 50mm，当载荷达到 18840N 时试样产生屈服现象；载荷加至 36110N 时，试样产生缩颈现象，然后试样被拉断；拉断后试样标距长度是 73mm，断裂处直径是 6.7mm，求钢试样的 R_{eL}；R_m；HRA；A；Z。

3. 现测得原始标距长度分别为 100mm、60mm 的长、短两根圆形截面标准试样的 A_{10} 和 A_5 均为 30%，求两试样拉断后的标距长度。试样中哪一根塑性好，为什么？

4. 下列情况应采用什么方法测定硬度，写出硬度值符号。

①钳工用锤头；②硬质合金刀片；③机床尾座上的淬火顶尖；④机床床身铸铁毛坯；⑤铝合金气缸体；⑥钢件表面很薄的硬化层。

5. 下列硬度要求或写法是否正确，为什么？

①15～8HRC；②530～620HBS；③70～75HRC；④HRC50 kgf/mm²；⑤230～360HBW；⑥800～850HV。

6. 现有不同硬度的五种材料 A、B、C、D、E，A 材料的硬度为 430HBS10/1000，B 材料的硬度为 58HRC，C 材料的硬度为 75HRA，D 材料的硬度为 65HRB，E 材料的硬度为 640HV/20，试比较五种材料硬度的高低。

7. 根据钢材的有关标准规定，15 钢的力学性能指标应不低于下列数值：$R_m \geqslant 370MPa$，$R_{eL} \geqslant 225MPa$，$A \geqslant 77\%$，$Z \geqslant 55\%$。现将购进的 15 钢制成 $d_0 = 10mm$ 的圆形截面的短试样，经拉伸试验测得：$F_m = 36kN$，$F_s = 22.7kN$，$L_u = 68mm$，$L_0 = 38mm$，$d_0 = 6mm$，试问这批 15 钢的力学性能是否合格？

8. 图 1-40 中为五种材料经拉伸试验测得的应力-应变（单位长度上的伸长量）曲线：①50 钢；②铝青铜；③30 钢；④硬铝；⑤纯铜。试问：当应力 $\sigma = 300MPa$ 时，各种材料处于什么状态？用 30（$w_C = 0.30\%$）钢制成的轴，在使用过程中发现有较大的弹性弯曲变形，若改用 50 钢（$w_C = 0.50\%$）制作该轴，能否减少弹性变形？若弯曲变形中已有塑性变形，是否可以避免塑性变形？

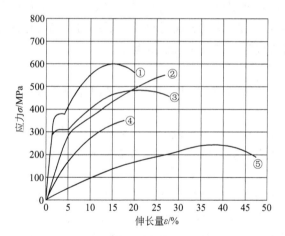

图 1-40 比较五种材料所处的状态

课题二

认识并应用金属材料的晶体结构与结晶

任务一　认识纯金属的晶体结构与缺陷

● 知识目标

认识晶体与非晶体及其特性；掌握纯金属晶体结构及晶体缺陷。

● 能力目标

能根据纯金属晶体的缺陷，解决工程应用实际问题。

金属材料的性能与其化学成分和内部微观组织、结构有着密切的联系，是其内部微观组织的宏观表现。即使是同种金属材料，采用不同的加工工艺也会使内部结构不同，造成使金属材料具有不同的性能。因此，研究金属材料的内部结构及其变化规律，是了解金属材料性能、正确选用材料、合理确定金属加工方法的基础。

1. 认识晶体与非晶体

由液态变成固态的过程称为结晶。固态物质按其内部原子或分子聚集状态不同可分为晶体与非晶体两类。

晶体是指其组成微粒（原子、离子或分子）呈规则排列的物质，如图 2-1（a）所示。晶体具有固定的熔点和凝固点、规则的几何外形和各向异性的特点，如金刚石、石墨及固态金属材料等均是晶体，如图 2-1（b）所示。

非晶体是指其组成微粒无规则地堆积在一起的物质，如玻璃、沥青、石蜡、松香、橡胶等，如图 2-2 所示。非晶体没有固定的熔点，而且性能具有各向同性。现代科技的发展，使晶体与非晶体之间变得可以转化，如人们通过快速冷却技术，制成了具有特殊性能的非晶态的金属材料。

2. 掌握金属的晶体结构及类型

（1）晶格

为了便于描述和理解晶体中原子在三维空间排列的规律性，把晶体内部原子视为几何质点，用假想的直线将各质点中心连接起来，形成空间格子，把这种抽象地用于描述原子在晶体中排列形式的空间几何格子，称为晶格，如图 2-3 所示。

（2）晶胞

根据晶体中原子排列规律性和周期性的特点，通常从晶格中选取一个能够充分反映原子排列特点的最小几何单元进行分析，这个反映晶格特征、具有代表性的最小几何单元称为晶胞。晶胞的大小和形状可用晶胞三条棱边的边长（晶格常数）a、b、c 和三条棱边之间的夹角（晶角）α、β、γ 六个参数来描述，如图 2-3(c) 所示。

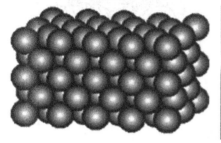

(a) 晶体原子排列

图 2-1　晶体

(b) 金刚石

图 2-2　松香（非晶体）

(a) 晶格中原子的堆垛

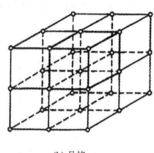

(b) 晶格

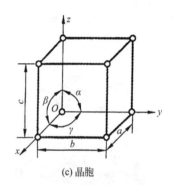

(c) 晶胞

图 2-3　简单立方晶格及其晶胞示意图

（3）常见的金属晶格类型

在已知的 80 多种金属元素中，最常见的晶格类型是体心立方晶格、面心立方晶格和密排六方晶格。

① 体心立方晶格。体心立方晶格的晶胞是立方体，立方体的八个顶角和中心各有一个原子，因此，每个晶胞实有原子数是 $1+8\times1/8=2$ 个，如图 2-4 所示。具有这种晶格的金属有 α 铁（α-Fe）、钨（W）、钼（Mo）、铬（Cr）、钒（V）、铌（Nb）等约 30 种金属。

(a) 原子模型

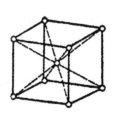

(b) 质点模型

(c) 晶胞中原子示意图

图 2-4　体心立方晶格示意图

② 面心立方晶格。面心立方晶格的晶胞也是立方体，立方体的八个顶角和六个面的中心各有一个原子，因此，每个晶胞实有原子数是 $6 \times 1/2 + 8 \times 1/8 = 4$ 个，如图 2-5 所示。具有这种晶格的金属有 γ 铁（γ-Fe）、金（Au）、银（Ag）、铝（Al）、铜（Cu）、镍（Ni）、铅（Pb）等金属。

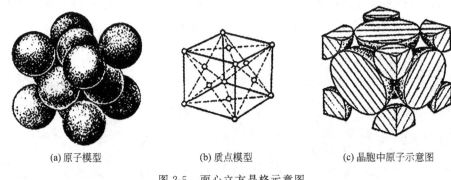

(a) 原子模型   (b) 质点模型   (c) 晶胞中原子示意图

图 2-5　面心立方晶格示意图

③ 密排六方晶格。密排六方晶格的晶胞是正六棱柱，在 12 个顶角和上、下底面中心各有一个原子。另外在上、下面之间还有三个原子，因此，每个晶胞实有原子数是 $2 \times 1/2 + 12 \times 1/6 + 3 = 6$ 个，如图 2-6 所示。具有这种晶格的金属有 α 钛（α-Ti）、镁（Mg）、锌（Zn）、铍（Be）、镉（Cd）等。

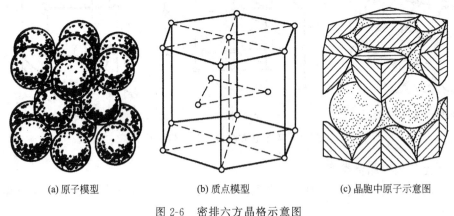

(a) 原子模型   (b) 质点模型   (c) 晶胞中原子示意图

图 2-6　密排六方晶格示意图

3. 认识金属的实际晶体结构与缺陷

（1）单晶体和多晶体

晶体内的晶格位向完全一致的晶体称为单晶体。自然界存在的单晶体有水晶、金刚石等，如图 2-7 所示。采用特殊方法也可获得单晶体，如单晶硅、单晶锗等。单晶体具有显著的各向异性特点。而实际的金属晶体是由许多不同位向的晶粒组成，这种由许多晶粒组成的晶体称为多晶体。多晶体内部以晶界分开而位向相同的晶体称为晶粒，晶粒与晶粒之间的界面称为晶界，如图 2-8 所示。

大部分金属是多晶体结构，测出的性能是各个位向不同的晶粒的平均性能，使金属显示出各向同性。

（2）晶体缺陷

在晶界上原子的排列不像晶粒内部那样有规则，这种原子排列不规则的部位称为晶体缺陷。根据晶体缺陷的几何特点，将晶体缺陷分为点缺陷、线缺陷和面缺陷三种。

图 2-7　天然水晶

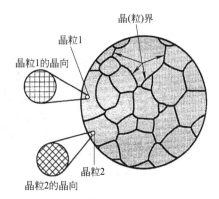

图 2-8　多晶体的晶粒与晶界示意图

① 点缺陷。点缺陷是晶体中呈点状的缺陷，即在三维空间上尺寸都很小的晶体缺陷。常见的缺陷是晶格空位、置换原子和间隙原子。原子空缺的位置称为空位；被其他原子置换的称为置换原子；存在于晶格间隙位置的原子称为间隙原子，如图 2-9 所示。在点缺陷附近的原子之间作用力的平衡被破坏，使其周围其他原子发生靠拢或撑开的不规则排列，称为晶格畸变。晶格畸变将使材料产生力学性能及物理、化学性能改变，如强度、硬度及电阻率增大，密度减小等。

② 线缺陷。线缺陷是指晶体内部某一平面上沿一方向呈线状分布的缺陷，如图 2-10 所示。线缺陷是指各种类型的位错。位错是指晶格中一列或若干列原子发生了某种有规律的错排现象。由图看出，韧型位错是晶体上半部分多出一个原子面，像刀刃一样切入晶体中使晶体间产生错排，最简单、最基本的一种位错。由于位错存在，造成金属晶格产生畸变。

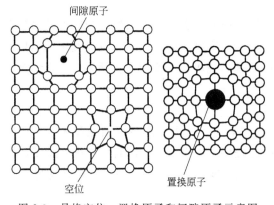

图 2-9　晶格空位、置换原子和间隙原子示意图

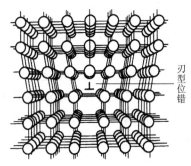

图 2-10　刃型位错示意图

③ 面缺陷。面缺陷是指晶体内部呈面状分布的缺陷，通常是指晶界和亚晶界。多晶体内部存在着许多尺寸很小的小晶块即亚晶粒，亚晶粒之间的交界即亚晶界，是由垂直排列的一系列刃型位错（位错墙）构成。如图 2-11 所示。在晶界处由于原子呈不规则排列，使晶格处于畸变状态，它在常温下对金属的塑性变形起阻碍作用，从而使金属材料的强度和硬度有所提高。

在实际晶体中，晶体的缺陷并不是静止不变的，而是随着条件（如温度、加工工艺等）的改变而不断变化的。晶体中的缺陷既可以产生、发展、运动和交叉，又可以合并或消失。

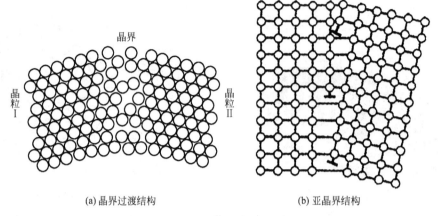

(a)晶界过渡结构   (b)亚晶界结构

图 2-11 晶界与亚晶界结构

任务二 掌握纯金属的结晶与应用

● 知识目标

认识过冷现象与过冷曲线；掌握金属结晶的基本规律及影响晶粒大小的因素。

● 能力目标

能读懂并应用冷却曲线；能应用有效的方法控制晶粒大小。

大多数金属工件都是经过熔化、冶炼和浇注获得的。金属由液态转变为固态的过程称为凝固。通过凝固形成晶体的过程称为结晶。金属结晶形成的铸态组织，将直接影响金属的性能。研究金属的结晶过程是为了掌握金属结晶的基本规律，以便指导实际生产，保证金属获得所需要的组织和性能。

1. 认识过冷曲线与过冷度

纯金属的结晶是在一定温度下进行的，通常采用热分析法测量其结晶温度。首先，将金属熔化，然后以缓慢的速度冷却，在冷却过程中，每隔一定时间测定一次温度，最后将测量结果绘制在温度－时间坐标上，即可得到如图 2-12（a）所示的纯金属缓慢冷却曲线。

从冷却曲线上可以看出，液态金属随着时间的推移，温度逐渐下降，当冷却到某一温度时，在冷却曲线上出现一水平线段，这个水平线段所对应的温度就是金属的理论结晶温度 T_0。金属在实际结晶过程中的冷却曲线如图 2-12（b）所示，液态金属冷却到理论结晶温度 T_0 以下的某一温度时（相差很小）才开始结晶，这种现象称为过冷度，即理论结晶温度 T_0 与实际结晶温度 T_1 之差，公式表示为：$\Delta T = T_0 - T_1$。

实际上金属总是在过冷的情况下结晶的，而且同一金属结晶时的过冷度并不是一个恒定值，过冷度的大小与冷却速度、金属性质及纯度有关，冷却速度越大，过冷度就越大，金属的实际结晶温度也就越低，如图 2-12（c）所示。过冷度越小，凝固时间越长，使得晶粒有足够的生长时间，所以过冷度越小，晶粒越大。而过冷度越大，晶粒越小。

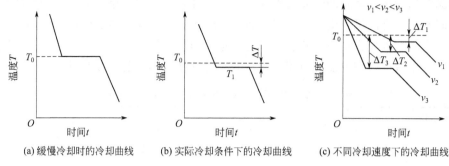

| (a) 缓慢冷却时的冷却曲线 | (b) 实际冷却条件下的冷却曲线 | (c) 不同冷却速度下的冷却曲线 |

图 2-12 纯金属结晶时的冷却曲线

2. 熟悉金属的结晶过程

结晶过程是晶核形成和晶核长大的过程。当液态金属过冷到一定温度时，一些尺寸较大的原子集团开始变得稳定，而成为结晶核心称为晶核。随着时间的推移，温度和降低已形成的晶核会不断长大，同时，又有新的晶核形成和长大，直至液态金属全部凝固。结晶过程中晶核数目越多，晶粒越细小；反之，晶粒越粗大，纯金属结晶过程示意图如图 2-13 所示。

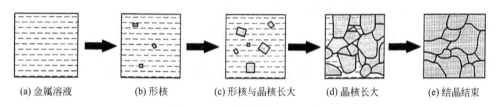

| (a) 金属溶液 | (b) 形核 | (c) 形核与晶核长大 | (d) 晶核长大 | (e) 结晶结束 |

图 2-13 纯金属结晶过程示意图

在实际结晶过程中，液态金属是依附在一些未熔化的微粒表面上形成晶核的。这些未熔化的微粒可能是液态金属中存在的杂质，也可能是有意加入的微粒（其他元素）。此外，也可以在容器壁上形成晶核。

晶核的长大方式主要是平面生长方式和树枝状生长方式。纯金属晶核的长大主要是以结晶表面向前平移的方式进行的，即采取平面生长方式；当过冷度较大，液态金属中存在未熔化的微粒时，金属晶核的长大主要以树枝状生长方式长大，如图 2-14 所示。当液态金属采用树枝状生长方式长大时，若最后凝固的树枝之间不能及时填满，树枝状的晶体就很容易显露出来，如在很多金属铸锭表面就可以看到树枝状的浮雕组织（见图 2-15）。

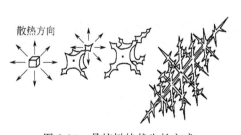

图 2-14 晶核树枝状生长方式

图 2-15 金属铸锭中的树枝状晶体

3. 掌握金属晶粒大小对力学性能的影响

金属结晶后形成了由许多晶粒组成的多晶体。晶粒大小对金属的力学性能有很大的影响，通常晶粒越细小，金属的强度与硬度越高。另外，晶粒越细小，晶界就会越曲折，晶粒与晶粒之间相互咬合的机会就越多，能够防止裂纹的扩展，使受力变形能够更加均匀地分布到各个晶粒，不会因应力集中而断裂，因此，塑性与韧性就越好。所以，在生产实践中力求使金属及其合金获得较细的晶粒组织。晶粒大小对纯铁力学性能的影响见表 2-1。

表 2-1　晶粒大小对纯铁抗拉强度和伸长率的影响

晶粒平均直径 d/mm	抗拉强度 R_m/MPa	伸长率 A/%
0.0970	168	28.2
0.0700	184	30.6
0.0250	215	39.6
0.0020	268	48.8
0.0016	270	50.7
0.0010	284	50.0

4．了解细化晶粒的方法

在生产中为了获得细小的晶粒组织，常采用以下一些方法或措施。

① 增加过冷度。加快液态金属的冷却速度是增大过冷度从而细化晶粒的有效方法之一，如图 2-16 所示。生产中主要采用散热快的金属铸型、在铸型中局部区域加冷铁及采用水冷铸型等，但这些措施对于铸锭或大型铸件来说，由于散热慢，效果不太显著，另外，过大的冷却速度会使铸件开裂而报废。

② 采用变质处理。变质处理就是向液态金属中加入少量难熔的变质剂，形成大量非自发晶核，促进金属液结晶时晶粒数目大幅度增加，达到细化晶粒的效果，以改善其组织和性能。尤其是形状较大或复杂的金属铸件，难以获得较大的过冷度，也不允许冷却速度过快，此时采用变质处理。例如在钢液中加钛、钒、铝，在铝合金液体中加钛、锆等都可细化晶粒，在铁液中加入硅铁、硅钙合金，能细化石墨。

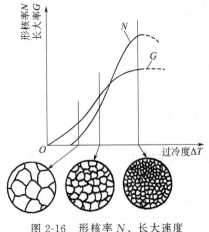

图 2-16　形核率 N、长大速度 G 与过冷度 ΔT 的关系

③ 采用机械搅拌、机械振动、超声波振动和电磁振动等方法可破碎正在长大的树枝晶，形成更多晶核，使晶粒细化。

任务三　认识并理解二元合金的晶体结构与结晶

● **知识目标**

理解合金、组元、相与组织的概念；掌握合金的晶体结构与结晶过程。

● **能力目标**

能分析二元合金匀晶、共晶相图。

1. 理解合金、组元、相与组织的概念

（1）合金

以一种金属为基础，加入其他金属或非金属，经过熔合而获得的具有金属特性的材料。即合金是由两种或两种以上的元素所组成的金属材料，如铜与锌组成黄铜合金。

（2）组元

组成合金最基本的、能够独立存在的物质，称为组元（有二元、三元、多元合金），如铁碳合金的组元是铁和碳。

（3）相

是指合金中具有相同成分、结构及性能相同的组成部分，与其他相有明显的界面之分。若合金是由成分和结构都相同的同一种晶粒构成，各晶粒虽有界面分开，却属于同一种相；若合金是由成分和结构互不相同的几种晶粒构成，则属于不同的相。相不同性能就不同，如水和冰的化学成分相同，但物理性能不同，是两种相；再如，纯铜在熔点温度以上是液相，在熔点温度以下是固相。金属或合金的一种相在一定条件下变为另一种相，称为相变，如金属结晶时由液相变为固相。

（4）组织

合金中不同相之间相互组合配置的状态。即数量、大小和分布方式不同的相构成了合金不同的组织。由一种相组成的组织称为单相组织，由多种相组成的组织称为多相组织。

2. 掌握合金的晶体结构

根据合金中各组元之间的相互作用，合金中的晶体结构可分为固溶体、金属化合物及机械混合物三种类型。

（1）固溶体

合金中一种元素的原子溶入另一组元的晶格中所形成的均匀固相。固溶体中含量较多的元素称溶剂，较少的元素称为溶质。如同将糖溶于水中可以得到糖在水中的"液溶体"，其中水是溶剂，糖是溶质。如果糖水结成冰，便得到糖在固态水中的"固溶体"。根据溶质原子在溶剂晶格中所占位置的不同，可将固溶体分为置换固溶体和间隙固溶体。

① 置换固溶体。溶质原子置换了溶剂晶格结点上某些原子而形成的固溶体。如 Mn、Cr 溶入铁中形成置换固溶体。如图 2-17(a) 所示。

② 间隙固溶体。溶质原子分布于溶剂晶格中且不占据溶剂晶格的结点位置而形成的固溶体。如钢种的碳溶入 α-Fe 中形成间隙固溶体。如图 2-17(b) 所示。由于溶剂晶格的间隙有限，所以间隙固溶体只能有限地溶解溶质原子。

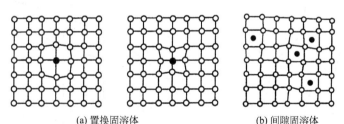

(a) 置换固溶体　　　　　(b) 间隙固溶体

图 2-17　固溶体中产生的晶格畸变示意图

● 溶质原子　　○ 溶剂原子

无论是置换固溶体，还是间隙固溶体，异类原子的插入将使固溶体的晶格发生畸变（见

图 2-17），使固溶体的强度与硬度提高。这种通过溶入溶质原子形成固溶体，使合金强度与硬度升高的现象称为固溶强化，固溶强化是提高金属材料力学性能的重要途径。

（2）金属化合物

金属化合物是指合金中各组元之间发生相互作用而形成的具有金属特性的一种新相。例如，铁碳合金中的渗碳体 Fe_3C 就是铁和碳组成的金属化合物。金属化合物的晶格形式与其构成组员的晶格截然不同，是复杂的晶格结构，具有熔点高、硬而脆的特点。合金中出现金属化合物时，通常能显著地提高合金的强度、硬度和耐磨性，但塑性和韧性也会明显地降低，这种现象成为弥散强化。

（3）机械混合物

固溶体和金属化合物均是组成合金的基本相。由两相或两相以上组成的多相组织，称为机械混合物。在机械混合物中，各组成相仍保持其原有晶格的类型和性能，而整个机械混合物的性能则介于各组成相的性能之间，并与各组成相的性能及相的数量、形状、大小和分布状况等密切相关。绝大多数金属材料中存在机械混合物这种组织状态。

3. 掌握合金的结晶过程及二元合金相图测定

（1）合金的结晶过程

合金的结晶过程比纯金属复杂，但也包括晶核形成和晶核长大两个过程，同时结晶时也需要一定的过冷度，结晶后形成多晶体。绝大多数合金的结晶是在一个温度范围内进行的，结晶的开始温度与终止温度是不相同的。合金的结晶过程可用结晶冷却曲线来描述。

（2）二元合金相图测定

1）相图。表示合金系中的合金状态与温度、成分之间关系的图解。利用相图能知道各种成分的合金在不同温度下存在哪些相，各个相的成分及其相对量。

2）二元合金相图测定。如图 2-18(a) 所示，配置不同成分 Cu-Ni 二元合金（L-液相，α-固相）；测定合金冷却曲线；从冷却曲线上找出临界点，即结晶开始与终了温度，纯铜和纯镍是在恒温下结晶，只有一个临界点，其他比例的合金是在一定温度范围内结晶，有两个结晶点；把各临界点温度标注在坐标中，连接各临界点，得到 Cu-Ni 二元合金相图，如图 2-18(b) 所示。

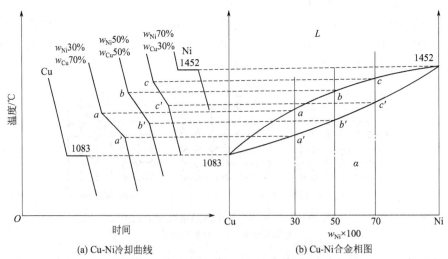

(a) Cu-Ni冷却曲线　　　　　　(b) Cu-Ni合金相图

图 2-18　Cu-Ni 二元合金相图测定

4. 会分析二元合金匀晶相图

凡是二组元在液态和固态下均能完全相互溶解的二元合金相图称为二元匀晶相图，如 Cu-Ni、Au-Ag、Fe-Ni 二元合金相图。这些合金从液相中结晶出来的固体都是固溶体，如图 2-18 所示的 Cu-Ni 二元合金相图。

（1）二元匀晶相图的分析

如图 2-18 所示的二元合金匀晶相图，相图中有三个相区：两个单相区，一个双相区。AmB 线以上为液相区（L）；AnB 线以下为固相区（α）；AmB 线和 AnB 线之间为 L + α 双相区。相图中的特征点和特征线见表 2-2。

表 2-2　Cu-Ni 二元合金相图中的特征点和特征线

类　别	点　或　线	含　义
特征点	A 点	纯铜的熔点（1083℃）
	B 点	纯镍的熔点（1452℃）
特征线	AmB 线	液相线，表示合金加热到该温度线以上时都转变成液相
	AnB 线	固相线，表示合金冷却到该温度线以下时都转变成固相

（2）合金冷却过程分析

以 $w_{Ni} = 20\%$ 的 Cu-Ni 合金为例，分析合金的冷却过程。如图 2-19 所示，当合金以非常缓慢的冷却速度冷却至 AmB 线（t_1）时，从液相中结晶出固相 α 固溶体，随着温度的下降到 $t_1 \sim t_2$ 之间时，从液相中不断结晶出 α 相，α 相的量不断增多而液相的量不断减少，同时液相和固相的成分也将通过原子扩散不断改变。当温度缓冷至 t_2 温度时，液相和固相的成分分别沿着液相线和固相线变为 L_2 和 $α_2$ 点，当温度缓冷至 $α_3$ 时，结晶即将结束，液相数量趋于零。结晶完毕，获得与原合金成分相同的 α 固溶体，此后不再发生变化。

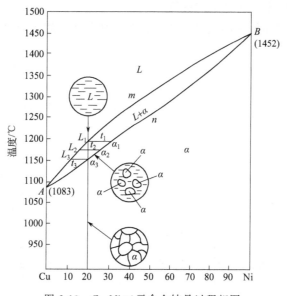

图 2-19　Cu-Ni 二元合金结晶过程相图

实际生产中，液态合金浇入铸型之后，冷却速度较大，原子在固相中的扩散比在液相中困难得多，导致固溶体内部原子不能充分扩散以达到平衡，这种偏离平衡结晶条件的结晶，称为不平衡结晶。不平衡结晶导致先结晶的内层与后结晶的外层成分不均匀，这种成分不均匀的现象称为晶内偏析。严重时会使合金的力学性能下降，尤其是使塑性和韧性显著降低，抗蚀性能变差。减少或消除晶内偏析的措施有扩散退火、均匀化退火等，将会在后面进行介绍。

5. 会分析二元共晶相图

二元共晶相图是指具有共晶转变的二元相图，所谓共晶转变是指在一定条件下（恒温恒成分），由液相中同时结晶出两种固相的转变。常见的二元共晶相图有两种，一种是合金在结晶时析出纯组元，以典型的 Al-Si 合金系为例介绍，另一种是合金在结晶时析出固溶体，本教材不作介绍。

（1）相图的分析

如图 2-20 的 Al-Si 二元共晶相图，整个相图共有三个相，液相 L、固相 Al 和固相 Si。形成的相区有单相区中的液相 L，双相区中的（Al＋L）区、（Si＋L）区和（Al＋Si）区。

（2）相图中的特征点和特征线分析（见表 2-3）

表 2-3　Al-Si 二元合金共晶相图中的特征点和特征线

类　别	点 或 线	含　义
特征点	A 点	纯铝的熔点（660℃）
	B 点	纯硅的熔点（1430℃）
	C 点	共晶转变成分点（12.6%Si，577℃）
特征线	ACB 线	液相线，表示合金加热到该温度线以上时都转变成液相
	ADCEB 线	固相线，表示合金冷却到该温度线以下时都转变成固相
	DCE 线	共晶转变线，合金冷却到该线温度时发生共晶转变。成分 12.6%Si 的液相在 577℃时生成机械混合物（Al-Si），该点合金处于三相共存状态

6. 了解合金的力学性能与相图的关系

图 2-21 表示了在匀晶相图和共晶相图中合金强度和硬度随成分变化的一般规律。

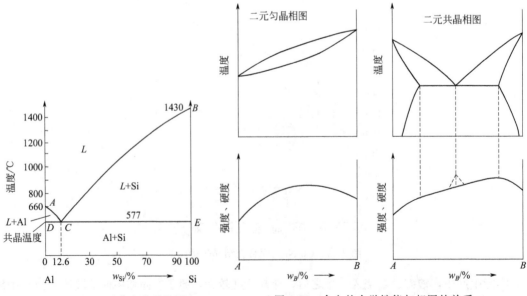

图 2-20　Al-Si 二元合金共晶相图　　　　图 2-21　合金的力学性能与相图的关系

当合金形成单相固溶体时，其强度和硬度随成分呈曲线变化，合金性能与组元性质及溶质元素的溶入量有关。当溶剂和溶质一定时，溶质的溶入量越多，固态合金晶格畸变越大，则合金的强度、硬度越高。通常形成单相固溶体的合金具有较好的综合力学性能，但达到的强度、硬度有限。对于形成复相组织的合金，在共晶点处，若形成细小、均匀的共晶组织时，其强度和硬度可达到最高值，如图 2-21 中虚线所示。

任务四 认识并应用金属塑性变形与再结晶

● 知识目标

了解金属塑性变形方式与机理；掌握塑性变形对金属组织性能的影响。

● 能力目标

能利用金属塑性变形规律解决工程现场实际问题。

塑性是金属的重要特性。金属压力加工（又称塑性加工）就是利用金属的塑性，通过轧制、锻造、挤压、拉拔、冲压等成形工艺，使金属材料产生一定的塑性变形而获得需要的工件。因此，研究金属的塑性变形方式及变形后的组织结构与性能的变化规律，对于发挥金属的潜力是非常重要的。

1. 认知金属的塑性变形

金属在外力作用下将产生塑性变形，其变形过程包括弹性变形和塑性变形两个阶段。弹性变形在外力去除后能够恢复，所以，不能用于成形加工，只有塑性变形才能用于金属成形加工。同时，塑性变形还会对金属的组织和性能产生很大影响，因此，了解金属的塑性变形对于理解压力加工的基本原理具有重要意义。

（1）金属塑性变形的实质

实验证明，金属单晶体的变形方式主要有滑移和孪晶两种，在大多数情况下，滑移是金属塑性变形的主要方式。如图 2-22 所示，金属单晶体在剪切应力作用下，晶体的一部分相对于另一部分沿着一定的晶面产生滑动，这种现象称为滑移。产生滑动的晶面和晶向分别称为滑移面和滑移方向。通常滑移面是原子排列密度最大的平面，滑移方向是原子排列密度最大的方向。

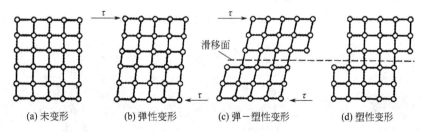

(a) 未变形   (b) 弹性变形   (c) 弹-塑性变形   (d) 塑性变形

图 2-22 单晶体滑移塑性变形过程示意图

理论上讲，理想的金属单晶体产生滑移运动时需要很大的变形力，但实验测定的金属单晶体滑移时的临界变形力较理论计算的数值低百倍以上。这说明金属的滑移并不是晶体的一部分沿滑移面相对于另一部分作刚性的整体滑移，而是通过晶体内部的位错运动实现的，如图 2-23 所示。

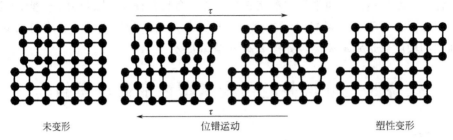

图 2-23 位错运动过程示意图

多晶体金属是由许多微小的单个晶粒杂乱组合而成的，其塑性变形过程可以看成是许多单个晶粒塑性变形的总和；另外，多晶体塑性变形还存在着晶粒与晶粒之间的滑移和转动，即晶间变形，如图 2-24 所示。但多晶体的塑性变形以晶内变形为主，晶间变形很小。由于晶界处原子排列紊乱，各个晶粒的位向不同，使晶界处的位错运动较难，所以，晶粒越细，晶界面积越大，变形抗力就越大，金属的强度也越高；另外，晶粒越细，金属的塑性变形可分散在更多的晶粒内进行，应力集中较小，金属的塑性变形能力也越好。因此，生产中应尽量获得细晶粒组织。

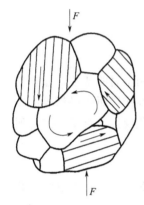

图 2-24 金属多晶体塑性变形示意图

多晶体塑性变形时，首先是一小部分晶粒逐步地进行塑性变形，然后逐步扩大到大部分晶粒进行塑性变形，由不均匀塑性变形逐步过渡到比较均匀的塑性变形。多晶体塑性变形过程比单晶体塑性变形复杂得多。

实验证明，金属的塑性变形过程实质上是位错沿着滑移面的运动过程。金属在滑移变形过程中，一部分旧的位错消失，又产生大量新的位错，总的位错数量是增加的，大量位错运动的宏观表现就是金属的塑性变形过程。位错运动观点认为，晶体缺陷及位错相互纠缠会阻碍位错运动，导致金属的强化，即产生冷变形强化现象。

（2）金属的冷变形强化

随着金属冷变形程度的增加，金属的强度指标和硬度都有所提高，但塑性有所下降，这种现象称为冷变形强化（冷作硬化）。金属变形后，金属的晶格结构产生严重畸变，形变金属的晶粒被压扁或拉长，形成纤维组织，如图 2-25 所示，甚至破碎成许多小晶块。此时金属的位错密度提高，变形难度加大，金属的可锻性能恶化。低碳钢塑性变形时，其力学性能

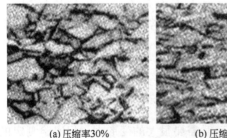
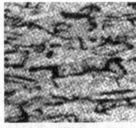

(a) 压缩率30%   (b) 压缩率50%   (c) 压缩率90%

图 2-25 铜材不同程度冷轧后 300 倍光学显微组织镜像

的变化规律如图 2-26 所示，从图中可以看出，低碳钢的强度与硬度随变形程度的增大而增加，塑性与韧性则明显下降。喷丸表面强化应用见图 2-27。

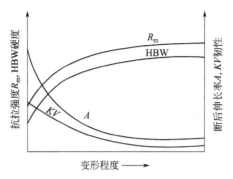

图 2-26 低碳钢的冷变形强化规律

汽轮机转子	发动机轮盘	钛合金叶片	核电汽轮机轮盘
轴承滚子零件	机车高速齿轮	核电冷凝器管	纺织机械凸轮
风电变速器齿轮	螺旋弹簧	螺纹螺栓紧固件	汽车板簧

图 2-27 喷丸表面强化应用

2. 理解并应用回复、再结晶和晶粒长大的特性

金属经过冷塑性变形后，由于晶体被拉长、压扁，使位错密度增大、晶格产生严重畸变，金属组织处于不稳定状态，它具有自发地恢复到稳定状态的倾向。但是在室温下，由于金属原子的活动能力很小，这种不稳定状态的组织能够保持很长时间而不发生明显的变化。只有对冷变形金属进行加热，增大金属原子的活动能力，才会发生显微组织和力学性能的变化，并逐步使冷变形金属的内部组织状态恢复到稳定状态。对冷变形金属进行加热时，金属

将相继发生回复、再结晶和晶粒长大三个阶段的变化，如图 2-28 所示。

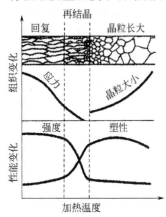

图 2-28　冷变形金属加热时组织和性能的变化

（1）回复

将冷变形后的金属加热至一定温度后，使原子回复到平衡状态，晶粒内残余应力大大减少的现象称为回复。冷变形金属在回复过程中，由于加热温度不高，原子的活动能力较小，金属中的显微组织变化不大，金属的强度和硬度基本保持不变，但金属的塑性略有回升，残余内应力部分消除。例如，用冷拔弹簧钢丝绕制成弹簧后，常进行低温退火（也称定形处理），就是利用回复保持冷拔钢丝的高强度，消除冷卷弹簧时产生的内应力。

（2）再结晶

当加热温度较高时，破碎的、被拉长或压扁的晶粒重新生核，变为均匀细小的等轴晶粒，变化过程是通过形核和晶核长大方式进行的，如图 2-29 所示。再结晶后晶格类型没有改变，所以再结晶不是相变过程。再结晶没有恒定的转变温度，是在一定的温度范围进行的，开始产生再结晶现象的最低温度称为再结晶温度。加入合金元素会使再结晶温度显著提高。纯金属的再结晶温度为

$$T_{再} \approx 0.4 T_{熔}$$

式中　$T_{熔}$——纯金属的热力学温度熔点，K。

冷塑性变形后的金属，经过再结晶后，金属的晶粒形貌发生显著变化，由原来的长条状或纤维状组织转变为等轴晶粒；金属的塑性与韧性显著提高，强度与硬度显著降低，几乎所有力学性能和物理性能全部恢复到冷变形前的状态，金属内部的内应力和冷变形强化现象消除，恢复了冷变形金属的变形能力，即再结晶恢复了变形金属的可压力加工性。

在常温下经过塑性变形的金属，加热到再结晶温度以上，使其发生再结晶的处理过程称为再结晶退火。再结晶退火可以消除冷变形强化或加工硬化，提高金属的塑性与韧性，便于金属继续进行压力加工，如金属在冷轧、冷拉、冲压过程中，需在各工序中穿插再结晶退火，对金属进行软化。有些金属，如铅（Pb）和锡（Sn），再结晶温度均低于室温，约为零度，因此它们在室温下不会产生冷变形强化现象，材质较软。

（3）晶粒长大

产生纤维化组织的金属，通过再结晶，一般都能得到细小而均匀的等轴晶粒。但是由于细小晶粒具有较大的表面积和表面能，且具有自发地向减少表面能方向转化的趋势，因此，如果加热温度过高或加热时间过长，会使晶粒长大，如图 2-29 所示。这是由于一个晶粒的边界向另一个晶粒迁移，将另一晶粒中的晶格位向逐步地改变为与这个晶粒的晶格位向相

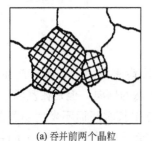

（a）吞并前两个晶粒

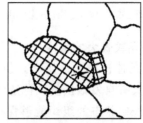

（b）晶格移动、晶格位向转向

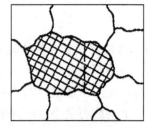

（c）大晶粒吞并小晶粒

图 2-29　金属再结晶后晶粒长大示意图

同，另一晶粒便逐渐地被这一晶粒"吞并"而成为一个粗晶粒组织，这种晶粒不均匀长大的现象称作二次结晶。粗晶粒组织使金属的强度、塑性和韧性降低，金属继续进行压力加工的能力恶化。

任务五　掌握并应用金属的热变形加工

● 知识目标

理解金属冷热加工及其区别；掌握金属的热变形加工对组织和性能的影响。

● 能力目标

能把热变形加工应用于生产实践。

金属成型的方法有热加工成型和冷加工成型。热加工成型主要有铸造、焊接、锻造、热处理等，冷加工成型的方法主要有切削加工、冷轧、冷拔、冷挤压、冷冲压等。

金属塑性变形的加工方法也有热加工和冷加工。

1. 掌握金属材料冷热加工的区别与应用

金属冷热加工不是按变形是否加热或加热温度高低来区分的，冷加工是再结晶温度以下的变形加工，热加工是再结晶温度以上的变形加工。冷加工时产生的塑性变形称为为冷塑性变形，如冷轧、冷拔、冷挤压等。热加工时产生的塑性变形称为热塑性变形，如锻造、热轧、热挤压等。

热加工变形过程中，金属在发生塑性变形的同时，也在发生着回复与再结晶过程，即硬化过程与软化过程同时发生着，变形结束后，仍可继续进行未完成的再结晶过程。

热塑性变形加工是金属成形的重要工艺，金属材料不发生加工硬化现象，能消除铸造材料中的缺陷，能将气孔和疏松焊合；改善夹杂物与脆性相的形态、大小和分布，消除某些偏析，将粗大的柱状晶和树枝晶变成细小、均匀的等轴晶粒；形成锻造流线等如图 2-30 所示，提高材料的致密性和力学性能，因此热加工后比铸态具有更佳的力学性能。

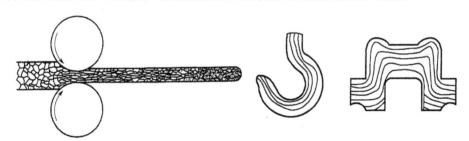

(a) 钢在热轧时的变形和再结晶示意图　　　　　(b) 钢的锻造流线

图 2-30　金属材料热塑性变形示意图

2. 熟悉热变形加工的特点

① 金属在高温下变形抗力低、塑性好，易进行变形量较大的变形加工，并可对一些室温下不能变形加工的金属，如钛、钨、镁、钼等进行变形加工。

② 热变形不像冷变形那样进行中间退火，生产效率高。

③ 改善材料的组织，提高性能。工程上受力较大且带有冲击性质的工件，如齿轮、轴、模具等，需通过锻造成型。

④ 热加工的缺点是需加热，工件表面易氧化，工作环境恶劣，劳动强度大，工作条件差。

3. 会选择金属冷热加工

热加工能量消耗小，用于截面尺寸大、变形量大，要求强度高、韧性好，在室温下加工困难的重要工件，多用初始的粗加工。冷加工用于截面尺寸小，形状复杂，尺寸精度和表面粗糙度要求高的工件，用于最后成形加工。

思考与练习

一、名词解释

1. 晶体；2. 晶格；3. 晶胞；4. 单晶体；5. 多晶体；6. 晶界；7. 晶粒；8. 结晶；9. 变质处理；10. 合金；11. 组元；12. 相；13. 组织；14. 固溶体；15. 形变强化；16 回复；17. 再结晶

二、填空题

1. 晶体与非晶体的根本区别在于_____。

2. 金属晶格的基本类型主要有_____、_____与_____三种。其中金属铬属于_____；铜属于_____；镁属于_____。

3. 实际金属的晶体缺陷有_____、_____与_____三类。

4. 金属结晶的过程是一个_____和_____的过程。

5. 过冷是金属结晶的_____条件，金属的实际结晶温度_____是一个恒定值。金属结晶时_____越大，过冷度越大，金属的实际_____温度越低。

6. 金属的晶粒越细小，其强度、硬度_____，塑性、韧性_____。

7. 合金的晶体结构分为_____、_____与_____三种。

8. 根据溶质原子在溶剂晶格中所占据的位置不同，固溶体可分为_____和_____两类。在大多数情况下，溶质在溶剂中的溶解度随着温度升高而_____。

9. 工业上将通过细化晶粒以提高材料强度的方法称为_____；通过冷塑性变形提高金属强度和硬度的方法称为_____。

10. 金属单晶体的变形方式主要有_____和_____两种。

11. 对冷变形金属进行加热时，金属将相继发生_____、_____和_____三个阶段的变化。

12. 在金属学中，冷热加工的界限是以_____温度来划分的。热变形加工的工件强度_____、韧性_____。

三、选择题

1. 晶体中的位错属于_____；晶界属于_____。
   A. 体缺陷　　　B. 点缺陷　　　　　C. 面缺陷　　　　D. 线缺陷

2. 室温下的纯铁为 α-Fe，它的晶格类型是_____。
   A. 面心立方　　B. 体心立方　　　　C. 密排六方　　　D. 简单立方

3. 晶体的滑移是晶体中的_____在剪切应力的作用下沿着滑移面逐步移动的结果。

A. 位错　　　　　B. 晶界　　　　　C. 间隙原子　　　D. 空位

4. 用轧制板材冲制筒形零件时，在零件的边缘出现"制耳"主要是因为存在_____。

　　A. 加工硬化　　　B. 形变织构　　　C. 残留应力　　　D. 纤维组织

5. 下列不属于金属的再结晶过程中发生的变化是_____。

　　A. 金属晶体形状发生了变化　　　　B. 加工硬化消除，强度和硬度降低、塑性提高

　　C. 金属晶体的结构发生了显著变化　　D. 纤维组织和形变织构得以消除

四、判断题

1. 单晶体具有显著的各向同性特点。（　　）

2. 纯铁在 780℃ 时为面心立方结构的 γ-Fe。（　　）

3. 实际金属的晶体结构不仅是多晶体，而且还存在着多种缺陷。（　　）

4. 纯金属的结晶过程是一个恒温过程。（　　）

5. 固溶体的晶格中仍然保持溶剂的晶格。（　　）

6. 晶体缺陷越多，则金属的强度和硬度就越低。（　　）

7. 工程实际应用的金属材料大多是多晶体材料。（　　）

8. 金属的变形程度越大，其再结晶越容易进行，所以再结晶温度越低。（　　）

9. 再结晶退火可以消除冷变形强化或加工硬化，提高金属的塑性与韧性，便于金属继续进行压力加工。（　　）

10. 有纤维组织的金属板材，平行于纤维方向的强度高于垂直于纤维方向。（　　）

11. 低碳钢拉伸实验中，应力超过屈服点后不会立刻在局部形成缩颈是因为已变形的部分得到了形变强化而比未变形的部分强度高。（　　）

12. 锻造流线使金属的性能呈各向异性。（　　）

13. 金属的热加工是指在室温以上进行的塑性变形加工。（　　）

五、简答题

1. 常见的金属晶格类型有哪几种？试绘图说明。

2. 实际金属晶体中存在哪些晶体缺陷？对金属的力学性能有何影响？

3. 什么是过冷现象和过冷度？过冷度与冷却速度有什么关系？

4. 金属的结晶是怎样进行的？

5. 细晶粒组织为什么具有较好的综合力学性能？细化晶粒的基本途径有哪些？

6. 什么是固溶体？什么是金属化合物？金属化合物的性能特点是什么？

7. 与纯金属相比，合金的结晶有何特点？

8. 为何承受较大冲击载荷的重要零件须经锻造成型，而不是铸造成型？

9. 为什么金属在冷轧、冷拉、冷冲压过程中，需在各工序中穿插再结晶退火？

六、应用题

1. 确定下列情况时合金中相的数目。

（1）金和银在高温下成熔融状态。

（2）锡正在结晶（232℃）的时候。

（3）铜和镍构成的固体。

2. 已知纯铝、纯铜、纯铁的熔点分别为 660℃、950℃、1538℃，试估算它们的最低再结晶温度。

课题三

掌握并运用铁碳合金相图

任务一 认识铁碳合金基本组织

● **知识目标**

认识铁碳合金多晶型转变及基本相。

● **能力目标**

能利用铁碳合金基本组织于实际生产中。

铁碳合金是以铁和碳为主，并含有少量硅、锰、硫、磷元素的合金，形成具有一定特性的相和组织。含碳量 $w_C<0.0218\%$ 称为纯铁。

1. 了解纯铁的同素异构转变

同素异构转变是指固态下金属晶体结构的改变，从一种晶体结构转变到另一种晶体结构，也称相变或重结晶。每进行一次重结晶，可使晶粒细化一次。纯铁具有同素异构转变，如图 3-1 所示纯铁的冷却曲线，当纯铁由液态冷却至 1583℃（熔点）时，将发生结晶，结晶产物是体心立方晶格 δ-Fe；冷至 1394℃ 时将发生同素异构转变，变为面心立方晶格的 γ-Fe；当冷却至 912℃ 时又发生同素异构转变，变为体心立方晶格 α-Fe，此后不再发生变化。δ-Fe、γ-Fe、α-Fe 是纯铁的三种同素异构体。

纯铁的同素异构转变过程也是由晶核的形成和晶核的长大来完成的。转变时需要过冷、有一定的平衡转变温度（相变点）。

2. 认识铁碳合金的基本相

在液态下，铁和碳互溶成均匀的液体。在固态下，碳可有限地溶于铁的同素异构体中形成间隙固溶体。当含碳量超过在相应温度固相的溶解度时，则会析出具有复杂晶体结构的金属化合物——渗碳体 Fe_3C。铁碳合金在固态下的基本相有铁素体、奥氏体、渗碳体。

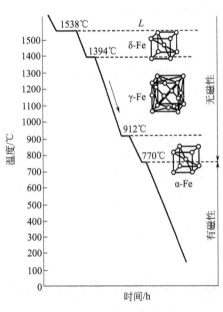

图 3-1 纯铁的冷却曲线

（1）铁素体

碳在 α-Fe 中形成的间隙固溶体称为铁素体，用符号 F 表示。碳在 α-Fe 中的溶解度很低，为 0.0008%～0.0218%，且随温度而变化，在 727℃时溶解度最大，在室温时几乎为零。因此，铁素体的力学性能与纯铁相近，其强度、硬度较低，但具有良好的塑性、韧性，适合压力加工，金相组织如图 3-2 所示，性能指标见表 3-1。

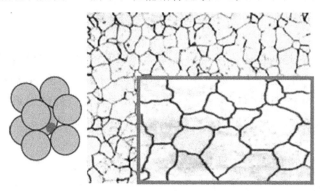

图 3-2　铁素体晶胞与显微组织

（2）奥氏体

碳在 γ-Fe 中形成的间隙固溶体称为奥氏体，用符号 A 表示，一般只在高温存在。碳在 γ-Fe 中的溶解度也很有限，但比在 α-Fe 中的溶解度大得多。在 1148℃时，碳在奥氏体中的溶解度最大。随着温度的降低，溶解度也逐渐降低，在 727℃时，奥氏体中碳的质量分数为 0.77%。奥氏体无磁性，硬度不高，塑性好，适合冷热压力加工，金相组织如图 3-3 所示，性能指标见表 3-1。

（3）渗碳体

渗碳体是一种具有复杂晶体结构的间隙化合物，它的分子式为 Fe_3C。渗碳体中碳的质量分数 $w_C = 6.69\%$，熔点为 1227℃。在 Fe_3C 相图中，渗碳体既是组元，又是基本相。渗碳体的硬度很高，仅次于金刚石，而塑性和韧性几乎等于零，是一种硬而脆的相，不能单独使用，金相组织如图 3-4 所示。性能指标见表 3-1。

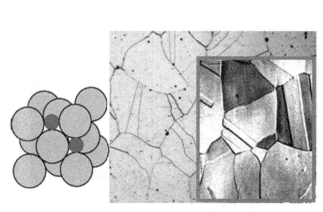

图 3-3　奥氏体晶胞与显微组织

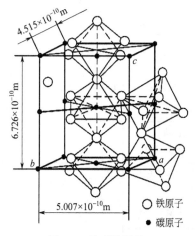

图 3-4　渗碳体晶胞

　　渗碳体是铁碳合金中主要的强化相，它的形状、大小与分布对钢的性能有很大影响。通常将渗碳体进行如下分类：一次渗碳体 Fe_3C_I（由液体中直接结晶生成，呈块状分布）；二次渗碳体 Fe_3C_{II}（由奥氏体中析出，成网状分布）；三次渗碳体 Fe_3C_{III}（由铁素体中析出，成断续片状分布）。

3. 认识铁碳合金的基本组织（多相组织）

铁碳合金的基本组织有珠光体和莱氏体。

（1）珠光体

用符号 P 表示，它是铁素体薄层与渗碳体薄层相间的机械混合物，纤维组织形态酷似珍珠贝母外壳图文，故称之为珠光体组织。力学性能介于铁素体和渗碳体之间，具有较高的强度和硬度，具有一定的塑性和韧性，是一种综合力学性能较好的组织。金相组织如图 3-5 所示，黑色是珠光体，白色网状组织是二次渗碳体。性能指标见表 3-1。

（2）莱氏体

用符号 Ld 表示，奥氏体和渗碳体所组成的共晶体称为莱氏体（$A+Fe_3C$）。在温度 727℃ 时，奥氏体转变为珠光体，则称为低温莱氏体（$P+Fe_3C_{II}$），用符号 Ld′ 表示。它的碳的质量分数为 4.3%，性能接近渗碳体，硬度相当于布氏硬度 700HBW，是一种硬而脆的组织。金相组织如图 3-6 所示，白色机体为共晶渗碳体和二次渗碳体，点条状黑色珠光体分布在渗碳体基体上。性能指标见表 3-1。

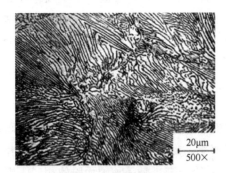

图 3-5　珠光体显微组织

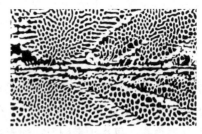

图 3-6　低温莱氏体显微组织

表 3-1　铁素体、奥氏体、渗碳体、珠光体、莱氏体性能指标

基 本 相	温 度	碳的溶解度	强度 R_m	硬 度	塑 性
铁素体（F）	最大溶解度温度 727℃	最大 0.0218%	180～280 MPa	50～80HBW	$A=30\%\sim50\%$ $KU=128\sim160J$
奥氏体（A）	最大溶解度温度 1148℃	最大 2.11%	400 MPa	160～220HBW	$A=40\%\sim50\%$
渗碳体（Fe_3C）	熔点 1227℃	碳质量分数 6.69%	—	950～1050HV	接近于 0
珠光体（P） $F+Fe_3C$	—	碳平均质量分数 0.77%	770MPa	180～200HBW	$A=20\%\sim35\%$ $KU=24\sim32J$
高温莱氏体 Ld（$A+Fe_3C$）	≥727℃存在	碳质量分数 4.3%	—	700HBW	很差
低温莱氏体 Ld′（$P+Fe_3C$）	<727℃存在				

任务二 读懂铁碳合金相图

● **知识目标**

会识读铁碳合金相图，理解特征点与特征线的含义。

● **能力目标**

能熟练运用铁碳合金相图于生产实际。

1. 铁碳合金的相图

如图 3-7 所示的铁碳合金相图，它是在缓慢加热或缓慢冷却的情况下，不同成分的铁碳合金的状态或组织随温度变化的图形，是通过实验测出来的。铁和碳是组成合金的组元，对于含碳量大于 6.69% 的合金脆性大，没有使用价值。图示是含碳量为 0~6.69% 的简化图，即 $Fe\text{-}Fe_3C$ 相图。

2. 简化的铁碳合金相图分析

$Fe\text{-}Fe_3C$ 相图为二元合金的相图，横坐标为成分，纵坐标为温度。特征线将相图分成八个区。每个区中的点都表明一定成分合金在一定温度下所处的相或组织状态，这些点称为像点，即状态点。

（1）相图中的两个恒温转变——共晶转变和共析转变

① 共晶转变。一定成分的一个液相在一定温度下同时生成两个固相，图 3-7 中的共晶转变是在 1148℃时，$L_{4.3\%C} \longrightarrow A_{2.11\%C} + Fe_3C_{6.69\%C}$。

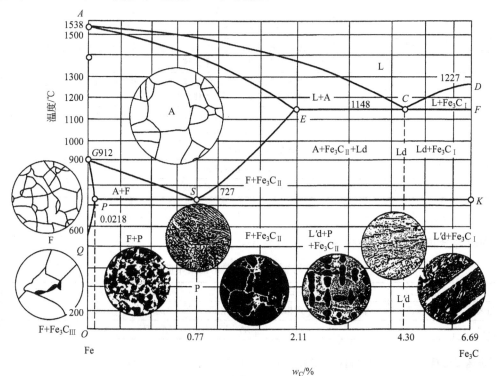

图 3-7 简化的铁碳合金相图

② 共析转变。一定成分的一个固相在一定温度下同时生成两个固相，图 3-7 中发生的共析转变是在 727℃时，$A_{0.77\%C} \rightarrow F_{0.0218\%C} + Fe_3C_{6.69\%C}$。

（2）相图中的特征点

相图中的点具有特殊含义，这些点的成分、温度与含义见表 3-2。

表 3-2　简化的铁碳合金相图中特征点及含义

特 性 点	温度/℃	w_C/%	含 义
A	1538	0	熔点：纯铁的熔点
C	1148	4.3	共晶点：发生共晶转变 $L_{4.3\%C} \rightarrow Ld$（$A_{2.11\%C} + Fe_3C_{共晶}$）
D	1227	6.69	熔点：渗碳体的熔点
E	1148	2.11	碳在 γ-Fe 中的最大溶解度点
F	1148	6.69	共晶渗碳体成分点
G	912	6.69	同素异构转变点
S	727	0.77	共析点：发生共析转变 $A_{0.77\%C} \rightarrow P$（$F_{0.0218\%C} + Fe_3C_{共析}$）
P	727	0.0218	碳在 α-Fe 中的溶解度
K	727	6.69	共析渗碳体成分点
Q	室温	0.0008	室温下碳在 α-Fe 中的溶解度

（3）相图中的特征线

不同成分的合金中具有相同意义的临界点的连接线称为特征线，见表 3-3。

表 3-3　简化的铁碳合金相图中特征线及含义

特 征 线	名 称	含 义
ACD	液相线	在此线之上合金全部处于液相状态，用符号 L 表示
AECF	固相线	液体合金冷却至此线全部结晶为固体，此线以下为固相区
ECF	共晶线	含碳量大于 2.11% 的液态铁碳合金冷却至此线时，将在恒温（1148℃）下发生共晶转变，形成高温莱氏体
GP	GP 线	奥氏体向铁素体转变的终了线。$w_C < 0.0218\%$ 的铁碳合金冷却至此线时，奥氏体全部转变为单相铁素体组织。
PSK	共析线	$w_C > 0.0218\%$ 的铁碳合金中的奥氏体冷却至此线时，将在恒温下发生共析转变，转变成珠光体组织
ES	Acm 线	奥氏体的溶解度曲线
PQ		碳在铁素体中的溶解度曲线
GS	A_3 线	铁素体和奥氏体的相互转化线

（4）线图中的相区

铁碳合金相图中的主要相区及组织见表 3-4。

表 3-4　简化的铁碳合金相图中主要相区的组织

范　围	ACD线以上	AESGA	AECA	DFCD	GSPG	ESKF	PSK 以下
相区	单相区	单相区	两相区	两相区	两相区	两相区	两相区
组织	L	A	L+A	$A+Fe_3C_I$	A+F	$A+Fe_3C$	$F+Fe_3C$

【快速记忆铁碳合金相图的捷径】铁碳合金相图记忆比较难，可按口诀记忆和绘制：天边两条水平线 ECF 和 PSK（一高、一低，一长、一短），飞来两只雁 ACD 和 GSE（一高、一低，一大、一小），雁前两条彩虹线 AE 和 GP（一高、一低，一长、一短），小雁画了一条月牙线 PQ。

（5）铁碳合金的分类

铁碳合金相图上的各种合金，按其碳的质量分数和室温平衡组织的不同，可分为工业纯铁、钢和白口铸铁（生铁）三大类，见表 3-5。

表 3-5 铁碳合金分类

铁碳合金类别	工业纯铁	钢 $0.0218\% < w_C \le 2.11\%$			白口铸铁 $2.11\% < w_C \le 6.69\%$		
		亚共析钢	共析钢	过共析钢	亚共晶白口铸铁	共晶白口铸铁	过共晶白口铸铁
$w_C/\%$	≤ 0.0218	< 0.77	0.77	> 0.77	< 4.3	4.3	> 4.3
室温组织	F	F+P	P	P+ Fe_3C_{II}	Ld′+P+ Fe_3C	Ld′	Ld′+ Fe_3C_I

任务三　熟悉铁碳合金结晶过程及其组织

● 知识目标

掌握典型铁碳合金结晶过程及其组织。

● 能力目标

能把铁碳合金结晶过程应用于生产实践。

为了深入理解铁碳合金组织形成的规律，下面以六种典型铁碳合金，即亚共析钢、共析钢和过共析钢，亚共晶白口铸铁、共晶白口铸铁和过共晶白口铸铁为例，分析它们的结晶过程和室温下的平衡组织。六种铁碳合金在相图中的位置如图 3-8 所示。

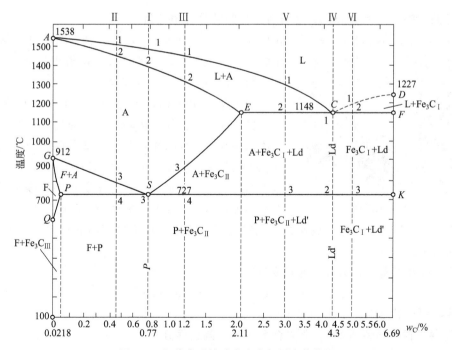

图 3-8　六种典型铁碳合金在相图中的位置

1. 共析钢（$w_C=0.77\%$ Ⅰ号合金）的结晶过程分析

如图 3-8 所示的铁碳合金相图中Ⅰ号合金（$w_C=0.77\%$）。当合金由液态缓慢冷却到液相线 1 点时，从液相中开始结晶出奥氏体。随着温度的下降，奥氏体的量不断增多，液体成分沿液相线 AC 变化，奥氏体成分沿固相线 AE 变化。冷却至 2 点温度时，液体全部结晶为奥氏体。从 2 至 3 点温度范围内为单相奥氏体的冷却。缓冷至 S 点温度（727℃）时，奥氏体发生共析转变，生成珠光体。故共析钢在室温下的平衡组织为珠光体，由呈层片状交替排列的铁素体和渗碳体组成，其显微组织如图 3-9 所示，层状的珠光体经球化退火后，其中的渗碳体变为球状，称为球状珠光体。从液态冷却至室温，结晶时的相变过程：

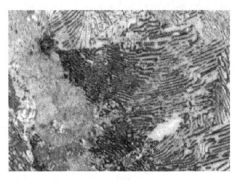

图 3-9 共析钢显微组织

$$L \rightarrow L+A \rightarrow A \rightarrow A+F+Fe_3C \rightarrow F+Fe_3C$$

共析钢结晶时组织变化如图 3-10 所示。

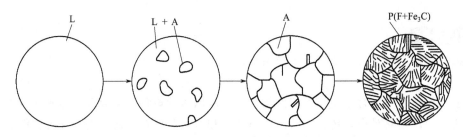

图 3-10 Ⅰ号合金（$w_C=0.77\%$）结晶时的相变示意图

2. 亚共析钢（$w_C=0.45\%$，Ⅱ号合金）的结晶过程分析

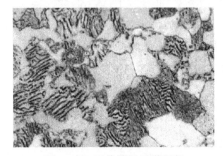

图 3-11 亚共析钢显微组织

如图 3-8 所示的铁碳合金相图中Ⅱ号合金（$w_C=0.45\%$），液态合金结晶过程与共析钢相同，合金在 1 点以上为液体，随着温度降至 1 点时，开始结晶出奥氏体，冷至 2 点时结晶终了。2～3 点区间合金为单一奥氏体，当冷却到与 GS 线相交的 3 点时，奥氏体开始向铁素体转变，称为先析转变，即在奥氏体的晶界上生成铁素体晶粒。随着温度降低，铁素体晶粒不断长大，转变出的铁素体为先析铁素体，其含碳量沿 GP 线逐渐增加。未转变奥氏体的含碳量沿 GS 线不断增加，待冷却至与共析线 PSK 相交的 4 点温度时，发生共析转变，形成珠光体。故亚共析钢室温下的平衡组织为铁素体和珠光体。图 3-11 为亚共析钢的显微组织。

从液态冷却至室温，结晶时的相变过程：

$$L \rightarrow L+A \rightarrow A \rightarrow A+F \rightarrow A+F+Fe_3C \rightarrow F+Fe_3C$$

亚共析钢结晶时组织变化如图 3-12 所示。

3. 过共析钢（$w_C=1.2\%$，Ⅲ号合金）的结晶过程分析

如图 3-8 所示的铁碳合金相图中Ⅲ号合金（$w_C=1.2\%$），在 2 点温度以上的结晶过程

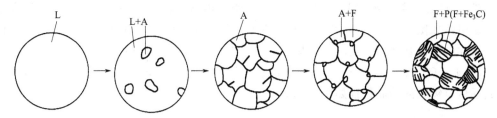

图 3-12　Ⅱ号合金（$w_C = 0.45\%$）结晶时的相变示意图

与共析钢相同。当冷却到与 ES 线相交的 3 点温度时，奥氏体中含碳量达到饱和。开始沿晶

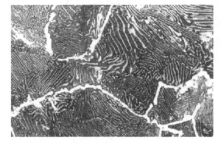

图 3-13　过共析钢显微组织

界析出网状渗碳体，称为二次渗碳体。随着温度的下降，析出的二次渗碳体的量不断增多，致使奥氏体的含碳量逐渐减少，奥氏体的含碳量沿 ES 线变化。当冷却到 4 点温度时发生共析转变形成珠光体。温度再继续下降时，合金组织基本不变。所以过共析钢在室温下的平衡组织为珠光体和网状二次渗碳体。过共析钢的显微组织如图 3-13 所示。

从液态冷却至室温，结晶时的相变过程：

$$L \rightarrow L + A \rightarrow A \rightarrow A + Fe_3C_{II} \rightarrow P + Fe_3C_{II}$$

过共析钢结晶时组织变化如图 3-14 所示。

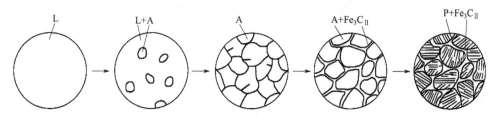

图 3-14　Ⅲ号合金（$w_C = 1.2\%$）结晶时的相变示意图

凡是 $w_C = 0.77\% \sim 2.11\%$ 之间的过共析钢，缓冷后的室温组织均由珠光体和二次渗碳体组成，只是随着合金中含碳量的增加，二次渗碳体越来越多，珠光体越来越少。当 $w_C = 2.11\%$ 时，二次渗碳体量达到最大值，约为 2.26%。网状二次渗碳体会对钢的力学性能产生不良影响。

4. 共晶白口铸铁（$w_C = 4.3\%$，Ⅳ号合金）结晶过程分析

如图 3-8 所示的铁碳合金相图中Ⅲ号合金（$w_C = 4.3\%$）。当液态合金缓冷至 C 点温度（1148℃）时，会发生共晶转变，结晶出奥氏体与渗碳体组成的机械混合物，即高温莱氏体，转变在恒温下完成。在共晶温度之下继续冷却，从奥氏体中将不断析出二次渗碳体，奥氏体中含碳量不断减少，并沿 AC 线变化。1～2 点之间的高温莱氏体是由奥氏体、共晶渗碳体和二次渗碳体组成，但二次渗碳体与共晶渗碳体连在一起，在金相显微镜下不易分辨。当温度降至 2 点（727℃）时，奥氏体发生共析转变，形成珠光体，所以

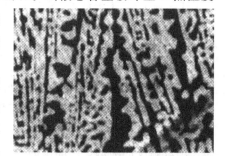

图 3-15　共晶白口铸铁显微组织

高温莱氏体（Ld）转变为低温莱氏体（Ld′）其组织由珠光体、共晶渗碳体和二次渗碳体组成。显微组织如图 3-15 所示，图中白色基体为共晶渗碳体和二次渗碳体，点条状的黑色珠光体分布在渗碳体基体上。从液态冷却至室温，结晶时的相变过程：

$$L \rightarrow L + A + Fe_3C \rightarrow Ld\ (A + Fe_3C_{II} + Fe_3C) \rightarrow Ld'\ (P + Fe_3C_{II} + Fe_3C)$$

共晶白口铸铁的结晶过程如图 3-16 所示。

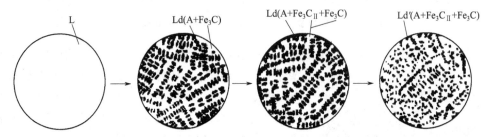

图 3-16　Ⅳ号合金（w_C＝4.3 %）结晶时的相变示意图

5. 亚共晶白口铸铁（w_C＝3.0%，Ⅴ号合金）的结晶过程分析

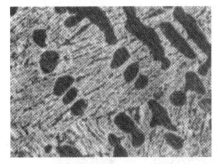

图 3-17　亚共晶白口铸铁显微组织

如图 3-8 所示的铁碳合金相图中Ⅴ号合金（w_C＝2.11%）。当液态合金缓冷至 1 点温度时，开始结晶出奥氏体称为初生奥氏体。随着温度的下降，结晶出的奥氏体量不断增多，其成分沿 AE 线变化，液相的成分沿 AC 线变化。当冷至 2 点温度（1148℃）时，奥氏体发生共晶转变，生成莱氏体。在随后的冷却过程中初生奥氏体和共晶奥氏体均析出二次渗碳体，其成分沿 ES 线变化。当温度降至 3 点（727℃）时，全部奥氏体发生共析转变生成珠光体。显微组织如图 3-17 所示，图中呈树枝状分布的黑色块状物是由初生奥氏体转变成的珠光体，珠光体周围白色网状物为二次渗碳体，其余部分为低温莱氏体。室温下亚共晶白口铸铁的显微组织为珠光体、二次渗碳体和低温莱氏体。从液态冷却至室温，结晶时的相变过程：

$$L \rightarrow L + A \rightarrow L + A + Fe_3C \rightarrow A + Fe_3C + Fe_3C_{II} \rightarrow A + Fe_3C + F + Fe_3C_{II} \rightarrow F + Fe_3C + Fe_3C_{II}$$

亚共晶白口铸铁的结晶过程如图 3-18 所示。

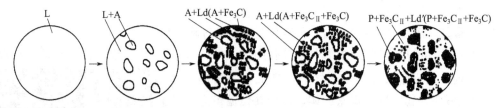

图 3-18　Ⅴ号合金（w_C＝3.0 %）结晶时的相变示意图

6. 过共晶白口铸铁（w_C＝5.0%，Ⅵ号合金）的结晶过程分析

过共晶白口铸铁的结晶过程如图 3-8 中Ⅵ线所示。其结晶过程与亚共晶白口铸铁相似，不同的是在共晶转变前液相先结晶出一次渗碳体，也称为先共晶渗碳体，呈粗大板条状形态。随着温度的降低，结晶出的一次渗碳体不断增多，剩余液体中的含碳量沿着 CD 线不断变化，当冷至 2 点温度（1148℃）时，发生共晶转变，生成高温莱氏体。在随后的冷却中，

一次渗碳体不发生转变，莱氏体转变为低温莱氏体。过共晶白口铸铁的室温平衡组织为一次渗碳体和低温莱氏体，其显微组织如图 3-19 所示，图中白色片状物为一次渗碳体，其余部分为低温莱氏体。从液态冷却至室温，结晶时的相变过程：

$$L \rightarrow L + Fe_3C_I \rightarrow L + A + Fe_3C + Fe_3C_I \rightarrow$$
$$A + Fe_3C + Fe_3C_I \rightarrow A + Fe_3C + F + Fe_3C_I \rightarrow F + Fe_3C + Fe_3C_I$$

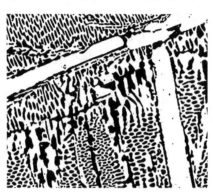

图 3-19 过共晶白口铸铁显微组织

图 3-20 为过共晶白口铸铁结晶过程的示意图。

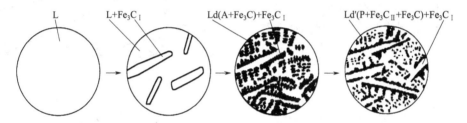

图 3-20 Ⅵ号合金（$w_C = 5.0\%$）结晶时的相变示意图

任务四 掌握铁碳合金相图在工业生产中的应用

● 知识目标

掌握铁碳合金含碳量对平衡组织及性能的影响。

● 能力目标

能把铁碳合金相图应用于实际生产中。

从铁碳相图可知，铁碳合金的室温组织都是由铁素体和渗碳体两相组成。因其含碳量不同，组织中两个相的相对数量、相对分布及形态也不同，因而不同成分的铁碳合金具有不同的性能。随含碳量的增加，铁素体量相对减少，而渗碳体量相对增多，从而形成不同的组织。

1. 掌握铁碳合金含碳量对平衡组织及性能的影响

组成铁碳合金的铁素体和渗碳体中，塑性最好、强度和硬度最低的是 F，Fe_3C 的硬度最高，脆性最大，因此合金中 F 含量越高，Fe₃C 含量越少，合金的塑性韧性就越好，硬度就越低，反之，硬度越高，塑性越差。如图 3-21 所示，当 $w_C < 0.9\%$ 时，随含碳量增加，钢的强度 R_m 和硬度 HBW 直线上升，而塑性 A、Z 和韧性 α_K 不断下降。这是由于随含碳量的增加，钢中渗碳体量增多，铁素体量减少所造成的。当 $w_C > 0.9\%$ 以后，二次渗碳体沿晶界已形成较完整的网，因此钢的强度开始明显下降，但硬度仍在增高，塑性和韧性继续降低。为保证工业用钢具有足够的强度，一定的塑性和韧性，钢的含碳量一般不超过 1.3%。$w_C > 2.0\%$ 的白口铸铁，由于组织中有大量的渗碳体，硬度高，塑性和韧性极差，既难以切削加工，又不能用锻压方法加工，故机械工程上很少直接应用。

2. 了解铁碳合金相图在工业生产中的应用

由于铁碳合金相图能表明材料的组织与成分、温度之间的关系，因此它在选材、铸造、锻造、焊接和热处理等方面都得到广泛的应用，如图 3-22 所示。

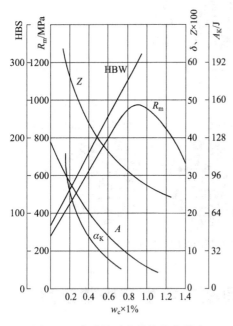

图 3-21　含碳量对力学性能的影响

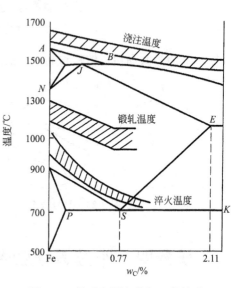

图 3-22　铁碳相图与热加工的关系

（1）铁碳合金相图在金属材料选择上的应用

铁碳合金相图所表明的成分、组织与性能之间的关系，为合理选用钢铁材料提供了依据。对要求塑性、韧性好的各种型材和建筑用钢，应选用含碳量低的钢；对承受冲击载荷，并要求较高强度、塑性和韧性的机械零件，应选用含碳量为 0.25%～0.55% 的钢；对要求硬度高、耐磨性好的各种工具、刀具，应选用含碳量大于 0.55% 的钢；形状复杂、不受冲击、要求耐磨的铸件（如冷轧辊、拉丝模、犁铧等），应选用白口铸铁。

（2）铁碳合金相图在铸造生产上的应用

根据 Fe-Fe₃C 相图确定合金的浇注温度，一般在液相线以上 50～100℃ 进行浇注比较好，如图 3-22 所示。由相图可知，共晶成分的合金熔点最低，结晶温度范围最小，故流动性好、分散缩孔少、偏析小，因而铸造性能最好。所以，在铸造生产中，共晶成分附近的铸铁得到了广泛的应用。常用铸钢的含碳量规定在 $w_C = 0.15\%$～0.6% 之间，在此范围的钢，其结晶温度范围较小，铸造性能较好。

（3）铁碳合金相图在热轧与锻造生产上的应用

碳钢在室温时是由铁素体和渗碳体组成的复相组织，塑性较差，变形困难，当将其加热到单相奥氏体状态时，可获得良好的塑性，易于锻造成形，如图 3-22 所示。含碳量越低，其锻造性能越好。而白口铸铁无论是在低温还是高温，组织中均有大量硬而脆的渗碳体，故不能锻造。

（4）铁碳合金相图在焊接生产上的应用

铁碳合金的焊接性与含碳量有关，随含碳量增加组织中渗碳体量增加，钢的脆性增加，塑性下降，导致钢的冷裂倾向增加，焊接性下降。含碳量越高，铁碳合金的焊接性越差。

（5）铁碳合金相图在热处理方面的应用

由于铁碳合金在加热或冷却过程中有相的变化，故钢和铸铁可通过不同的热处理（如退火、正火、淬火、回火及化学热处理等）来改善性能。根据 $Fe-Fe_3C$ 相图可确定各种热处理工艺的加热温度。

思考与练习

一、名词解释

1. 铁素体；2. 奥氏体；3. 珠光体；4. 莱氏体；5. 渗碳体；6. 铁碳合金相图；7. 低温莱氏体；8. 高温莱氏体

二、填空题

1. 填写铁碳合金基本组织的符号：奥氏体_____，铁素体_____，渗碳体_____，珠光体_____，高温莱氏体_____，低温莱氏体_____。

2. 珠光体是由_____和_____组成的机械混合物。莱氏体是由_____和_____组成的机械混合物。

3. 奥氏体在 1148℃时碳的质量分数可达_____，在 727℃时碳的质量分数是_____。

4. 碳的质量分数为_____的铁碳合金称为共析钢，当其从高温冷却到 S（727℃）时会发生_____转变，从奥氏体中同时析出_____和_____的混合物，称为_____。

5. 奥氏体和渗碳体组成的共晶产物称为_____，其碳的质量分数是_____。

6. 亚共析钢碳的质量分数是_____，其室温组织是_____。过共析钢碳的质量分数是_____，其室温组织是_____。

7. 亚共晶白口铸铁碳的质量分数是_____，其室温组织是_____。过共晶白口铸铁碳的质量分数是_____，其室温组织是_____。

8. 平衡状态下含碳量分别为 0.2%、0.8%、1.2% 的钢的室温组织为_____、_____、_____。

三、选择题

1. 铁素体是_____晶格，奥氏体是_____晶格，渗碳体是_____晶格。

    A. 体心立方   B. 面心立方   C. 密排六方   D. 复杂的

2. 铁碳合金相图上的共析线是_____，共晶线是_____。

    A. ECF 线   B. ACD 线   C. PSK 线

3. 下列选项中_____是铁碳合金组织而不是组成相。

    A. 莱氏体   B. 铁素体   C. 奥氏体   D. 渗碳体

4. 45 钢平衡结晶的室温组织为_____。
   A. 珠光体　　　　　B. 铁素体＋珠光体　C. 珠光体＋渗碳体　D. 奥氏体＋渗碳体

5. 将 T12 钢缓慢加热到 800℃时，其组织为_____。
   A. 铁素体＋珠光体　B. 珠光体　　　　　C. 珠光体＋渗碳体　D. 奥氏体＋渗碳体

6. 下列合金中，熔点最高的是_____；熔点最低的是_____。
   A. 共析钢　　　　　B. 亚共析钢　　　　C. 过共析钢　　　　D. 共晶白口铸铁

7. 过共晶白口铸铁的液相在共晶转变前结晶出的渗碳体称为_____。
   A. 一次渗碳体　　　B. 二次渗碳体　　　C. 三次渗碳体　　　D. 共晶渗碳体

8. 下列牌号的钢中，强度最高的是_____；塑性最好的是_____。
   A. 20 钢　　　　　B. 45 钢　　　　　C. T8 钢　　　　　D. T12 钢

四、判断题

1. 金属化合物的特性是硬而脆，莱氏体的性能也是硬而脆，故莱氏体属于金属化合物。（　　）

2. 渗碳体碳的质量分数是 6.69％。（　　）

3. 在 Fe-Fe₃C 相图中，A₃温度是随着碳的质量分数的增加而上升的。（　　）

4. 碳溶于 α-Fe 中所形成的间隙固溶体，称为奥氏体。（　　）

5. 铁素体在 770℃有磁性转变，770℃以下具有铁磁性，770℃以上则失去铁磁性。（　　）

6. 在铁碳合金相图中，只有共晶成分的合金会发生共晶反应。（　　）

7. 因为奥氏体为高温相，所以钢的室温组织中不可能有奥氏体。（　　）

8. 发生了共析转变的钢称为共析钢，其室温组织为珠光体。（　　）

五、简答题

1. 简述碳的质量分数为 0.4％和 1.2％的铁碳合金从液态冷至室温时的结晶过程。

2. 将碳的质量分数为 0.45％的钢和白口铸铁都加热到 1000～1200℃，能否进行锻造？为什么？

3. 默画 Fe-Fe₃C 相图，并标出各点和水平线的温度与成分；用相组分和组织组分填写相图。

4. 用组织示意图和箭头式描述含碳量为 0.30％、0.65％和 0.9％的钢的冷却过程。

5. 为何 10 钢适于冷加工成型，60 钢、T8 钢适于锻造成型，而铸铁则不适于锻造成型？

6. 既然 45 钢与 60 钢的室温组织都是 F＋P，为何 60 钢的强度、硬度较 45 钢高？

六、应用题

1. 分析下列现象。

(1) 用同一锉刀锉削 20 钢比锉削 T8 钢容易（二者均为退火态）；

(2) T12 钢的强度低于 T8 钢，但硬度却高于 T8 钢。

2. 想一想，如何区分生活中遇到的钢件与铸铁件？用什么方法可以区分？

课题四

掌握钢的热处理工艺与生产应用

任务一　掌握钢在加热时的组织转变

● 知识目标

了解热处理工艺曲线；认识钢在加热时的组织转变。

● 能力目标

能分析钢在加热时组织转变对热处理结果的影响。

1. 了解热处理基本情况与热处理工艺曲线

（1）热处理在机械装备制造业中的地位

各类机床中需要经过热处理的工件占其总重量的 $60\%\sim70\%$ ；汽车、拖拉机中占其 $70\%\sim80\%$ ；而模具、工具、刀具、量具、轴承与齿轮等零件几乎 100% 需要热处理。因此，热处理在机械制造业中占有十分重要的地位，是缺之不可的，图 4-1 所示为需要热处理的各类零件。

（2）热处理工艺曲线

热处理是将固态金属或合金进行加热、保温和冷却，改变内部组织以获得所需要性能的工艺方法。工艺过程由加热、保温和冷却三个阶段组成，热处理工艺曲线图 4-2 所示。热处理的目的是改善零件的组织和性能，充分发挥、挖掘材料的潜力，改善零件的使用性能和延长零件使用寿命。

（3）热处理常用设备

常用的加热炉有箱式电阻炉、井式炉、盐浴炉、火焰加热炉及真空加热炉等，如图 4-3 所示。常用的冷却设备有水槽、油槽、盐浴、缓冷坑、吹风机等，如图 4-4 所示。热处理车间布置如图 4-5 所示。

（4）热处理工艺分类

钢的热处理依据是铁碳合金相图，基本原理主要是利用钢在加热和冷却时其内部组织发生转变的基本规律，根据这些规律和零件预期的使用性能要求，选择科学合理的加热温度、保温时间和冷却介质等参数，以实现改善钢材性能，满足零件性能需要。根据零件热处理的目的、加热方法和冷却方法的不同，热处理工艺分类及名称见表 4-1。

图 4-1 需要热处理的各类零件

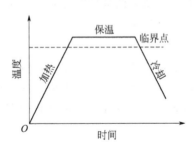

图 4-2 热处理工艺曲线

(a) 箱式电阻炉

(b) 井式炉

(c) 盐浴炉

(d) 火焰加热炉

图 4-3 常用加热炉

(a) 冷却水槽　　　　　　　　　　　(b) 冷却油槽

图 4-4　冷却设备

图 4-5　热处理车间及设备

表 4-1　热处理工艺分类及名称

工 艺 类 型	热 处 理		
	整体热处理	表面热处理	化学热处理
工艺名称	退火	表面淬火和回火	渗碳
	正火	物理气相沉积	渗氮
	淬火	化学气相沉积	碳氮共渗
	回火	等离子体增强化学气相沉积	氮碳共渗
	调质	等离子注入	渗其他非金属
	稳定化处理		渗金属
	固溶处理、水韧处理		多元共渗
	固溶处理和时效		

2. 认识钢在加热时的组织转变

热处理第一阶段是加热阶段，加热温度参照铁碳合金的相图，目的是得到均匀细小的奥氏体组织。

（1）钢的奥氏体化在相图中的临界点

如图 4-6 所示的合金相图，A_1、A_3、A_{cm} 线是碳钢在极其缓慢加热和冷却时的相变温度线，线上的点都是平衡条件下的相变点。

实际生产中，加热和冷却并不是极其缓慢的，实际和理论临界点 A_1、A_3、A_{cm} 线是有一定偏离。实际加热时用 Ac_1、Ac_3、Ac_{cm} 表示；冷却时用 Ar_1、Ar_3、Ar_{cm} 表示如图

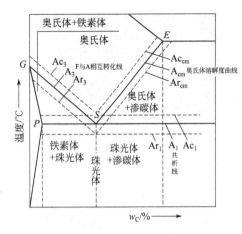

图 4-6 钢的相变点在相图上的位置

4-6 所示。

（2）奥氏体的形成过程

将钢件加热到 Ac_3 或 Ac_1 温度以上，以获得全部或部分奥氏体组织的操作，称为奥氏体化。亚共析钢必须加热到 Ac_3 以上，过共析钢必须加热到 Ac_{cm} 以上才能得到全部奥氏体，和共析钢一样在 Ac_1 温度时都发生 $P \rightarrow A$ 转化过程。

以共析钢（$w_C = 0.77\%$）为例，室温平衡组织是珠光体 P，由铁素体 F 和渗碳体 Fe_3C 两相组成的机械混合物。铁素体是体心立方晶格，在 P 点时 $w_C = 0.0218\%$；渗碳体是复杂晶格，其 $w_C = 6.69\%$。当加热到临界点 Ac_1 以上时，珠光体转变为面心立方晶格的奥氏体，其 $w_C = 0.77\%$。因此，珠光体向奥氏体的转变，是由一种化学成分和晶格类型转变为另一种化学成分和晶格类型的相变过程，必须进行碳原子的扩散和铁原子的晶格重构。

实验与研究表明，珠光体向奥氏体转变归纳为四个阶段，即奥氏体晶核形成、晶核长大、剩余渗碳体溶解和奥氏体化学成分均匀化。如图 4-7 所示。

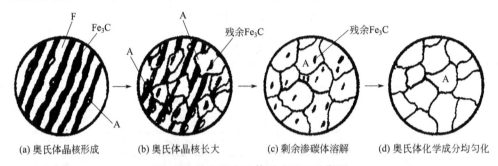

(a) 奥氏体晶核形成　(b) 奥氏体晶核长大　(c) 剩余渗碳体溶解　(d) 奥氏体化学成分均匀化

图 4-7 共析钢奥氏体形成过程示意图

① 奥氏体晶核形成。共析钢加热到 A_1 温度时，奥氏体晶核优先在铁素体与渗碳体的相界面形成，这是由于界面是以渗碳体与铁素体两种晶格的过渡结构排列的，原子偏离平衡位置处于畸变状态，具有较高的能量；另外，渗碳体与铁素体的交界处碳的分布是不均匀，在化学成分、结构和能量上为形成奥氏体晶核提供了有利条件。

② 奥氏体晶核长大。奥氏体形核后，奥氏体核的相界面会向铁素体与渗碳体两个方向同时长大。奥氏体晶核长大过程一方面是由铁素体晶格逐渐转变为奥氏体晶格；另一方面是通过渗碳体连续分解和碳原子扩散，逐步使奥氏体晶核长大。

③ 剩余渗碳体溶解。由于渗碳体的晶体结构和碳的质量分数与奥氏体差别较大，因此，渗碳体向奥氏体中溶解的速度必然落后于铁素体向奥氏体的转变速度。在铁素体全部转变完后，仍会有部分渗碳体未溶解，需要一段时间继续向奥氏体中溶解，直至全部溶解完为止。

④ 奥氏体化学成分均匀化。奥氏体转变结束时，其化学成分处于不均匀状态，在原来铁素体处碳的质量分数较低，在原来渗碳体处碳的质量分数较高。因此，只有继续延长保温时间，通过碳原子的扩散过程才能得到化学成分均匀的奥氏体组织。

亚共析钢（$0.0218\% \leqslant w_C < 0.77\%$）和过共析钢（$0.77\% < w_C \leqslant 2.11\%$）的奥氏体形

成过程与共析钢基本相同。亚共析钢的室温平衡组织是铁素体和珠光体，当加热温度处于 $Ac_1 \sim Ac_3$ 时，珠光体转变为奥氏体，剩余相为铁素体，当加热温度超过 Ac_3 以上，则剩余相铁素体全部消失，得到化学成分均匀单一的奥氏体组织。过共析钢的室温平衡组织是渗碳体和珠光体，当加热温度处于 $Ac_1 \sim Ac_{cm}$ 时，珠光体转变为奥氏体，剩余相为渗碳体，当加热温度超过 Ac_{cm} 以上，则剩余相渗碳体全部消失，得到化学成分均匀单一的奥氏体组织。

（3）奥氏体晶粒长大及其控制措施

奥氏体晶粒的大小对热处理性能有很大影响，奥氏体晶粒越细小，热处理转变得到的组织晶粒也越细小，其强度、塑性、韧性都比较好，反之，热处理后性能越差。

① 合理选择加热温度和保温时间。由于晶粒长大是通过原子扩散进行的，而扩散速度是随加热温度升高而急剧增大，因此加热温度越高，保温时间越长，奥氏体晶粒长得越大。

② 选择合适的加热速度。加热温度一定，加热速度越快，奥氏体晶粒越细小。因此，快速高温加热和短时间保温，是生产中常用的一种细化晶粒方法。

③ 选用含有合金元素的钢。多数合金元素均能不同程度地阻碍奥氏体晶粒长大，它们在钢中形成难溶于奥氏体的碳化物，并弥散分布在奥氏体晶界上，能阻碍奥氏体晶粒长大。

碳能与一种或数种金属元素构成金属化合物（或称为碳化物）。多数合金元素，如 Cr、W、Mo、V、Ti、Nb 等，在钢中形成难溶于奥氏体的碳化物，这些碳化物弥散分布在晶粒边界上，阻碍或减慢奥氏体晶粒的长大。因此，含有合金元素的钢铁材料可以获得较细小的晶粒组织，提高材料力学性能。另外，碳化物硬度高，钢铁材料中存在适量的碳化物可以提高其硬度和耐磨性，满足特殊需要。

评价奥氏体晶粒大小的指标是晶粒度，对比标准晶粒度等级图确定钢的奥氏体晶粒大小，如图 4-8 所示，标准晶粒度等级分为 8 个等级，1～4 级为粗晶粒，5～8 级为细晶粒。

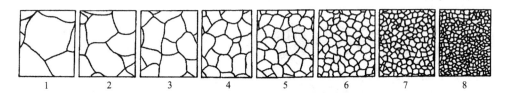

图 4-8 标准晶粒度等级图（放大图）

任务二 掌握钢在冷却时的组织转变

● 知识目标

了解热处理冷却方式；掌握钢在冷却时的组织转变。

● 能力目标

能分析钢在冷却时组织转变对热处理结果的影响。

1. 了解碳钢冷却方式对其性能的影响

同一化学成分的钢，加热到奥氏体状态后，冷却速度不同，将得到形态不同的各种室温组织，从而获得不同的使用性能，见表 4-2。这种现象不能用铁碳合金相图来解释，因为铁碳合金相图是平衡状态时的相变规律，如果冷却速度提高，则脱离了平衡状态。

表 4-2　$w_C = 0.45\%$ 的钢经 840℃ 加热后，以不同速度冷却后的力学性能

冷 却 方 法	抗拉强度 R_m/MPa	屈服强度/MPa	伸长率 A/%	断面收缩率 Z/%	硬 度 值
炉内缓冷	530	280	32.5	49.3	160～200HBW
空气冷却	670～720	340	15～18	45～50	170～240HBW
油中冷却	900	620	18～20	48	40～50HRC
水中冷却	1000	720	7～8	12～14	52～58HRC

常用冷却方式有等温冷却和连续冷却，如图 4-9 所示。

2. 认识过冷奥氏体等温转变图并能分析转变产物的性能

等温冷却是将奥氏体迅速冷却到 A_1 以下某一温度后保温，使奥氏体发生转变，随后冷却到室温。过冷奥氏体是指钢在实际冷却时都有过冷现象，即奥氏体向珠光体转变的临界点 Ar_1 比 A_1 低，奥氏体在 A_1 以下暂时存在而不稳定。

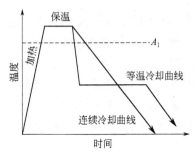

图 4-9　等温冷却和连续冷却转变曲线

（1）等温转变曲线图的建立

以共析钢为例，将共析钢制成若干小圆形薄片试样，加热（727℃）至奥氏体化后，分别迅速放入 A_1 点以下不同温度的恒温盐浴槽中进行等温转变；测出过冷奥氏体转变开始时间，终止时间以及转变产物量；将其画在温度-时间坐标图上，连接各转变开始点和终止点，得到共析钢过冷奥氏体等温转变图，曲线形状像字母 C，故称为 C 曲线，如图 4-10 所示。

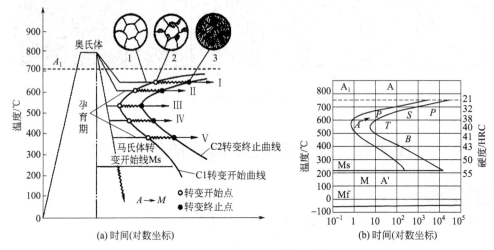

图 4-10　共析钢过冷奥氏体等温转变图

如图 4-10(a) 所示，A_1 线以上是奥氏体的稳定区，转变开始线 C1 以左是过冷奥氏体暂存区，转变终止线 C2 以右是转变产物区，两线之间是过冷奥氏体和转变产物共存区。等温停留开始至相转变开始之间的时间称为孕育期。孕育期随转变温度的降低逐渐缩短，在曲线拐弯处（鼻尖）约 550℃，孕育期最短，过冷奥氏体最不稳定，转变速度最快，而后孕育期又逐渐增长。

如图 4-10(b) 所示，Ms 是马氏体转变开始线，Mf 是终止线。在过冷奥氏体向马氏体转变的过程中有过冷奥氏体残留下来——残余奥氏体，用符号 A′表示。

（2）过冷奥氏体等温转变产物的组织和性能

共析碳钢过冷奥氏体等温转变图中的"鼻尖"将曲线分为上、下两部分，根据转变产物的组织特征不同，可划分为高温转变区，即珠光体区（P）和索氏体区（S），显微组织如图 4-11、图 4-12 所示；中温转变区，即托氏体区（T）和贝氏体区（B），显微组织如图 4-13、图 4-14、图 4-15 所示；低温转变区，即马氏体（用 M 表示）型转变区，显微组织如图 4-17、图 4-18 所示。

图 4-11　珠光体显微组织

图 4-12　索氏体显微组织

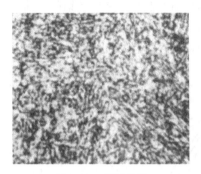

图 4-13　托氏体区

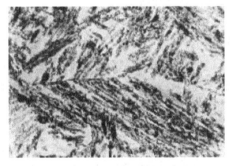

图 4-14　上贝氏体区

图 4-15　下贝氏体区

共析钢过冷奥氏体等温转变温度与转变产物的组织和性能见表 4-3。

表 4-3　共析钢过冷奥氏体等温转变温度与转变产物的组织和性能

转变温度范围	过冷程度	转变产物	代表符号	显微组织形态	层片间距	转变产物硬度与性能
A₁~650℃	小	珠光体	P	粗片状	约 0.3μm	<25HRC，硬度、强度低，塑性好
650~600℃	中	索氏体	S	细片状	0.1~0.3μm	25~30HRC，综合性能好
600~550℃	较大	托氏体	T	极细片状	约 0.1μm	30~40HRC，强度、硬度增加，塑性、韧性有所改善
550~350℃	大	上贝氏体	B上	羽毛状	—	40~50HRC，塑性、韧性差，脆性高，基本不用

续表

转变温度范围	过冷程度	转变产物	代表符号	显微组织形态	层片间距	转变产物硬度与性能
350℃～Ms	更大	下贝氏体	B下	针叶状	—	45～55HRC，强度、硬度高，塑性、韧性较好
Ms～Mf（0.25%＜w_C＜1.0%）	最大	马氏体	M	片状和板条状	—	40HRC左右，硬度一般，强度、韧性好
Ms～Mf（w_C＞1.0%）	最大	马氏体	M	凸透镜状	—	＞60HRC，硬度、强度高，塑性、韧性差

（3）影响 C 曲线的因素

① 含碳量。亚共析碳钢 C 曲线随着含碳量的增加而右移，过共析碳钢的 C 曲线随着含碳量的增加而左移。共析碳钢的 C 曲线最靠右，过冷奥氏体最稳定。

② 合金元素。合金元素溶入奥氏体后均能增大过冷奥氏体的稳定性（钴除外），使 C 曲线右移，而且形状发生改变。

③ 加热温度和保温时间。加热温度越高，保温时间越长，奥氏体成分越均匀，晶粒也越粗大，晶界面积越少，使过冷奥氏体稳定性提高，C 曲线右移。

3. 了解过冷奥氏体的连续冷却转变

过冷奥氏体的连续冷却转变是指工件奥氏体化后以不同冷却速度连续冷却时过冷奥氏体发生的相变。

（1）过冷奥氏体连续冷却转变图

实际生产中，钢铁材料的冷却一般不是等温进行而是连续进行的，如钢件退火时是炉冷，正火时是空冷，淬火时是水冷等。图 4-16 所示为共析钢过冷奥氏体连续冷却转变图。共析钢在连续冷却转变过程中，只发生珠光体转变和马氏体转变，没有贝氏体转变。珠光体转变区由三条线构成：Ps 线是过冷奥氏体向珠光体转变开始线；K 线是过冷奥氏体向珠光体转变终了线；Pf 线是过冷奥氏体向珠光体转变停止线，它表示冷却曲线碰到 K 线时，过冷奥氏体向珠光体转变便立即停止，剩余的过冷奥氏体一直冷却到

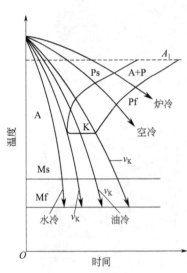

图 4-16　共析钢过冷奥氏体连续冷却转变图

Ms 线以下时发生马氏体转变，生成马氏体。

图 4-17　片状马氏体显微组织

图 4-18　板条状马氏体显微组织

（2）过冷奥氏体连续冷却转变的产物

采用连续冷却转变时，由于连续冷却转变是在一个温度范围内进行的，因此，连续冷却转变的转变产物往往不是单一的，根据冷却速度的不同，其转变产物有可能是 P＋S、S＋T 及 T＋M 等，性能参见表 4-3。

（3）马氏体的组织形态和性能

马氏体组织形态有片状（针状）和板条状两种。片状马氏体组织形态取决于奥氏体的含碳量，当含碳量大于 1.0％时马氏体呈凸透镜状，高碳马氏体的塑性和韧性差，但硬度高，耐磨性好。含碳量小于 0.25％时马氏体呈板条状，低碳马氏体塑性和韧性较好。

马氏体是钢中最硬的组织，硬度和强度取决于含碳量，随着含碳量的增加而升高，当含碳量增大到 0.6％时硬度不再继续升高，为 60～64HRC。马氏体的塑性和韧性也与含碳量有关，随着含碳量的增加而降低。性能参见表 4-3。

任务三　掌握并应用钢的退火与正火工艺

● 知识目标

掌握钢的退火与正火工艺方法。

● 能力目标

能熟练应用钢的退火与正火工艺解决生产实际问题。

退火与正火是钢铁材料常用的两种基本热处理工艺方法，主要用来处理毛坯件（如铸件、锻件、焊接件等）所造成的缺陷，为后面的切削加工和最终热处理做好组织准备，因此，退火与正火通常又称为预备热处理。对个别要求不高的铸件、锻件、焊接件也可作为最终热处理。

【实践经验】钢铁材料适宜切削加工的硬度范围是 170～260HBW。如果钢铁材料的硬度高于 260HBW，则不容易切削，并会加剧切削刀具的磨损；相反，如果钢铁材料的硬度低于 170HBW，则容易发生"粘刀"现象，影响工件表面加工质量和加工效率。钢铁材料合理选择退火工艺或正火工艺的目的之一就是为了使钢铁材料获得适宜切削加工的硬度。

1. 熟练掌握并应用退火工艺

退火是将工件加热到适当温度，保温一定时间，然后随炉缓慢冷却的热处理工艺。

退火的目的是降低钢铁材料的硬度，提高塑性，改善切削加工及冷变形能力；细化晶粒，均匀组织及化学成分，为最终热处理做好组织准备；消除钢铁材料的内应力，防止工件变形和开裂。

根据钢铁材料化学成分和退火目的的不同，常用退火方法有完全退火、球化退火、等温退火、去应力退火、均匀化退火等。常见退火工艺的加热温度范围如图 4-19 所示，常见退火工艺曲线如图 4-20 所示。

（1）完全退火应用

将亚共析钢件加热至 Ac_3 以上 30～50℃，使之完全奥氏体化后随炉缓慢冷却，获得接近平衡组织的退火工艺，如图 4-19、图 4-20 所示。为提高生产率，随炉冷至 600℃左右，工件出炉空冷。钢经完全退火后所得到的室温组织是铁素体和珠光体，完全退火目的是细化组织，降低硬度，提高塑性，消除化学成分偏析。

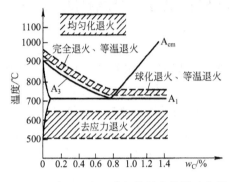

图4-19　常见退火工艺加热温度范围示意图

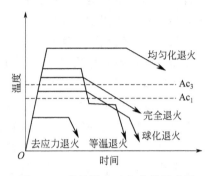

图4-20　常见退火工艺曲线示意图

完全退火主要于处理亚共析钢（$0.0218\% \leqslant w_c < 0.77\%$）制作的铸件、锻件、焊接件等。过共析钢（$0.77\% < w_c \leqslant 2.11\%$）制作的工件不宜采用完全退火，因为过共析钢加热到$Ac_3$以上后，形成的奥氏体组织在冷却时会以网状二次渗碳体（Fe_3C_{II}）形式沿奥氏体晶界析出，使过共析钢的强度和韧性显著降低，也会使零件在后续的热处理工序（淬火）中容易产生淬火裂纹。

（2）球化退火应用

球化退火是将共析钢或过共析钢加热到Ac_1点以上$20 \sim 30 ℃$，保温一定时间后，随炉缓冷至室温，或快冷到略低于Ar_1温度，保温后出炉空冷，使钢中碳化物球状化的退火工艺，如图4-19、图4-20所示。钢经球化退火后所得到的室温组织是铁素体基体上均匀分布着球状（或粒状）碳化物（或渗碳体），即球状珠光体组织，如图4-21所示。原理是在工件保温阶段，没有溶解的片状碳化物会自发地趋于球状化（球体表面积最小），并在随后的缓冷过程中，最终形成球状珠光体组织，如图4-22所示。球化退火应用于共析钢、过共析钢及工具钢，这些高碳钢热加工后组织中常出现粗片状珠光体和网状二次渗碳体，使钢的切削加工性能变差，且淬火时易产生变形和开裂，为消除缺陷，采用球化退火作为预备热处理，使珠光体中的片状渗碳体呈颗粒状。T10钢球化退火工艺曲线如图4-23所示。

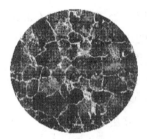

图4-21　T12钢网状二次渗碳体显微组织

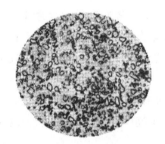

图4-22　球状珠光体显微组织

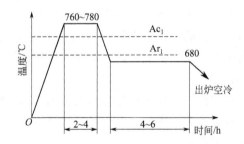

图4-23　T10钢球化退火工艺曲线

（3）等温退火

等温退火是指将钢加热到高于Ac_3（亚共析钢）或Ac_1（共析钢、过共析钢）以上$30 \sim$

50℃的温度，保持一定时间后，较快地冷却到珠光体转变温度范围并等温保持，使奥氏体转变为珠光体类组织后在空气中冷却的退火，如图4-19、图4-20所示。目的与完全退火相同，可获得比较均匀的组织与性能。但等温退火可以缩短退火时间约1/3，如图4-24所示高速工具钢的等温退火与完全退火比较。

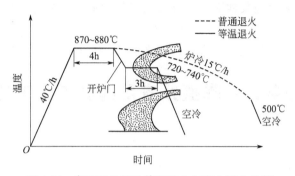

图 4-24　高速工具钢的等温退火与完全退火比较

（4）去应力退火应用

去应力退火是将钢加热到略低于 A_1 温度（500～600℃），保温一定时间，随炉缓慢冷却或随炉缓冷至300～200℃出炉空冷，如图4-19、图4-20所示。目的是去除工件塑性变形加工、切削加工、焊接件、锻件及铸件等生产过程中的残留应力，减小工件变形，稳定工件形状和尺寸。由于加热温度低于 A_1 点，所以不发生组织的变化（相变），只是消除残留应力，可消除50%～80%残留应力，对形状复杂及壁厚不均匀的零件尤为重要。

（5）均匀化退火应用

均匀化退火是将工件加热到 Ac_3＋(150～200)℃，通常在1050～1150℃温度，长时间保温，随炉缓慢冷却的退火工艺，如图4-19、图4-20所示。目的是减少钢的化学成分偏析和组织不均匀。应用于质量要求高的合金钢铸锭、铸件和锻坯等。

2. 熟练掌握并应用正火工艺

正火是将钢加热到 Ac_3 或 Ac_{cm} 以上30～50℃，保温一定时间后从炉中取出，在空气中冷却，如图4-25所示。目的是细化晶粒，适当提高钢材硬度，消除钢材中的网状碳化物（或渗碳体），并为淬火、切削加工等后续工序作组织准备。正火与退火的区别：正火冷却速度稍快，得到的组织较细小，强度和硬度有所提高，操作简便，生产周期短，成本较低。

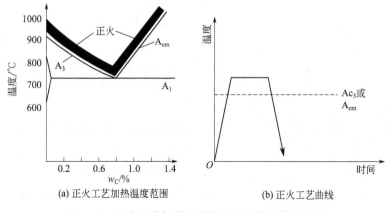

(a) 正火工艺加热温度范围　　(b) 正火工艺曲线

图 4-25　正火工艺加热温度范围与工艺曲线示意图

1）如图 4-25 所示，对于低碳钢和低碳的合金钢（$w_C < 0.25\%$）经正火后，可提高硬度，改善切削加工性能，硬度在 $170\sim230$ HBW 范围内金属切削加工性较好；对于中碳结构钢（$w_C = 0.5\%$左右）制作的重要零件，可作为预先热处理，为最终热处理作好组织准备；对于高碳钢（$w_C > 0.6\%$），可消除二次渗碳体网状组织，为球化退火做好组织准备。

2）用于普通结构零件或某些大型非合金钢工件的最终热处理，代替调质处理，如铁道车辆的车轴就是用正火工艺作为最终热处理的。

3）用于淬火返修件，消除淬火应力，细化组织，防止工件重新淬火时产生变形与开裂。

任务四　掌握并应用钢的淬火工艺

● 知识目标

掌握钢的淬火工艺。

● 能力目标

能熟练应用钢的淬火工艺解决生产实际问题。

1. 熟练掌握并应用钢的淬火

淬火是将钢件加热至 Ac_3 或 Ac_1 以上某一温度，保温后以适当速度冷却，获得马氏体或下贝氏体组织的热处理工艺，如图 4-26 所示。马氏体中由于溶入了过多的碳原子，使 α-Fe 晶格发生畸变，提高了其塑性变形抗力，故马氏体中碳的质量分数越高，其硬度也越高。

【史海觅踪】公元前 6 世纪，钢铁兵器逐渐被采用，为了提高钢的硬度，淬火工艺得到了进一步发展。我国河北省易县燕下都曾出土了两把剑和一把戟，其显微组织中都有马氏体的存在，这说明出土的这三把兵器都是经过淬火处理的。

（1）淬火目的与应用

淬火的主要目的是使钢铁材料获得马氏体或贝氏体组织，并与回火工艺合理配合，提高钢铁材料的强度、硬度和耐磨性，获得需要的力学性能，特别是在动载荷与摩擦力作用下的零件，各种类型的重要工具，如刀具、钻头、丝锥、板牙、精密量具等，重要零件如销、套、轴、滚动轴承、模具等，它是强化钢件最重要的热处理方法。

（2）淬火加热温度选择

不同的钢种其淬火加热温度不同。碳钢的淬火加热温度可由铁碳合金相图确定，如图 4-26 所示。为了防止奥氏体晶粒粗化，淬火温度不宜选得过高。

亚共析钢的淬火加热温度在 Ac_3 以上 $30\sim50$℃，在此温度范围内加热，可获得全部细小的奥氏体晶粒，淬火后又可得到均匀细小的马氏体组织。如果加热温度过高，则容易引起奥氏体晶粒粗大，使钢淬火后得到粗大马氏体组织，使用性能变差，

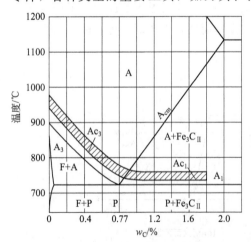

图 4-26　碳钢淬火加热温度范围

且淬火应力增大，易导致变形和开裂；如果加热温度过低，则淬火后的组织中尚有未溶的铁素体组织，钢的硬度降低，达不到使用要求。

共析钢和过共析钢的淬火加热温度是 Ac_1 以上 30～50℃，在此温度范围内加热时，钢材的组织是奥氏体和碳化物（或渗碳体）颗粒，淬火后可以获得细小的马氏体和球状碳化物（或渗碳体），能够保证钢材淬火后获得高硬度和高耐磨性。如果加热温度超过 Ac_{cm} 将导致钢材中的碳化物（或渗碳体）消失，奥氏体晶粒粗化，淬火后得到粗大针状马氏体，而且残留奥氏体量增多，硬度和耐磨性降低，脆性增大；如果淬火温度过低（低于 Ac_1），组织没有发生相变，强度、硬度达不到要求，失去淬火的意义。

（3）淬火冷却介质选取

淬火时为了得到足够的冷却速度，保证奥氏体向马氏体转变，又不至于由于冷却速度过快引起零件内应力增大，造成零件变形和开裂，应合理地选用淬火冷却介质。

要想既保证能获得马氏体组织，同时又尽量避免钢件发生变形与开裂，理想的淬火冷却方式应具有图 4-27 所示的冷却曲线，即只在 C 曲线鼻部附近（650～550℃）快速冷却，使钢件冷却速度大于临界冷却速度。而在淬火温度在 650℃以上或在 400℃以下，过冷奥氏体较稳定，这两个阶段应尽量减慢冷却速度，以减少淬火应力。

到目前为止，还很难找到一种完全符合要求的理想淬火冷却介质，在实际生产中需要根据工件的技术要求、材质及形状，科学合理地选择淬火冷却方法，来弥补单一淬火冷却介质的不足之处。常用淬火冷却介质的冷却能力及特点见表 4-4。

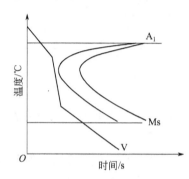

图 4-27 理想的淬火冷却速度曲线

表 4-4 各种常用淬火冷却介质的冷却能力及特点

淬火冷却介质	不同温度范围内的冷却速度/（℃/s）		特点与应用
	650～550℃	300～200℃	
水（18℃）	600	270	常温冷却能力很强，尤其在 650～550℃的范围内冷却速度非常快，大于 600℃/s。但在 300～200℃的温度范围，冷却能力仍很强，将导致工件变形，甚至开裂。主要用于淬透性较小的碳钢零件
水（50℃）	100	270	
水（74℃）	30	200	
10％NaCl 水溶液（18℃）	1100	300	水中加入 5％～10％NaCl 的盐水或 NaOH，冷却能力更强。优点是在 650～500℃能满足要求。缺点是在需要缓冷的 300～200℃冷却太快，易引起变形和开裂，对工件有腐蚀作用，淬火后必须清洗。用于形状简单的碳钢零件的淬火冷却
10％NaOH 水溶液（18℃）	1200	300	
5、10、20、30、40 号机油（20℃）	100	20	优点是在 300～200℃的范围内冷却能力低，有利于减小变形和开裂。缺点是在 650～550℃范围冷却能力远低于水。通常不宜用于碳钢，只用作合金钢的淬火介质。油温控制在 20～100℃
变压器油（50℃）	120	25	

钢在淬火后获得马氏体和残余奥氏体混合组织，这种组织不稳定，存在很大的内应力，因此淬火钢必须回火。

【史海觅踪】相传三国时期的蒲元是铸刀高手。据宋《太平御览》记载，蒲元曾在今陕西斜谷为诸葛亮铸刀 3000 把。他铸的刀被誉为神刀。蒲元铸刀的主要诀窍在于掌握了精湛的钢刀淬火技术。他能够辨别不同水质对钢刀淬火质量的影响，并且选择冷却速度快的蜀江水（今四川成都）作为淬火冷却介质，把钢刀淬到合适的硬度。这说明中国在古代就发现了淬火冷却介质对淬火质量的影响，发现了不同水质的冷却能力。

2. 熟悉钢的淬火方法

根据钢材化学成分及对组织、性能和钢件尺寸精度的要求，在保证技术要求规定的前提下，应尽量选择简便、经济的淬火方法。常用的淬火方法有单液淬火、双液淬火、马氏体分级淬火和贝氏体等温淬火、局部淬火法、冷处理等。

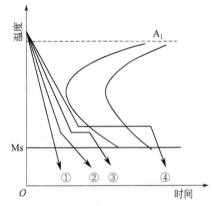

图 4-28 常用淬火方法的冷却曲线

（1）单液淬火应用

单液淬火是将钢件奥氏体化后，保温适当时间，随之在水（或油）中急冷的淬火工艺，如图 4-28 中曲线①所示。例如，低碳钢和中碳钢在水或盐水中淬火，合金钢在油中淬火等就是典型的单液淬火方法。此法操作简便，易实现机械化和自动化。通常形状简单尺寸较大的碳钢件在水中淬火，合金钢件及尺寸很小的碳钢件在油中淬火。

（2）双液淬火应用

双液淬火是将钢件加热到奥氏体化后，先浸入冷却能力强的介质中，在组织即将发生马氏体转变时立即转入冷却能力弱的介质中冷却的淬火工艺。例如先水后油、先水后空气等方法，如图 4-28 中曲线②所示。操作时如能控制好工件在水中停留的时间，可有效地防止淬火变形和开裂，但操作技术要求较高，主要用于形状复杂的高碳钢件和尺寸较大的合金钢件。

（3）马氏体分级淬火应用

马氏体分级淬火是将钢件奥氏体化后，随之浸入温度稍高或稍低于 Ms 点的盐浴或碱浴中，保持适当时间，待工件整体达到介质温度后取出空冷，以获得马氏体组织的淬火工艺，如图 4-28 中曲线③所示。马氏体分级淬火能够减小工件中的热应力，并缓和相变过程中产生的组织应力，减少淬火变形，防止开裂。用于处理尺寸较小、形状复杂的由高碳钢或合金钢制作的工具和模具。此法要求附加设备，操作较为复杂，淬火介质较贵，处理费用较高。

（4）贝氏体等温淬火应用

贝氏体等温淬火是将钢件加热到奥氏体化后，随之快冷到贝氏体转变温度区间并等温保持一段时间，使奥氏体转变为贝氏体的淬火工艺，如图 4-28 曲线④所示。特点是工件在淬火后内应力与变形较小，工件具有较高的韧性、塑性、硬度和耐磨性，但生产周期长，效率低。用于处理由各种中碳钢、高碳钢和合金钢制造的尺寸较小、形状复杂，尺寸要求精确，并要求有较高强韧性的小型工具、模具、刃具及弹簧等工件。

【拓展知识——冷处理】冷处理是将工件淬火冷却到室温后，继续在一般制冷设备或低温介质中冷却，使残留奥氏体转变为马氏体的工艺。对于高碳钢及一些合金钢，由于马氏体转变终止线 Mf 位于 0℃ 以下，钢件淬火后组织中含有大量的残留奥氏体。采用冷处理可以消除和减少钢中的残留奥氏体数量，使钢件获得更多的马氏体，提高钢件的强度、硬度与耐磨性，稳定钢件尺寸。如精密量具、精密轴承、精密丝杠、精密刀具等要求形状精确和尺寸稳定的工件，均应在淬火之后进行冷处理，以消除或减少残留奥氏体数量，稳定工件的尺寸。目前常用的低温介质有干冰，即固体 CO_2，最低温度是 $-78℃$；液态氮，用于 $-130℃$ 以下的深冷处理。

3. 认识钢的淬透性与淬硬性

（1）钢的淬透性与应用

淬透性是指以规定条件下钢试样淬硬深度和硬度分布的能力。简单地说，就是钢淬火时获得马氏体的能力。钢的淬透性高则工件能被淬透，经回火后的力学性能沿整个截面均匀一致；钢的淬透性小则工件没被淬透，经回火后工件表层和心部的组织和性能均存在差异，心部的强度和硬度较低。碳钢淬透性较低，大尺寸工件难以淬透。对于亚共析钢，随着碳的质量分数的提高，其淬透性提高。对于过共析钢，随着碳的质量分数的提高，淬透性却降低。对受力大且复杂的工件，应确保工件截面各处的组织和性能均匀一致，这时需选用淬透性大的合金钢；若要求工件表面硬度高、耐磨性好，而心部要求韧性好时，可选用低淬透性钢。

（2）钢的淬硬性与应用

钢的淬硬性是以钢在理想条件下淬火所能达到的最高硬度。钢淬火后可以获得较高硬度，但不同化学成分的钢淬火后所得马氏体组织的硬度值是不同的。钢的淬硬性取决于钢中的含碳量、淬火介质、冷却速度和工件尺寸，其主要取决于含碳量。含碳量越高，钢的淬硬性越大。淬硬层的深度越大，则钢的淬透性越高。淬硬性越高，硬度值也越高，如图4-29所示。

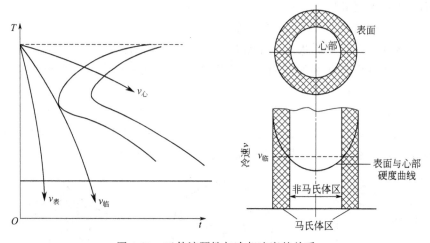

图 4-29　工件淬硬性与冷却速度的关系

【特别提示】淬硬性和淬透性是两个不同的概念，二者没有必然的联系。因此，必须注意：淬火后硬度高的钢，不一定淬透性就高；淬火后硬度低的钢，不一定淬透性就低。

4. 避免淬火缺陷的产生及预防措施

工件在淬火加热和冷却过程中，由于加热温度高，冷却速度快，很容易产生淬火缺陷。因此，在热处理生产过程中需要采取合理的措施，尽量减少各种缺陷的产生。

（1）过热与过烧缺陷的产生及预防措施

工件加热温度偏高，使晶粒过度长大，造成力学性能显著降低的现象称为过热。钢件过热后，形成的粗大奥氏体晶粒可以通过正火或退火来消除。

工件加热温度过高，使晶界氧化和部分熔化的现象称为过烧。过烧的钢件淬火后强度低，脆性很大，并且无法补救，只能报废。

过热和过烧是由于加热温度过高或高温下保温时间过长引起的，因此，合理制订加热规范，严格控制加热温度和保温时间可以防止过热和过烧现象的发生。

（2）氧化与脱碳缺陷的产生及预防措施

金属工件加热时，加热介质中的氧、二氧化碳和水蒸气与金属反应生成氧化物的过程称为氧化。加热温度越高，保温时间越长，氧化现象越明显。氧化使钢件表面烧损，增大表面粗糙度 Ra 值，减小钢件尺寸，甚至使钢件报废。

金属工件加热时介质与工件表层的碳发生反应，使表层含碳量降低的现象称为脱碳。加热温度越高，加热时间越长脱碳越严重。脱碳使钢件表面碳的质量分数降低，使其力学性能下降，容易引起钢件早期失效。

防止氧化与脱碳的措施有：一是控制加热介质的化学成分和性质，使之与钢件不发生氧化与脱碳反应，如采用可控气氛、氮基气氛等；二是钢件表面进行涂层保护和真空加热。

（3）淬火硬度不足和出现软点缺陷的产生及预防措施

工件淬火后较大区域内硬度达不到技术要求的现象称为硬度不足。加热温度过低或保温时间过短，淬火冷却介质冷却能力不够，钢件表面氧化、脱碳，奥氏体中碳的质量分数较低或成分不均匀，存在未溶的铁素体等，均容易导致钢件淬火后达不到要求的硬度值。

工件淬火硬化后，表面许多小区域存在硬度偏低的现象称为软点。

工件产生硬度不足和大量的软点后，可经退火或正火后，重新进行正确的淬火，即可消除工件表面的硬度不足和软点。

（4）变形和开裂缺陷的产生及预防措施

变形是淬火时工件产生形状或尺寸偏差的现象。开裂是淬火时工件表层或内部产生裂纹的现象。钢件产生变形与开裂的原因是由于钢件在热处理过程中其内部产生了较大的内应力，包括热应力和相变应力。

热应力是指钢件加热和（或）冷却时，由于不同部位出现温差而导致热胀和（或）冷缩不均所产生的内应力。相变应力是热处理过程中，因钢件不同部位组织转变不同步而产生的内应力。热应力和相变应力使工件产生变形的情况如图 4-30 所示。

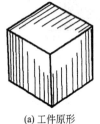  

(a) 工件原形　　　　　(b) 热应力产生的变形　　　　(c) 相变应力产生的变形

图 4-30　热应力和相变应力使工件产生变形的情况

钢件在淬火时，热应力和相变应力同时存在，两种应力总称为淬火应力。当淬火应力大于钢的屈服强度时，钢件就发生变形；当淬火应力大于钢的抗拉强度时，钢件就产生开裂。

为了减少钢件淬火时产生变形开裂现象，采取措施有：一是淬火时正确选择加热温度、保温时间和冷却方式，可以有效地减少钢件变形和开裂现象；二是淬火后及时进行回火处理。

5. 了解淬火前的准备和装炉方法

（1）淬火前的准备

选用合适的工夹具、进行适当的装夹、绑扎，防止在加热炉中无法取出或掉入冷却液中。常用软铁丝捆扎中小型工件，如图 4-31 所示。

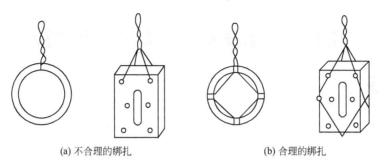

(a) 不合理的绑扎　　　　　　　　(b) 合理的绑扎

图 4-31　淬火时绑扎工件实例

对易产生裂纹的部位，采取适当的防护措施，如包扎铁皮、石棉绳、堵孔等。如非工作孔，可用石棉绳、耐火泥堵塞，以降低冷却速度，减少淬火应力与变形；截面急变处用铁丝或石棉绳绑扎；尖角处用铁皮套上；容易变形的部分，如槽形工件，用螺钉等加以机械固定，如图 4-32 所示。

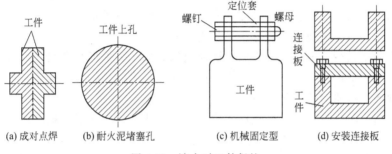

(a) 成对点焊　(b) 耐火泥堵塞孔　(c) 机械固定型　(d) 安装连接板

图 4-32　淬火时工件保护

表面不允许氧化脱碳的零件，可在保护气氛炉、盐浴炉或真空炉中加热，如果在普通空气炉加热，必须采取防护措施。

（2）装炉方法

● 允许不同材料、但具有相同加热温度和加热速度的零件，装入同一炉中加热。

● 截面大小不同的零件装入同一炉时，大件应放在炉膛里面，以便小件先出炉。

● 零件装炉时，应放在炉内均匀温区，多方面采取措施，力求提高均温程度。

● 装炉时必须将零件放在装料架或炉底板上，用钩、钳将工件轻轻放入炉内不准将零件直接抛入炉内，以免碰伤零件或损坏零件。

● 入炉零件均应干燥无油污。

● 细长零件应尽量垂直吊挂，以免变形。

● 对某些工件要合理绑扎，以免因自重而变形。

● 淬火时细长工件要垂直浸入冷却介质中，防止弯曲变形

各类工件在炉中加热吊挂与浸入淬火介质方法如图 4-33 所示。

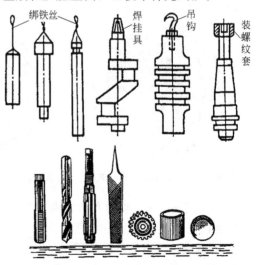

图 4-33　各类工件加热吊挂与浸入淬火介质方法

任务五 掌握并应用钢的回火工艺

● **知识目标**

掌握钢的回火工艺。

● **能力目标**

能熟练应用钢的回火工艺解决生产实际问题。

1. 认识回火过程中的组织转变

将淬火钢件加热到 Ac_1 以下的某一温度，保温一定的时间，然后冷却到室温的热处理工艺称为回火。工件在淬火后获得马氏体和残余奥氏体混合组织，这种组织不稳定，有自发向稳定组织转变的趋势，而且工件存在很大的内应力，导致脆性大、韧性低，不能直接使用，如不及时消除这些缺陷，将会引起工件的变形甚至开裂，造成报废。因此工件淬火后必须回火，消除内应力，使非平衡组织转变为平衡组织。

回火的目的是减少或消除淬火应力，稳定组织，稳定工件形状和尺寸，获得所需要的具有良好综合性能的工件。回火是在淬火之后进行的，是零件热处理的最后一道工序。回火冷却大多采用空冷，冷速对性能影响不大。

回火随着温度的升高，淬火组织将发生一系列变化，组织转变过程有四个阶段。

第一阶段（≤200℃），马氏体分解。淬火组织经过回火，转变为回火马氏体，即过饱和度较低的马氏体和极细微碳化物的混合组织，如图 4-34 所示显微组织。

第二阶段（200～300℃），残留奥氏体分解。淬火组织经过回火转变为回火马氏体组织。

第三阶段（250～400℃），碳化物析出，马氏体分解完成及渗碳体的形成。淬火组织经过回火形成回火托氏体，即铁素体基体内分布着细小粒状或片状碳化物的混合组织，如图 4-35 所示显微组。

第四阶段（＞400℃），碳化物的聚集长大与铁素体的再结晶。淬火组织经过回火，最终形成回火索氏体，即铁素体基体内分布着粒状渗碳体的混合组织，如图 4-36 所示显微组。

 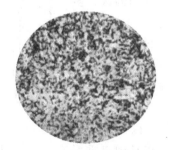 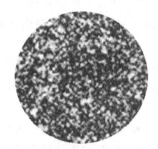

图 4-34 回火马氏体显微组织　　图 4-35 回火托氏体显微组织　　图 4-36 回火索氏体显微组织

淬火钢随回火温度的升高，强度与硬度降低，而塑性与韧性提高。40 钢回火温度与力学性能的关系曲线如图 4-37 所示。

2. 掌握回火方法及其应用

不同的淬火钢在不同的温度进行回火，其硬度不同。根据钢件在回火时加热温度不同，将回火分为低温回火、中温回火和高温回火。

（1）低温回火与应用

低温回火的温度范围是 150～250℃。淬火钢经低温回火后，获得的组织为回火马氏体，保持了淬火后的高硬度和高耐磨性，硬度为 58～64HRC。目的是减小或消除淬火内应力，降低脆性，提高韧性。

用于由高碳钢、合金工具钢制造，有耐磨性要求的零件，如刃具、量具、冷作模具、滚动轴承以及表面淬火和渗碳淬火件等的热处理。

（2）中温回火与应用

淬火钢中温回火的温度范围是 250～450℃，

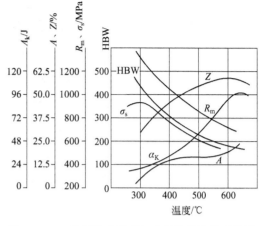

图 4-37　40 号钢回火温度与力学性能的关系曲线

经中温回火后，获得的组织为回火托氏体，硬度为 35～50HRC。目的是降低淬火应力，使钢获得较高弹性极限和屈服强度，并具有一定的韧性。

中温回火用于处理钢制弹性元件，如各种卷簧、板弹簧、弹簧钢丝；受多次冲击载荷作用的零件，如锻模、压铸模、塑料模等；要求具有高强度、高韧性的重要结构零件，如齿轮、轴、轴套（花键套）、刀杆等。

（3）高温回火与应用

高温回火的温度范围是 500～650℃，经高温回火后获得的组织为回火索氏体，硬度 28～33HRC。经高温回火后，钢的淬火应力完全消除，不仅具有较高的强度，塑性和韧性也显著提高，具有良好的综合力学性能。

工业上将钢件淬火加高温回火的复合热处理工艺称作调质。调质处理后钢的硬度不太高，便于切削加工，并能得到较好的表面质量，常作为表面淬火、化学热处理的预备热处理，也用于量具、模具等精密零件的预备热处理。

调质广泛应用于各种重要构件，如螺栓、传动轴、连杆、曲轴、齿轮等。因此，重要的钢制零件常采用调质处理，而不采用正火处理。

【拓展知识——金属时效】金属材料经过冷、热加工或固溶处理后，在室温下放置或加热时，使力学性能和物理性能随着时间而变化的现象称为时效。固溶处理是指工件加热至适当温度并保温，使过剩相充分溶解，然后快速冷却以获得过饱和固溶体的热处理工艺。在时效过程中金属材料的显微组织并不发生明显的变化。机械制造过程中常用的时效方法有自然时效、热时效、变形时效、振动时效和沉淀硬化时效。

① 自然时效。是指金属材料经过冷、热加工或固溶处理后，在室温下性能随着时间而变化的现象。例如，钢铁铸件、锻件、焊接件等在室温下长时间（半年或几年）在户外或室内堆放，就是自然时效。利用自然时效减轻或部分消除工件内 10%～12% 残余应力，稳定工件的形状和尺寸。优点是不使用任何设备，不消耗能源。缺点是时效周期长，工件内部的残留应力不能完全消除。

② 热时效（人工实效）。是指低碳钢固溶处理后，随着温度的不同，α-Fe 中碳的溶解度发生变化，使钢的性能发生改变的过程。例如，低碳钢在 A_1 线之下加热，并较快冷却时，三次渗碳体 Fe_3C_{III} 来不及析出，形成过饱和的固溶体。但在室温放置过程中，由于碳的溶解度较低，碳会以 Fe_3C_{III} 形式从过饱和固溶体中析出，使钢的硬度和强度上升，而塑性和韧性下降，如图 4-38 所示。从图中可以看出，虽然低碳钢中碳的含量不高，但经过时效后，其硬度有时会提高 50% 左右，这对低碳钢进行锻压加工是不利的。同时，随着热时效温度的提高，热时效过程中碳的扩散速度也会越来越快，使热时效的时间大大缩短。

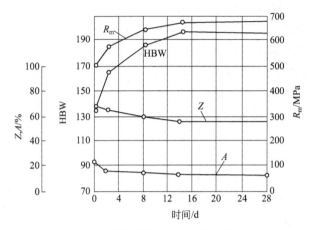

图 4-38 低碳钢时效后力学性能的变化

③ 变形时效。是指钢在冷变形后进行的时效。钢经冷变形后，在室温下进行自然时效，一般需要放置 15～16 天（较大钢件需要半年或更长时间）；在 300℃左右进行时效时，则仅需几分钟（较大钢件仅需几小时）。变形时效也降低了钢（尤其是汽车用板材）的锻压加工性能，因此，对于重要的工件，在制造之前需要对所选钢材进行变形时效倾向试验。

④ 振动时效。是指通过机械振动（或超声波）的方式来消除、降低或均匀工件内残留应力的工艺。需借助专用设备对工件施加周期性的动载荷，迫使工件在共振频率范围内振动，并释放出内部残留应力，从而提高工件的抗疲劳性能和尺寸精度。具有节能、效率高（仅需 10～60min）的特点，而且不受工件尺寸和重量的限制，工件内部的残余应力可消除 30％左右，可代替人工时效和自然时效。国内外对于重要的铸件、锻件和焊接件已获得广泛应用。

⑤ 沉淀硬化时效。是在过饱和固溶体中形成或析出弥散分布的强化相，而使金属材料硬化的热处理工艺。是对不锈钢、耐热合金、高强度铝合金等的重要强化方法。

任务六 掌握并应用钢的表面热处理与化学热处理

● 知识目标

掌握钢的表面热处理与化学热处理工艺。

● 能力目标

能应用钢的表面热处理与化学热处理解决生产实际问题。

有些机械零件对工作表面要求高，如齿轮、花键轴、活塞销、凸轮等，表面需具备高硬度和高耐磨性，而心部需具备一定的强度和足够的韧性，仅从材料方面来解决是比较困难的。如果选用高碳钢，淬火后表面硬度很高，但心部韧性严重不足，不能满足需要；如果采用低碳钢，经过淬火后心部韧性好，但表面硬度和耐磨性较低，也不能满足需要。这就需要采用表面热处理或化学热处理，以满足"表里不一"的性能要求。

1. 掌握钢的表面热处理与应用

表面热处理的目的是改变工件表面的组织和性能，仅对其表面进行的热处理工艺。

（1）表面淬火与回火的应用

表面淬火是指仅对工件表层进行淬火的热处理工艺。其目的是使工件表面获得高硬度和高耐磨性，而心部保持较好的塑性和韧性，以提高其在扭转、弯曲、循环应力或在摩擦、冲击、接触应力等工作条件下的使用寿命，是最常用的表面热处理工艺。表面淬火前应对工件正火或调质，以保证心部具有良好的力学性能，为表层淬火做好组织上的准备。

表面淬火不改变工件表面的化学成分，而是采用快速加热方式，使工件表层迅速奥氏体化，在热量尚未充分传到零件中心时就立即予以喷水冷却而完成淬火，得到马氏体组织，使工件表面硬化。适用于中碳钢、中碳合金钢，如45钢、40Cr钢等。按加热方法不同，表面淬火方法有感应淬火、火焰淬火、电接触淬火、激光加热表面淬火等。目前生产中应用最多的是感应淬火和火焰淬火。

利用感应电流通过工件所产生的热效应，使工件表面局部或整体加热并进行快速冷却的淬火工艺称为感应淬火。

① 感应淬火基本原理。如图4-39所示，将工件放入感应器（铜线圈）中，感应器通入一定频率的交流电，以产生交变磁场，于是在工件内产生同频率的感应电流，并自成回路，故称涡流。涡流在工件截面上分布不均匀，表面密度大，心部密度小。电流频率越高，涡流集中的表面层越薄，称此现象为集肤效应。由于工件本身有电阻，因而集中于工件表层的涡流使表层在几秒钟内快速加热到淬火温度（900℃左右），而心部仍接近于室温。在随即喷水快冷后，工件表层被淬硬内部仍保留韧性，达到表面淬火目的。

② 感应淬火的特点。工件加热速度快、时间短、变形小、基本无氧化和无脱碳、硬度比整体淬火提高2～3HRC；在表面淬硬层中存在较大的残留压应力，提高工件的疲劳强度20%～30%；生产率高，易实现机械化、自动化，适于大批量生产。但感应加热设备昂贵，维修调整困难，对形状过分复杂的零件不宜制造感应线圈，不适合单件生产。

③ 感应淬火的应用。感应淬火主要用于中碳钢和中碳合金钢制造的工件，如40钢、45钢、40Cr、40MnB等。

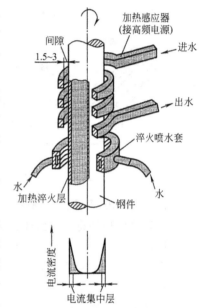

图4-39 感应淬火的基本原理图

感应淬火时，工件表面的加热层深度主要取决于交流电流频率的高低。交流电流频率越高，工件表面加热层深度越浅。因此，生产中可通过调整交流电流频率来获得不同的淬硬层深度。可对工件内外圆柱面、端面、机床导轨等复杂表面进行感应淬火，如图4-40所示。

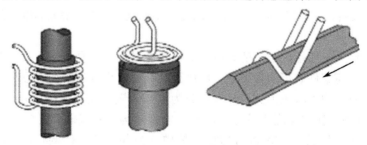

图4-40 感应淬火表面形状

根据交流电流频率的不同，分为高频感应淬火、中频感应淬火和工频感应淬火三类。频率及应用范围见表 4-5。

表 4-5 高频感应淬、中频感应淬及工频感应淬火的频率应用范围

分　类	频率范围/kHz	淬火深度/mm	特点与应用范围
高频感应淬火	50～300	0.5～2	淬硬层薄，用于中小型轴、销、套、小模数齿轮等零件
中频感应淬火	2.5～8	2～10	淬硬层适中，用于尺寸较大的轴类、大、中模数齿轮
工频感应淬火	0.05	10～20	淬硬层厚，用于大型零件（如轧辊、火车车轮等）表面淬火或大直径钢件穿透加热

钢件感应淬火后，需要进行低温回火，其回火温度比普通低温回火温度稍低。生产中有时采用自回火法，即当淬火冷至 200℃ 左右时，停止喷水，利用工件中的余热达到低温回火目的。

（2）火焰加热表面淬火与应用

火焰加热表面淬火是利用氧-乙炔或其他可燃气体燃烧的火焰对工件表层加热，随之快速喷水冷却的淬火工艺，如图 4-41 所示。火焰淬火的淬硬层深度一般是 2～6mm，若淬硬层过深，会使工件表面产生过热，甚至产生变形与裂纹。

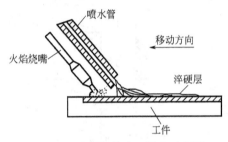

图 4-41 火焰加热表面淬火示意图

火焰淬火操作简便，不需要特殊设备，生产成本低。但加热温度及淬硬层深度不易控制，易产生过热和加热不均匀现象，生产率效较低，适用于单件或小批量生产的各种齿轮、轴、轧辊等中碳钢、中碳合金钢制造的零件。

2. 掌握钢的表面化学热处理

化学热处理是将工件置于适当的活性介质中加热、保温，使一种或几种元素渗入到工件的表层，以改变其化学成分、组织和性能的热处理工艺。化学热处理与表面淬火相比，工件表层不仅有组织的变化，而且还有化学成分的变化。

化学热处理方法很多，通常以渗入的元素来命名。渗入元素不同，获得的性能也不相同，如渗碳、渗氮、碳氮共渗是以提高工件表面硬度和耐磨性为主；渗硼、渗硅、渗金属是为了提高工件表面的耐蚀性和抗氧化性。

化学热处理由分解、吸收和扩散三个基本过程组成。分解是指渗入介质在高温下通过化学反应进行分解，形成渗入元素的活性原子；吸收是指渗入元素的活性原子被工件表面吸附，进入晶格内形成固溶体或形成化合物；扩散是指被吸附的渗入原子由工件表层逐渐向内扩散，形成一定深度的扩散层。在机械制造中最常用的化学热处理是渗碳、渗氮和碳氮共渗。

（1）渗碳及其应用

渗碳是将钢件置于活性碳原子的介质中加热并保温，使碳原子渗入工件表层的化学热处理工艺。目的是提高钢件表层的含碳量，经淬火与低温回火后表面硬、心部韧。

根据渗碳介质的物理状态不同，渗碳可分为气体渗碳、液体渗碳（较少使用）、固体渗碳（已淘汰），其中气体渗碳应用最广泛，图 4-42 所示为井式气体渗碳炉。

气体渗碳方法是将工件放入密封的加热炉中（如井式气体渗碳炉），通入气体渗碳剂（甲烷、丙烷、煤油、丙酮、甲醇、天然气等）进行渗碳处理，渗碳温度为 920～930℃。如

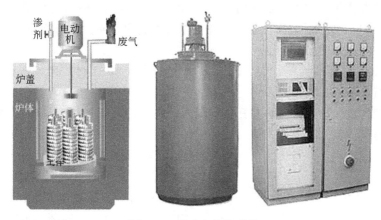

图 4-42 井式气体渗碳炉

图 4-42 所示。渗碳时，渗碳剂在炉内高温下分解，分解出的活性碳原子被工件表面吸收，通过碳原子的扩散，在工件表面形成一定深度的渗碳层。渗碳时间需要根据工件所要求的渗碳层深度来确定。通常按 $0.2 \sim$ $0.25mm/h$ 的速度进行估算。实际生产中常用检验试棒来确定渗碳时间。适合渗碳的材料有低碳钢和低碳合金钢，即含碳量在 $0.10\% \sim 0.25\%$，如 15、20、20Cr、20CrMnTi 等。渗碳层深度为 $0.5 \sim 2.5mm$，渗碳层中碳的含量 $w_C = 0.8\% \sim 1.05\%$。淬火、低温回火硬度 56～64HRC。

渗碳工艺被广泛用于要求表面硬而心部韧的工件上，如齿轮、凸轮轴、活塞销等工件。

【知识积累】生产中渗碳工艺路线：毛坯锻造→正火→机械粗加工、半精加工→渗碳→淬火→低温回火→精加工（磨削加工）→检验→装配。

（2）渗氮及其应用

渗氮是在一定温度下将工件置于一定渗氮介质中，使氮原

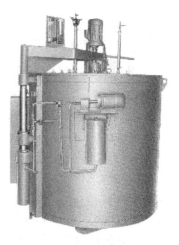

图 4-43 井式气体渗氮炉

子渗入工件表层的化学热处理工艺。目的是提高工件表面硬度、耐磨性、疲劳强度和耐蚀性。

1）渗氮材料及工业应用。渗氮用钢一般是含有 Al、Cr、Mo、Ti、V 等合金元素的钢，这些元素能与 N 原子形成颗粒细小、分布均匀、硬度高的各种氮化物（CrN、MoN、AlN），渗氮层深度为 $0.6 \sim 0.7mm$。渗氮后工件表面有很高的硬度（1000～1200HV，相当于 72HRC）和耐磨性，因此渗氮后不需再进行淬火。渗氮温度比渗碳低，工件变形小。渗氮后只能精磨、研磨或抛光，不能进行切削加工。

对于零件上不需要渗氮的部分可以采用镀锡或镀铜等保护措施，也可以预留 1mm 的加工余量，在渗氮后磨去。渗氮介质有无水氨气、氨气与氢气、氨气与氮气。

渗氮处理广泛用于各种高速传动的精密齿轮、高精度机床主轴、受循环应力作用下要求高疲劳强度的零件（如高速柴油机曲轴）以及要求变形小和具有一定耐热、耐蚀能力的耐磨零件（如阀门）等。渗氮层薄而脆，不能承受冲击和振动载荷。渗氮处理生产周期长（如 $0.3 \sim 0.5mm$ 的渗层，需要 30～50h），生产成本较高。

2）渗氮方法。有气体渗氮和离子渗氮两种。

① 气体渗氮。是指在有活性氮原子的气体中进行渗氮的工艺。方法是将工件放入通有

氨气（NH₃）的井式渗氮炉中，加热到 500～570℃，使氨气分解出活性氮原子 [N]，其反应为 2NH₃══3H₂＋2 [N]，活性氮原子被工件表面吸收，并向内部逐渐扩散形成渗氮层。井式气体渗氮炉结构如图 4-43 所示

② 离子渗氮。是指在低于 $1×10^5$ Pa 的渗氮气氛中，利用工件（阴极）和阳极之间产生的辉光放电进行渗氮的工艺。

方法是将工件放入离子渗氮炉的真空容器内，将工件表面加热到渗氮所需温度（450～650℃）。通入氨气或氮、氢混合气体，使气压保持在 $1.96×10^3$ MPa，在阳极（真空器）与阴极（工件）间通入高压（400～700V）直流电，迫使电离后的氮离子高速轰击工件表面，氮离子在阴极上夺取电子后，还原成氮原子，被工件表面吸收，并逐渐向内部扩散形成渗氮层。特点是渗氮速度快，时间短（仅为气体渗氮的 1/5～1/2）；渗氮层质量好、脆性小、工件变形小；省电、无公害、操作条件好；对材料适应性强，如碳钢、低合金钢、合金钢、铸铁等均适用。如图 4-44 所示为 38CrMoAlA 钢二段渗氮工艺曲线。

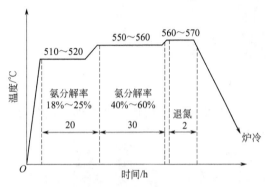

图 4-44　38CrMoAlA 钢二段渗氮工艺

【知识积累】一般渗氮工件的加工工艺流程是：毛坯锻造→退火→粗加工→调质→精加工→去应力退火→粗磨→镀锡（非渗氮层）→渗氮→精磨或研磨→去应力退火→检验→装配。

【史海觅踪】我国出土的西汉（公元前 206 年～公元 25 年）中山靖王墓中的宝剑，其心部碳的质量分数是 0.15%～0.4%，而其表面碳的质量分数却达 0.6% 以上，具有明显的渗碳特征，说明当时已应用了渗碳工艺。而当时人们将渗碳工艺作为个人"手艺"，秘而不传，因而影响了渗碳工艺的广泛应用和发展。

（3）碳氮共渗及其应用

在奥氏体状态下同时将碳、氮原子渗入工件表层，并以渗碳为主的化学热处理工艺称为碳氮共渗。根据共渗温度不同，碳氮共渗可分为低温（520～580℃）碳氮共渗、中温（760～880℃）碳氮共渗和高温（900～950℃）碳氮共渗三类。方法是向井式气体渗碳炉中同时滴入煤油和通入氨气，在共渗温度下，煤油与氨气除单独进行渗碳和渗氮作用外，渗碳气氛中的 CH₄、CO 与氨气还发生反应，提供活性碳、氮原子，渗层深度 0.3～0.8mm。碳氮共渗后要进行淬火、低温回火。共渗层表面组织为回火马氏体、粒状碳氮化合物。

碳氮共渗的目的是提高工件表层的硬度和耐磨性。但碳氮共渗的共渗层比渗碳层的硬度、耐磨性和抗疲劳性更高。具有温度低、时间短、变形小、硬度高、耐磨性好、生产率高等优点。

碳氮共渗适用于低碳或中碳钢、低合金钢及合金钢。主要应用于自行车、缝纫机、仪表零件、齿轮、轴类、模具、量具等零件的表面处理。

（4）渗铝、渗铬、渗硼化学热处理

① 渗铝。是指向工件表面渗入铝原子的过程。适用于石油、化工、冶金等方面的管道和容器。

② 渗铬。是指向工件表面渗入铬原子的过程。渗铬工件具有耐蚀、抗氧化、耐磨和较好的抗疲劳性能，兼有渗碳、渗氮、渗铝的优点。

③ 渗硼。是指向工件表面渗入硼原子的过程。渗硼工件具有高硬度、高耐磨性和好的

热硬性（可达800℃）。应用于泥浆泵衬套、挤压螺杆、冷冲模、排污阀及刀具等，能显著提高使用寿命。

3. 了解气相沉积与应用

气相沉积是利用气相中发生的物理、化学过程，改变工件表面成分，从而在工件表面形成具有特殊性能的金属或化合物涂层的表面处理技术。气相沉积按其过程本质分为化学气相沉积和物理气相沉积两类。

（1）化学气相沉积（CVD） 将工件置于炉内加热到高温后，向炉内通入反应气体（低温下可汽化的金属盐），使其在炉内发生分解或化学反应，并在工件上沉积一层所要求的金属或金属化合物薄膜的方法，化学气相沉积反应在800~1100℃的高温中进行，这是其一大缺点，原理如图4-45所示。碳素工具钢、渗碳钢、轴承钢、高速工具钢、铸铁、硬质合金等材料均可进行气相沉积。目前主要应用于硬质合金刀具涂层、合金钢制模具涂层以及耐磨件涂层等，工件的使用寿命提高了3~10倍。应用如图4-46所示。

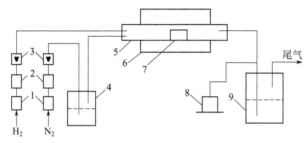

图4-45 化学气相沉积氮化钛原理图
1—干燥器；2—净化器；3—TiCl$_4$包蒸发器；4—发生器；
5—反应器；6—加热器；7—工件；8—泵；9—尾气吸收器

图4-46 化学气相沉积应用

（2）物理气相沉积（PVD） 物理气相沉积是通过真空蒸发、电离或溅射等过程产生金属离子，并沉积在工件表面上形成金属涂层，或与反应气体反应生成化合物涂层的过程。在低于600℃的温度下进行，沉积速度比化学气相沉积快，它适用于钢铁材料、非铁金属、陶瓷、玻璃、塑料等。物理气后沉积方法有真空蒸镀、真空溅射和离子镀三类。

图4-47所示为真空蒸镀原理图，原理是基板置于高真空（10^{-3}Pa）的玻璃容器中，将欲蒸镀的金属放在蒸发源上，通电加热蒸镀金属，使镀膜金属的蒸气凝结沉积在基板表面上从而形成金属涂层。铝、铜、镍、银、金等均可作蒸镀金属，真空蒸镀技术可用于制作半导体器件、切削刀具、生活用品表面装饰等，如图4-48所示。

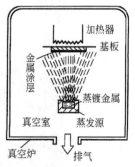

图4-47 真空蒸镀原理图

图 4-48 物理气相沉积应用

任务七 了解热处理新技术

● **知识目标**

了解热处理新技术。

● **能力目标**

能对热处理新技术作出初步选用。

1. 了解形变热处理与应用

形变热处理是将塑性变形与热处理工艺结合，以提高工件力学性能的复合工艺。形变热处理分为高温形变热处理和中温形变热处理两类。高温形变淬火包括"锻热淬火"和"轧热淬火"，分别利用锻造余热和轧制余热直接淬火，可提高零件的强度并改善其塑性韧性等，主要用于调质的各种零件以及锻造和建筑用钢材。低温形变淬火是将钢材加热至奥氏体区域，然后急冷至最大转变孕育期（500～600℃）之间形变，然后淬火，可在保证塑性的条件下，大幅度提高零件的强度及耐磨性，适于要求强度很高的合金钢零件。

形变热处理后，可获得形变强化和相变强化的综合效果。该工艺可提高钢的强度10%～30%；改善其塑性和韧性，塑性提高40%～50%，冲击韧度提高1～2倍，使钢件具有高的抗脆断能力；并且节能环保，生产中广泛用于结构钢、弹簧钢、轴承钢和工具钢工件的锻后余热淬火、热轧淬火等工艺。如图4-49所示的锻件形变热处理。

图 4-49 锻件形变热处理

2. 了解真空热处理与应用

在低于一个大气压（$10^{-1} \sim 10^{-3}$ Pa）的环境中加热的热处理工艺，称为真空热处理。它包括真空退火、真空淬火、真空回火、真空渗碳等。真空热处理可以避免氧化、脱碳，实现光亮处理。特点是真空加热缓慢而均匀，因此热处理变形小；可提高工件表面力学性能，延长工件使用寿命；节省能源，减少污染，劳动条件好；真空热处理设备造价较高，主要用于工具、模具、精密零件的热处理。真空热处理炉如图 4-50 所示。

3. 了解可控气氛热处理

为了达到热处理零件无氧化、无脱碳或按要求增碳，零件在炉气成分可控的加热炉中进行的热处理称为可控气氛热处理。目的是减少和防止零件加热时的氧化和脱碳，提高零件的尺寸精度和表面质

图 4-50　真空热处理炉

量，节约钢材，控制渗碳时渗层中碳的质量分数，还可使脱碳零件重新复碳。

可控气氛热处理设备通常由制备可控气氛的发生器和进行热处理的加热炉两部分组成。目前应用较多的是吸热式气氛、放热式气氛及滴注式气氛等。

4. 了解激光热处理

激光是一种具有极高能量密度、高亮度性、高单色性和高方向性的光源。利用激光作为热源的热处理称为激光热处理，应用最多的是激光淬火，它是以激光作为能源，以极快的速度加热工件的自冷淬火。特点是具有工件处理质量高，表面光洁，变形极小，且无工业污染，易实现自动化等。激光淬火适用于各种复杂工件的表面淬火，还可以进行工件局部表面的合金化处理等。但是，激光发生器价格昂贵，生产成本较高。同时，激光容易对人的眼睛造成危害，操作时要注意安全。目前激光淬火应用于汽车制造业，如内燃机缸套、曲轴、活塞环、换向器、齿轮、轴类等零部件的表面淬火等，如图 4-51 所示。

激光处理发动机缸体　　激光处理风力发电机齿轮　　激光处理水轮机叶片

激光处理曲轴　　激光处理大型轴类　　激光处理轧钢机轧辊

图 4-51　激光处理各类零件

5. 了解电子束淬火

电子束热处理是利用高能量密度的电子束作为热源，以极快的速度加热工件的自冷的表面淬火新技术。电子束是由电子枪内热阴极（灯丝）发出的电子，通过高压环形阳极加速，并聚焦成束使电子束流打击金属表面，达到加热的效果。电子束表面淬火的原理同一般表面淬火没有什么区别。但是，电子束的能量远高于激光，而且其能量利用率也高于激光热处理，可达80%，因此加热速度和冷却速度都很快，在相变过程中，奥氏体化时间很短，故能获得超细晶粒组织，这是电子束表面淬火最大特点。此外，电子束淬火质量高，淬火过程中工件基体性能几乎不受影响，因此是很有前途的热处理新技术。

任务八　掌握热处理工艺制订

● 知识目标

掌握热处理工艺制订知识与方法。

● 能力目标

能对常用机械零件正确制定热处理工艺。

1. 熟悉热处理技术条件

热处理技术条件是指对零件采用的热处理方法以及所应达到的性能要求的技术性的文件。具体应根据零件性能要求，在零件图样上标出，内容包括最终热处理方法（如调质、淬火、回火、渗碳等）以及应达到的力学性能判据等，作为热处理生产及检验时的依据。力学性能通常只标出硬度值，且有一定误差范围，布氏硬度值为30~40单位，如45钢调质220~250HBW；洛氏硬度值为5个单位，如弹簧淬火回火硬度45~50HRC。对于力学性能要求较高的重要零件，如主轴、齿轮、曲轴、连杆等，还应标出强度、塑性和韧性判据，有时需对金相组织提出要求。对于化学热处理的渗碳或渗氮件应标出渗碳或渗氮部位、渗层深度，渗碳淬火回火或渗氮后的硬度等。表面淬火零件应标明淬硬层深度、硬度及部位等。

2. 了解热处理工艺代号

在图样上标注热处理技术条件时，推荐采用GB/T 12603—2005《金属热处理工艺分类及代号》，标明应达到的力学性能指标及其他要求，可用文字和数字简要说明，也可用标准的热处理工艺代号，参见附录四。

热处理工艺代号由基础分类工艺代号和附加分类工艺代号组成。在基础分类工艺代号根据工艺总称、工艺类型、工艺名称（按获得的组织状态或渗入元素进行分类），将热处理工艺按三个层次进行分类，均有相应的代号，见表4-6。其中工艺类型分为整体热处理、表面热处理和化学热处理三种；加热方法分为加热炉加热、感应加热、电阻加热等类型。附加分类是对基础分类中某些工艺的具体条件再细化的分类，包括实现加热方式及代号（见表4-7），退火工艺及代号（见表4-8），淬火冷却介质和冷却方法及代号（见表4-9），化学热处理中的渗非金属、渗金属、多元共渗工艺按渗入元素的分类。

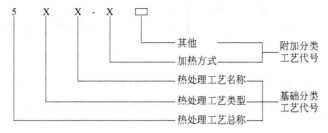

表 4-6 热处理工艺分类及代号

工 艺 总 称	总 称 代 号	工 艺 类 型	类 型 代 号	工 艺 名 称	名 称 代 号
热处理	5	整体热处理	1	退火	1
				正火	2
				淬火	3
				淬火和回火	4
				调质	5
				稳定化处理	6
				固溶处理，水韧处理	7
				固溶处理＋时效	8
		表面热处理	2	表面淬火和回火	1
				物理气相沉积	2
				化学气相沉积	3
				等离子体增强化学气相沉积	4
				离子注入	5
		化学热处理	3	渗碳	1
				碳氮共渗	2
				渗氮	3
				氮碳共渗	4
				渗其他非金属	5
				渗金属	6
				多元共渗	7

表 4-7 加热方式及代号

加热方式	可控气氛（气体）	真空	盐浴（液体）	感应	火焰	激光	电子束	等离子体	固体装箱	液态床	电接触
代号	01	02	03	04	05	06	07	08	09	10	11

表 4-8 退火工艺及代号

退火工艺	去应力退火	均匀化退火	再结晶退火	石墨化退火	脱氢退火	球化退火	等温退火	完全退火	不完全退火
代号	St	H	R	G	D	Sp	I	F	P

表 4-9　淬火冷却介质和冷却方法及代号

冷却介质和方法	空气	油	水	盐水	有机聚合物水溶液	热浴	加压淬火	双介质淬火	分级淬火	等温淬火	形变淬火	气冷淬火	冷处理
代号	A	O	W	B	Po	H	Pr	I	M	At	Af	G	C

【热处理技术条件标注案例】 如图 4-52 所示冲裁凸凹模，说明图中技术要求的含义。

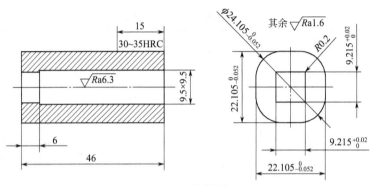

技术要求

1. 凸凹模材料：Cr12MoV。
2. 热处理技术条件：工作部位，514，60~64HRC；尾511，30~35HRC。

图 4-52　冲裁凸凹模热处理技术条件标注

【案例解答】 冲裁凸凹模要求用 Cr12MoV 合金工具钢制造；"514"表示零件进行整体淬火和回火热处理工艺，硬度 60~64HRC；"尾 511"表示尾部退火，硬度 30~35HRC。

3. 熟悉热处理工序位置安排

合理安排热处理工序位置，对保证零件质量和改善切削加工性能有重要意义。热处理按目的和工序位置不同，分为预先热处理和最终热处理。

（1）预先热处理工序位置

预先热处理包括退火、正火、调质等。通常安排在毛坯生产之后、切削加工之前，或粗加工之后、半精加工之前。

① 退火、正火件的加工路线：毛坯生产 → 退火（或正火）→切削加工。

② 调质工序位置：安排在粗加工后、半精或精加工前。若在粗加工前调质，则零件表面调质层的优良组织有可能在粗加工中大部分被切除掉，失去调质的作用。调质件的加工路线：下料→ 锻造 → 正火（或退火）→ 粗加工（留余量）→ 调质→ 半精加工（或精加工）。

（2）最终热处理工序位置

最终热处理工序包括淬火、回火、渗碳、渗氮等。零件经最终热处理后硬度较高，除磨削外不宜再进行其他切削加工，工序位置通常安排在半精加工后、磨削加工前。

① 整体淬火工序位置和加工路线：下料→锻造→退火（或正火）→粗加工、半精加工（留余量）→淬火、回火（低、中温）→磨削。

② 表面淬火工序位置和加工路线：下料→锻造→退火（或正火）→粗加工→调质→半精加工（留余量）→表面淬火、低温回火→磨削。

③ 渗碳工序位置和加工路线：渗碳分为整体渗碳和局部渗碳。局部渗碳是在不需要渗碳的部位留较多余量或镀铜，待渗碳后淬火前切去该部防渗余量。

渗碳件的加工路线：下料→锻造→正火→粗、半精加工（留防渗余量或镀铜）→渗碳→

切除防渗余量→淬火、低温回火→磨削。

④ 渗氮工序位置和加工路线：下料→锻造→退火→粗加工→调质→半精加工→去应力退火（俗称高温回火）→粗磨→渗氮→精磨、研磨或抛光。

【案例分享】 如图 4-53 所示的蜗杆，用于传递运动和动力，要求齿部有较高的强度、耐磨性和精度，其余各部位要求有足够的强度和韧性。试选择材料，并确定热处理工序位置和加工路线。

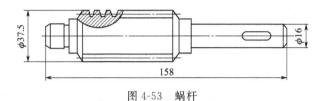

图 4-53　蜗杆

根据蜗杆强度、韧性、耐磨性的使用要求，选择中碳 45 钢较合适；毛坯采用锻造加工，为消除残余应力、细化晶粒，改善切削加工性能，使用正火作为预先热处理；为满足强度和韧性综合力学性能，蜗杆采用整体调质，调质硬度 220～250HBW；为满足齿部有高的强度和耐磨性，心部较高的韧性，蜗杆齿部采用表面淬火和低温回火，硬度 45～50HRC。

加工路线：下料→锻造→正火→粗加工（粗车）→调质→半精加工（车、铣）→表面淬火→精加工（磨削外圆和齿面）。

任务九　了解金属表面防腐与防护方法

● 知识目标

了解金属表面防腐与防护方法。

● 能力目标

能针对具体零件确定表面是否需要做防护处理。

金属腐蚀是指金属与环境间的物理-化学相互作用，造成金属的性能发生变化，并导致金属、环境或由它们作为组成部分的技术体系的功能受到损伤的现象。腐蚀是一种常见的自然现象，危害性很大，它使使金属的外形、色泽和力学性能发生变化，而且还使宝贵的金属材料变为废物，使生产设备或生活设施过早地报废。因腐蚀所酿成的事故常具有隐蔽性和突发性，一旦发生事故，事态往往十分严重。

据有关资料介绍，钢材锈蚀达 1% 时，其强度下降为 5%～10%。全世界每年由于腐蚀而报废的金属设备和材料，约相当于当年金属产量的 30%。在这些报废的金属中，除有 2/3 可以回炉重新熔炼外，另外 1/3 则完全损失掉。除此之外，因腐蚀所产生的检修费用、采取防腐措施的费用以及设备因腐蚀而停工减产造成的损失等就更严重了。据统计，每年仅由于金属腐蚀而造成的直接损失就占国民经济总产值的 1%～4%。1998 年，我国工程院历时 3 年对全国的金属腐蚀现象进行调查，发现我国因金属腐蚀造成的经济损失达 5000 多亿元。因此，采取合理有效的措施防止金属腐蚀发生，在工程上具有重要意义。

1. 熟悉金属表面化学氧化处理

化学氧化处理俗称发蓝（发黑）处理，是将金属制品在空气中加热或直接浸于浓氧化性溶液中，使其表面生成均匀、完整、一致的氧化物薄膜的材料保护技术。主要应用于钢铁零件。经发蓝处理获得的氧化膜极薄，厚度为 $0.5 \sim 1.5 \mu m$，不影响工件的精度与力学性能，而且氧化膜很牢固，不易剥落。氧化膜的组成主要是 Fe_3O_4，称之为磁性氧化铁。这种氧化膜同空气中自然形成的氧化膜相比，膜层均匀而紧密，但以覆盖层标准来衡量，其防护性能仍很差，需要浸肥皂液，浸油或钝化处理后，防护性能和润滑性能才能得到提高。

（1）化学氧化处理（发蓝）的原理

氧化处理溶液主要是由浓碱和氧化剂组成。钢在溶液中加热表面开始受到微腐蚀作用，析出的铁离子与碱和氧化剂作用，生成亚铁酸钠（Na_2FeO_2）和铁酸钠（$Na_2Fe_2O_4$），然后再由铁酸钠和亚铁酸钠进一步起作用，生成四氧化三铁（Fe_3O_4）。

氧化膜的颜色是随着膜层的厚度增加而逐渐变化的。在发蓝过程中颜色的变化过程为：

初现黄色→橙色→红色→紫红色→紫色→蓝色→黑色

（2）化学氧化处理工艺

① 高温化学氧化工艺流程：碱性化学脱脂→热水洗→酸洗→冷水洗两次→氧化处理→回收温水洗→冷水洗→浸 3%～5%肥皂水（皂化）或 3%～5%铬酸钾溶液（钝化）→干燥→浸油。

钢的高温氧化存在碱浓度高，温度高，能耗大，时间长，生产效率低下等缺点。

② 常温化学氧化工艺流程：化学脱脂→热水洗→冷水洗→除锈酸洗→冷水洗→中和处理→冷水洗→常温氧化→水洗→肥皂水处理干燥→浸热油→水洗→热水烫干→浸清漆封闭。

（3）化学氧化处理的应用

化学氧化处理适用于碳素钢和低合金钢，广泛应用于机械零件、仪器仪表、枪械等的精密零件及不能以其他覆层替代的防护—装饰性工件。在不影响精密度及力学性能的前提下，它能使工件增加美观和防锈等，但在使用过程中应定期擦油。如图 4-54 所示。

图 4-54　经过发蓝处理的零件

由于操作不同及金属本身的化学成分不同，获得的氧化膜颜色也不同，有蓝黑色、黑色、红棕色等。碳素钢及一般合金钢为黑色；铬硅钢为红棕色到黑棕色；高速钢是黑褐色；铸铁为紫褐色。

2. 了解电镀技术

电镀是一门具有悠久历史的表面处理技术，是与工业生产联系密切、应用广泛的技术之一。随着现代工业和科学技术的发展，电镀技术也在不断更新，种类逐渐增多。镀覆层可以是金属、合金、半导体以及含有各类固体微粒的镀层，母材可以是金属、陶瓷、塑料、玻璃、纤维等。电镀覆层广泛用作抗蚀、装饰、耐磨、润滑和其他功能镀层。

（1）电镀原理

电镀是使用电化学的方法在金属或非金属制品表面沉积金属或合金层。在进行电镀时，将被镀的零件和直流电源的负极相连，要镀覆的金属和直流电源的正极相连，并放在镀槽中。镀槽里含有欲镀金属离子的溶液及其他的一些添加剂。当电源与镀槽接通时，在阴极上析出欲镀的金属层。以镀锌为例，如图 4-55 所示，将待镀零件接在直流电源的负极上，把锌棒（板）接在电源正极上，二者之间充满氯化锌（$ZnCl_2$）溶液。首先，镀液电离成大量自由运动的 Zn^{2+} 和 Cl^-。通电后，电镀液中带正电的 Zn^{2+} 移向阴极（即零件），夺得阴极上的电子形成中性的锌原子并沉积在零件上。电镀液中的 Cl^- 移向正极（锌棒），一方面把多余的电子交给正极，让电子由正极进入电路回至电源；另一方面 Cl^- 和正极上 Zn^{2+} 的结合成氯化锌（$ZnCl_2$）进入电镀液进行补充。这样，电镀液成为通路，使电流不断通过。随着电镀过程的进行，锌棒便逐渐损耗，而零件上沉积的锌层逐渐增厚。实际用的镀锌液中还加入了一些添加剂如氯化氨、三氯乙酸等。

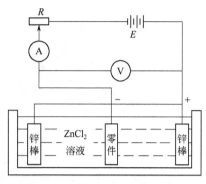

图 4-55　电镀锌装置示意图

（2）电镀工艺

电镀工艺通常包括镀前处理、电镀和镀后处理三个过程。工件的镀前处理主要是去油除锈和活化处理（即将工件在弱酸中浸蚀一段时间）。镀后处理主要有钝化处理（在一定溶液中进行的化学处理，使电镀层上形成一层坚固致密的稳定薄膜）、氧化处理、着色处理及抛光处理等，可根据工件的不同需要选择使用。

3. 熟悉镀铬工艺

在金属材料上应用较多的是镀铬，其电解液的主要成分不是金属铬盐，而是铬酸。为了实现镀铬过程，还必须添加一定量的 SO_4^{2-} 或 SiF_6^{2-}、F^- 和 Cr^{3+}。镀层厚度一般为 $0.03\sim 0.30mm$。镀铬层的化学稳定性高，摩擦因数小。镀铬层与基体金属结合强度高，但随着镀层厚度增加，镀铬层强度、结合强度和疲劳极限均随之降低。镀铬不会引起工件变形，对形状复杂的零件十分有利，如图 4-56 所示的镀铬零件。

镀铬按其用途可分为防护装饰性镀铬和耐磨镀铬两大类。

防护装饰性镀铬的目的是防止金属制品在大气中腐蚀生锈和美化产品的外观，大量应用于汽车、摩托车、自行车、缝纫机、钟表、家用电器、医疗器械、仪器仪表、家具、办公用品以及日用五金等产品。

耐磨镀铬（镀硬铬）的硬度很高（$900\sim 1200HV$，高于渗碳层、渗氮层），具有高的耐磨性，导热性好，目的是提高机构零件的硬度、耐磨、耐蚀和耐温等性能，广泛应用于五金模具、塑料模具、玻璃模具、化工耐蚀阀门、发动机曲轴、气缸活塞和活塞环、光学刻度尺及其他工量具、切削刃具等。但镀铬层在承受强压或冲击时镀层容易剥落，所以对于受冲击载荷的零件不宜使用。耐磨镀铬的另一用途是修复磨损零件（如主轴）和切削过量的工件，使这些零件可重复使用。

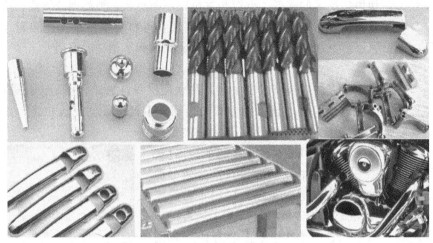

图 4-56 各类镀铬零件

镀铬的工艺过程：镀前机械加工以提高工件表面质量，在工件不需镀铬表面进行绝缘处理，先刷绝缘清漆，再包塑料胶带；吊入镀槽进行电镀；镀后检查，不合格处用酸洗或反极退镀，重新电镀。

【史海觅踪】 1965 年，湖北省荆州市望山一号墓出土越王勾践的自用青铜剑，轰动世界。勾践剑在墓中被泥水浸泡 2000 多年仍锋芒毕露，寒气逼人，可轻松划破数十张白纸。"越王勾践剑"千年不锈的原因在于剑身上被镀上了一层含铬的金属，如图 4-57 所示。

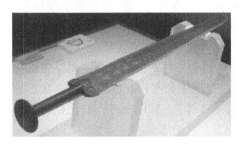

图 4-57 越王勾践剑

4. 熟悉镀锌工艺

锌镀层大多镀覆于钢铁制品的表面，经钝化后，在空气中几乎不发生变化，有很好的防锈功能。这是由于钝化膜紧密细致及锌镀层表面生成的碱式碳酸盐薄膜保护了下面的金属不再受腐蚀的缘故。另一方面，由于锌有较高的负电位，比铁的电位高，因此，形成铁—锌原电池时，锌镀层是阳极，即使表面锌镀层不起作用，它也会自身溶解而保护钢铁基体。锌镀层对铁基体既有物理保护作用，又有电化学保护作用，所以，耐蚀性能相当优良。

锌镀层钝化后，通常视所用钝化液不同而得到彩虹色钝化膜（镀彩锌）或白色钝化膜。彩虹色钝化膜的耐蚀性比无色钝化膜高 5 倍以上，这是因为彩虹色钝化膜比白色钝化膜厚。另一方面，彩虹色钝化膜表面被划伤后，表面能自行再钝化，使钝化膜恢复完整，因此镀锌多采用彩虹色钝化。白色钝化膜外观洁白，多用于日用五金、建筑五金等要求有均匀白色表面的制品。此外，还有黑色钝化、军绿色钝化等，在工业上也有应用。

锌是既溶于酸又溶于碱的两性金属，锌层中含有异类金属越多越容易溶解。电镀所得锌层较纯，在酸和碱中溶解较慢。锌镀层经特种处理后可呈现各种颜色作装饰用。锌镀层的厚度视工件的要求而定，一般不低于 $5\mu m$，普通在 $6\sim12\mu m$，恶劣环境条件下才超过 $20\mu m$。

镀锌具有成本低，耐蚀性好、美观和耐储存等优点，在工业中得到广泛应用。但锌镀层硬度低，又对人体有害，所以不能在食品工业上使用。如图 4-58 所示的镀锌零件。

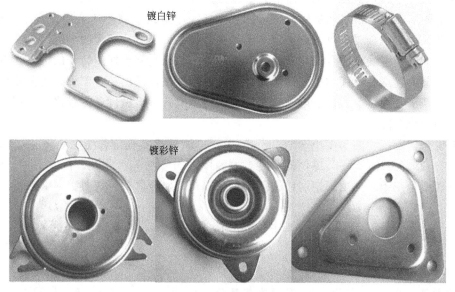

图 4-58　各类镀锌零件

【拓展知识】镀锌板是工业上常用的一类金属板材，是指经过表面镀锌后的薄钢板（基材常为 Q235、Q195 等）。现在钢板的表面镀锌主要采用的方法是热镀锌。热镀锌是由较古老的热镀方法发展而来的，自从 1836 年法国把热镀锌应用于工业以来，已经有 170 余年的历史了。然而，热镀锌工业 30 多年来伴随冷轧带钢的飞速发展而得到了大规模应用与发展。

5. 了解电刷镀工艺

电刷镀是普通电镀技术的发展，是在常温、无槽条件下进行的，基本原理和电镀相同，如图 4-59 所示。将表面预处理好的工件接电源的负极，镀笔接电源正极，不溶性阳极的包套浸满金属溶液，并在操作下不断地加液，通过镀笔在工件需要修复的表面上相对擦拭运动，电镀液的金属阳离子在电场作用下迁移到阴极表面，发生还原反应，被还原为金属原子，形成金属镀层，随着时间增长，镀层逐渐加厚，从而达到镀覆及修复的目的。

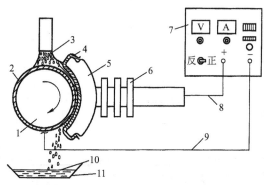

图 4-59　电刷镀原理示意图

1—工件；2—镀层；3—镀液；4—包套；5—阳极；6—导电柄；7—电刷镀电源；
8—阳极电缆；9—阴极电缆；10—循环使用溶液；11—拾液盘

完整的电刷镀过程还应包括预处理过程，即镀层工件表面的电清洗和电活化工序，这些处理都使用同一电源，只是镀笔、溶液、电流方向等工艺条件不同而已。

由于电刷镀无需镀槽，两极距离很近，所以常规电镀的溶液不适合用来做电刷镀溶液。电刷镀溶液大多数是金属有机铬合物水溶液，铬合物在水中有相当大的溶解度，并且有很好的稳定性。电刷镀溶液中的金属离子的浓度要高得多，因此需要配制特殊的溶液。电刷镀与槽镀相比，最大优点是镀层质量和性能优良，沉积速度快，镀层结合牢固，工艺简单，易于现场操作，经济效益显著。目前电刷镀工艺主要用于模具、机械设备的维修，也用来改善零部件的表面理化性能。

一般说来，若沉积的厚度小于 0.2mm，采用电刷镀比其他维修方法合算。诸如液动轴承的修理、轴颈的修理、孔类零件的修复、大型模具的修复等。此外，低应力镍、钴、锌、铜等电刷镀层可用于防腐蚀；铝刷镀铜可以实现铝和其他金属的钎焊等。

思考与练习

一、名词解释

1. 热处理；2. 等温转变；3. 连续冷却转变；4. 退火；5. 正火；6. 马氏体；7. 淬火；8. 回火；9. 时效；10. 表面热处理；11. 真空热处理；12. 渗碳；13. 渗氮；14. 过热与过烧；15. 氧化与脱碳；16. 变形与开裂；17. 发蓝；18. 电镀；19. 电刷镀

二、填空题

1. 热处理工艺过程由_____、_____和_____三个阶段组成。

2. 常用的热处理加热设备有_____、_____、_____、_____等。常用的冷却设备有_____、_____、盐浴、缓冷坑、吹风机等。

3. 最常用的整体热处理工艺有_____、_____、_____和_____等。

4. 奥氏体的形成是通过_____和_____过程来实现的。珠光体向奥氏体的转变可以分为四个阶段，奥氏体_____、_____奥氏体剩余渗碳体继续溶解和奥氏体_____。

5. 共析钢过冷奥氏体等温转变区产物，分别为_____、_____和_____。三个转变温度是_____温转变区、_____温转变区和_____温转变区。贝氏体分为_____和_____两种。

6. 根据钢铁化学成分和退火目的，退火分为_____、_____、_____、_____和_____等。

7. 淬火方法有_____淬火、_____淬火、_____淬火和_____淬火。最常用的淬火冷却介质有_____、_____、_____等。

8. 常见的淬火缺陷有_____与_____，_____与_____，_____与_____。

9. 根据钢材回火时加热温度分为_____回火、_____回火和_____回火三种。

10. 机械制造过程中常用的时效方法主要有：_____时效、_____时效、_____时效、_____时效和_____时效等。

11. 表面淬火方法有_____淬火、_____淬火。根据交流电流频率的不同，感应淬火分为_____感应淬火、_____感应淬火、_____感应淬火三种。

12. 化学热处理由_____、_____、_____三个基本过程所组成。方法有_____、

_____、碳氮共渗、渗硼、渗硅、渗金属等。

13. 渗碳所用钢中碳的质量分数为 0.10%～0.25% 的_____和_____，如 20 钢、20CrMnTi 等。根据渗碳介质不同，渗碳可分为_____渗碳、_____渗碳和_____渗碳三种。

14. 目前常用的渗氮方法主要有_____和_____两种。

15. 热处理新技术有_____、_____、_____、_____、_____等。

16. 热处理工艺代号由_____分类工艺代号及_____分类工艺代号组成。工艺类型有_____热处理、_____热处理、_____热处理。

17. 钢铁零件发蓝处理后氧化膜的组成主要是_____。镀铬按其用途主要有_____、_____两类。

三、选择题

1. 铁碳合金相图上 ES 线用符号_____表示，PSK 线用符号_____表示，GS 线用符号_____表示。

    A. A_1　　　　　　B. A_{cm}　　　　　　C. A_3　　　　　　D. Ac_1

2. 过冷奥氏体是在_____温度下存在，尚未转变的奥氏体。

    A. Ms　　　　　　B. Mf　　　　　　C. A_1　　　　　　D. Ac_1

3. 马氏体的硬度主要取决于_____。

    A. 碳的质量分数　　B. 转变温度　　　C. 临界冷却速度　　D. 转变时间

4. 过共析钢最佳切削性能的预备热处理工艺方法应是_____。

    A. 完全退火　　　　B. 球化退火　　　C. 正火　　　　　D. 淬火

5. 为了改善亚共析钢的切削加工性能，一般选择_____作为预备热处理。

    A. 正火或退火　　　B. 淬火和回火　　C. 表面淬火　　　D. 表面渗碳淬火

6. 碳钢的正火工艺是将其加热到一定温度，保温一段时间，然后采用_____形式。

    A. 随炉冷却　　　　B. 在油中冷却　　C. 在空气中冷却　　D. 在水中冷却

7. 亚共析钢的淬火加热温度则应选择在_____，过共析钢的淬火加热温度应选择在_____。

    A. Ac_1

    C. $Ac_{cm}+(30～50)℃$　　　　　　　　B. $Ac_1+(30～50)℃$

                                D. $Ac_3+(30～50)℃$

8. 淬火时形状简单的碳钢工件选择_____作淬火介质，合金钢工件选择_____作淬火介质。

    A. 机油　　　　　　B. 盐浴　　　　　C. 水　　　　　　D. 空气

9. 调质处理就是_____的热处理。

    A. 淬火+低温回火　B. 淬火+中温回火　C. 淬火+高温回火　D. 渗碳淬火

10. 要提高 15 钢零件的表面硬度和耐磨性，可采用的热处理方法是_____。

    A. 正火

    B. 整体淬火

    C. 表面淬火　　　　　　　　　　　　　D. 渗碳淬火+低温回火

11. 在制造 45 钢轴类零件的工艺路线中，调质处理应安排在_____。

    A. 机械加工之前　　B. 粗精加工之间　C. 精加工之后　　D. 难以确定

12. 化学热处理与其他热处理方法的基本区别是_____。

    A. 加热温度　　　　B. 组织变化　　　C. 改变表面化学成分

13. 零件渗碳后需经_____处理，才能达到表面高硬度和高耐磨性的目的。

　　A. 淬火＋低温回火　　　　　　　　　　B. 淬火＋中温回火

　　C. 淬火＋高温回火　　　　　　　　　　D. 不用热处理

14. 零件渗氮后_____，即可达到表面高硬度和高耐磨性的目的。

　　A. 淬火＋低温回火　　　　　　　　　　B. 淬火＋中温回火

　　C. 淬火＋高温回火　　　　　　　　　　D. 不用热处理

四、判断题

1. 热处理的目的是既可改变零件的内部组织和性能，还能改变零件的外形。（　　）

2. 钢的晶粒因过热而粗化时，就有变脆的倾向。（　　）

3. 高碳钢可用正火代替退火，以改善其切削加工性能。（　　）

4. 低碳钢为了改善组织结构和切削加工性，常用正火代替退火工艺。（　　）

5. 保温时间是指炉温达到预定温度，保持这一温度，使得工件内部组织得以充分转变的时间。（　　）

6. 使钢中碳化物球化，或获得"球状珠光体"的退火工艺称为球化退火。因其也能够消除或减少化学成分偏析及显微组织的不均匀性，所以也称为扩散退火。（　　）

7. 钢中碳的质量分数越高，其淬火加热温度越高。（　　）

8. 淬火后的钢，随回火温度的提高，其强度和硬度也提高。（　　）

9. 对于亚共析钢，随着碳的质量分数的提高，其淬透性提高。（　　）

10. 单液淬火方法主要用于处理形状简单的钢件。（　　）

11. 奥氏体中碳的质量分数越高，则钢的淬硬性越高，钢淬火后的硬度值也越高。（　　）

12. 热应力是指钢件加热和（或）冷却时，由于不同部位出现温差而导致热胀和（或）冷缩不均所产生的内应力。（　　）

13. 自然时效是指金属材料经过冷加工、热加工或固溶处理后，在室温下发生性能随着时间而变化的现象。（　　）

14. 淬透性好的钢淬火后硬度一定高，淬硬性高的钢淬透性一定好。（　　）

15. 马氏体转变时体积胀大，是淬火钢件容易产生变形和开裂的主要原因之一。（　　）

16. 由于钢回火时的加热温度在 A_1 以下，所以淬火钢在回火时没有组织变化。（　　）

17. 调质处理的主要目的是提高钢的综合力学性能。（　　）

18. 回火温度是决定淬火钢件回火后硬度的主要因素，与冷却速度关系不大。（　　）

19. 发蓝工艺特别适合处理 Cr12MoV 模具零件及高速钢刀具。（　　）

20. 镀铬时将被镀的零件接直流电源正极，将铬棒接直流电源负极，并放入镀槽中。（　　）

五、简答题

1. 什么叫钢的热处理？常用钢的热处理方法有哪些？简述热处理在机械制造中的作用。指出 Ac_1、Ac_3、Ac_{cm}、Ar_1、Ar_3、Ar_{cm} 及 A_1、A_3、A_{cm} 之间的关系。

2. 控制奥氏体晶粒长大的措施有哪些？

3. 简述共析钢过冷奥氏体在 $A_1 \sim Mf$ 温度之间，不同温度等温时的转变产物及基本性能。

4. 奥氏体、过冷奥氏体与残留奥氏体三者之间有何区别？

5. 完全退火、球化退火与去应力退火在加热温度、室温组织和应用上有何不同？

6. 正火和退火有何差别？简单说明两者的应用范围。

7. 淬火的目的是什么？亚共析钢和过共析钢的淬火加热温度应如何选择？

8. 回火的目的是什么？工件淬火后为什么要及时进行回火？

9. 简述常见的三种回火方法所获得的室温组织、性能及其应用。

10. 渗碳的目的是什么？为什么渗碳后要进行淬火和低温回火？

11. 去应力退火和回火都可消除钢中应力，试问两者在生产中能否通用，为什么？

12. 什么是表面淬火？为何能淬硬表面层，而心部性能不变？它和淬火时没有淬透有何不同？

13. 什么是化学热处理？化学热处理包括哪些基本过程？常用的化学热处理方法有哪几种？

14. 渗碳后的零件为什么必须淬火和回火？淬火、回火后表层与心部性能如何，为什么？

15. 什么是渗氮？渗氮的主要目的是什么？为何渗氮后的零件不再淬火和进行切削量大的加工？

16. 常见的热处理缺陷有哪些？如何减小和防止？

六、应用题

1. 现有 25 钢齿轮，表面硬度要求 52～55HRC，问采用何种热处理可满足上述要求？

2. 利用所学知识，解释图 4-60 中热处理工艺曲线的含义。

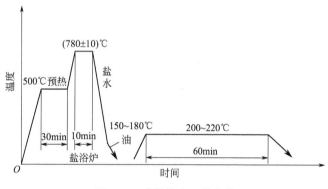

图 4-60 冲模淬火工艺曲线

3. 有一磨床用齿轮，采用 45 钢制造，其性能要求是：齿部表面硬度是 52～58HRC，齿轮心部硬度是 220～250HBW。齿轮加工工艺流程是：下料→锻造→热处理→切削加工→热处理→磨削加工→检验→成品。试分析其中的"热处理"具体指何种工艺？其目的是什么？

4. 现有经退火后的 45 钢，室温组织是 F＋P，在 700℃、760℃、840℃加热，保温一段时间后水冷，所得到的室温组织各是什么？

5. 在一批 45 钢制的螺栓中，要求头部热处理后硬度为 43～48 HRC，混入少量 15 钢和 T12 钢，若按 45 钢进行淬火、回火处理，试问能否达到要求？分别说明为什么。

6. 现有三个形状、尺寸、材质（低碳钢）完全相同的齿轮，分别进行普通整体淬火、渗碳淬火和高频感应淬火，试用最简单的办法将它们区分开来。

7. 甲、乙两厂同时生产一批 45 钢零件，硬度要求为 220～250HBW。甲厂采用调质，乙厂采用正火，均可达到硬度要求，试分析甲、乙两厂产品的组织和性能差异。

8. 某厂用 20 钢制造齿轮．其加工路线为：下料→锻造→正火→粗加工、半精加工→渗碳→淬火、低温回火→磨削。试回答下列问题：

（1）说明各热处理工序作用；

（2）制定最终热处理工艺规范（温度、冷却介质）；

（3）最终热处理后表面组织和性能。

课题五

熟悉并正确选用碳素钢

碳素钢是以铁为主要元素，碳的质量分数在 0.0218%～2.11% 之间，并含有少量其他元素的铁碳合金。根据国家新标准 GB/T 13304.1—2008《钢分类第 1 部分：按化学成分分类》，钢按化学成分可分为碳素钢、低合金钢和合金钢。碳素钢是国际标准和我国标准对钢类划分的通用的概括性术语，包括碳素钢（普通碳素结构钢、优质碳素结构钢、碳素工具钢、碳素弹簧钢、易切削碳素结构钢等）；纯铁（电工用纯铁、原料纯铁）及其他具有特殊性能的专用的碳素钢。

任务一　掌握碳素钢的分类方法

● 知识目标

熟悉钢中常存元素对其性能的影响及钢的分类。

● 能力目标

能区分各类碳素钢及其工业上的应用。

1. 熟悉钢中常存元素对其性能的影响

锰（Mn）——有益元素，来自生铁和脱氧剂锰铁。有很好的脱氧能力，还原 FeO 中的铁；还可与硫形成 MnS，消除硫的有害作用；溶于铁素体产生固溶强化，提高钢的强度和硬度。钢中含量 $w_{Mn}=0.25\%～0.8\%$。

硅（Si）——有益元素，来自生铁和脱氧剂。能还原 FeO 中的铁，脱氧能力比锰强；溶于铁素体产生固溶强化，提高钢的强度及质量，硅作为杂质含量 $w_{Si}=0.1\%～0.4\%$。

硫（S）——有害元素，应控制含量，炼钢时由矿石和燃料带入。常以 FeS 形式存在，当钢在 1000～1200℃ 热加工时，由于晶界处共晶体熔化，导致钢材变脆开裂，称为热脆。

磷（P）——有害元素，应控制含量，炼钢时由矿石带入。磷能全部溶入铁素体中，提高钢的强度和硬度，但使塑性和韧性急剧下降，在低温时更为严重，称为冷脆。

氢（H）——有害元素，应控制含量。炼钢时钢水会吸收一些氮、氧和氢等气体，对钢的质量产生不良影响，尤其是氢会使钢变脆，称为氢脆。还会使钢产生微裂纹和白点等缺陷。

【史海觅踪】公元 1912 年由英国白星轮船公司耗资 7500 万英镑打造，当时世界上最大的豪华客轮"泰坦尼克号"（见图 5-1），曾被称作为"永不沉没的船"和"梦幻之船"，有人甚至说："就是上帝亲自来，也弄不沉这艘船。"然而，1912 年 4 月 12 日在她从英国南安普顿港出发驶往美国纽约的

图 5-1　泰坦尼克号

处女之航中，就因撞上冰山而在大西洋沉没，致使载有 2224 人中的 1523 人葬身鱼腹，是人类航海史上最大的灾难，震惊世界。多年来，人们一直在探索泰坦尼克号沉没的真正原因。一艘如此精良的巨轮只撞了 6 个小洞就沉没了！专家认为该船的沉没与船体钢板有很大关系，船体钢板材料有许多降低硬度的硫夹杂物，敲击船体钢板声很脆，在撞击下被分解。另外，建造轮船需要 300 万个铆钉，但由于造船厂资金紧缺，随以低价购买了一批含很多杂质的劣质铁铆钉，每颗只能承受 4000kg 的压力，而优质的铁铆钉可承受 9000kg 的压力。因此，专家认为冰山撞击只是诱因，造船钢板强韧性

不足，在 -40～0℃ 冰冷的海水中长期浸泡，使其更加脆弱。另外铆钉强度不够也是沉没原因之一。

2. 掌握碳素钢的分类方法

碳素钢属于碳素钢中的一种，又称碳钢，是最基本的铁碳合金。在冶炼时没有特意加入合金元素。分类方法有如下几种。

1）碳素钢按碳的质量分数分为低碳钢、中碳钢、高碳钢，见表 5-1。

表 5-1　碳素钢按碳的质量分数分类

名　称	碳的质量分数	典型牌号
低碳钢	$w_C < 0.25\%$	08、08F、10、15、20 等
中碳钢	$w_C = 0.25\% \sim 0.60\%$	30、35、45、50、55 等
高碳钢	$w_C > 0.6\%$	65、70、75、80、85 等

2）碳素钢按钢的质量（S、P 含量）分为普通钢、优质钢、高级优质钢，见表 5-2。

表 5-2　碳素钢按钢的质量（S、P 含量）分类

名　称	S、P 的质量分数	典型牌号
普通钢	$w_S \leq 0.050\%$，$w_P \leq 0.045\%$	Q195、Q215、Q235、Q255、Q275、Q295 等
优质钢	$w_S \leq 0.035\%$，$w_P \leq 0.030\%$	08F、10、20、35、45、50、55、60、65、70、85、15Mn、35Mn、50Mn、65Mn、70Mn 等
高级优质钢	$w_S \leq 0.030\%$，$w_P \leq 0.030\%$	10A、20A、35A、45A、50A、55A、60A、65A 等

3）碳素钢按钢的用途分为碳素结构钢、碳素工具钢，见表 5-3。

表 5-3　碳素钢按钢的用途分类

名　称	碳的质量分数	典型牌号	用　途
碳素结构钢	$w_C < 0.7\%$，用 Q 表示	Q195、Q215、Q235、Q255、Q275、Q295 等	制造机械零件和工程结构件
碳素工具钢	$w_C > 0.7\%$，用 T 表示	T7、T8、T9、T10、11、T12、T13	制造刀具、模具、量具

4）碳素钢按钢冶炼时脱氧程度分为镇静钢、沸腾钢、半镇静钢、特殊镇静钢，见表 5-4。

表 5-4　碳素钢按冶炼时脱氧程度分类

名　称	代　号	冶炼时特点
镇静钢	Z（可省略）	脱氧程度完全的钢。浇注时钢液镇静不沸腾。组织致密，成分均匀，含硫量较少，性能稳定，故质量好
沸腾钢	F	脱氧程度不完全的钢。浇注时钢液在钢锭模内产生沸腾现象（气体逸出）。组织不够致密，成分不太均匀，硫、磷等杂质偏析较严重，故质量较差。但成本低、产量高，被广泛用于一般工程
半镇静钢	B	脱氧程度介于沸腾钢和镇静钢之间，浇注时有沸腾现象，但较沸腾钢弱。质量较好
特殊镇静钢	TZ（可省略）	比镇静钢脱氧程度更充分彻底的钢。质量最好，适用于特别重要的结构工程

任务二　认识并能正确选用碳素结构钢

● 知识目标

掌握碳素钢牌号、成分、性能和用途。

● 能力目标

在工程应用上能熟练选用碳素钢。

碳素结构钢用于制造机械零件和工程结构件，可分为普通碳素结构钢和优质碳素结构钢。机械零件采用优质或高级优质的碳素结构钢，以适应机械零件承受动载荷的要求。一般需热处理，以发挥材料的潜力；工程结构如屋架、桥梁、高压电线塔、钻井架、车辆构架、起重机械构架等采用普通碳素结构钢。

1. 掌握常用的普通碳素结构钢的牌号与选用

（1）普通碳素结构钢的命名

普通碳素结构钢的质量分数 $w_C = 0.06\% \sim 0.38\%$，通常轧制成钢板或各种型材，如圆钢、方钢、工字钢、钢筋等。

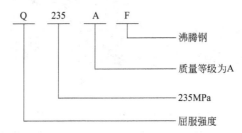

命名方法是：Q＋屈服强度值（单位 MPa）＋质量等级＋脱氧程度。其中 Q 表示钢的屈服强度，是"屈"的汉语拼音字首。

质量等级符号用 A、B、C、D 四个等级表示，从 A 到 D 质量依次提高。

脱氧方法符号含义：F 表示沸腾钢、B 表示半镇静钢、Z 表示镇静钢、TZ 表示特殊镇静钢，Z 与 TZ 符号在钢号组成表示方法中予以省略。

必要时在牌号尾加产品用途、特性和工艺方法的表示符号。如压力容器用钢—R、锅炉用钢—G、桥梁用钢—Q 等。

（2）普通碳素结构钢的成分和性能

常用普通碳素结构钢 Q195、Q215、Q235、Q255、Q275 等，成分与性能见表 5-5。

表 5-5　普通碳素结构钢的成分和性能

牌号	等级	化学成分（质量分数）/%					脱氧方法	力学性能		
		C	Mn	Si	S	P		R_{eH} /MPa	R_m /MPa	Z/%
					不大于					
Q195		0.06～0.12	0.25～0.50		0.050	0.045	F、B、Z	195	315～390	33
Q215	A	0.09～0.15	0.25～0.55		0.050	0.045	F、B、Z	215	335～410	31
	B				0.045					
Q235	A	0.14～0.22	0.30～0.65	0.30	0.050	0.045	F、B、Z	235	375～460	26
	B	0.12～0.20	0.30～0.70		0.045					
	C	≤0.18	0.35～0.80		0.040	0.040	Z			
	D	≤0.17			0.035	0.035	TZ			
Q255	A	0.18～0.28	0.40～0.70		0.050	0.045	Z	255	410～510	24
	B				0.045					
Q275		0.28～0.38	0.50～0.80	0.35	0.050	0.045	Z	275	490～610	20

（3）普通碳素结构钢的应用

普通碳素结构钢价格低廉易得，应用广泛。主要用于厂房、桥梁、船舶等建筑结构和一些受力不大的机械零件，如图 5-2 所示，常用普通碳素结构钢性能与应用见表 5-6。

图 5-2　普通碳素结构钢应用

表 5-6　普通碳素结构钢的性能应用

牌号	旧牌号	力学性能	应用
Q195	A1	强度较低，塑性好	制作薄板（如镀锌板）、钢筋、冲压件、铁钉、铆钉、地脚螺栓、开口销、烟筒等不重要零件
Q215	A2		
Q235	A3	有较高强度和一定塑性	制作钢筋、钢板、螺母、法兰、农业机械用型钢（如拉杆、连杆、转轴）、自行车及摩托车架、课桌椅、重要的焊接结构件（如大桥钢结构）、冲压模钢板模架

牌号	旧牌号	力学性能	应用
Q255	A4	强度高，质量好，塑性稍差	制作建筑、桥梁等结构件，机械零件如摩擦离合器、主轴、心轴、制动钢带、普通齿轮、键、吊钩等
Q275	A5		

2. 掌握常用的优质碳素结构钢的牌号与选用

（1）优质碳素结构钢碳的命名和分类

① 优质碳素结构钢按冶金质量等级分为优质碳素结构钢、高级优质碳素结构钢（A）、特级优质碳素结构钢（E）。优质碳素结构钢的磷、硫含量见表 5-2。

优质碳素结构钢牌号用两位数字表示钢中平均含碳量的万分数，如 45 钢，表示平均含碳量为 0.45%；08 钢表示钢中平均含碳量 0.08%。

若为高级优质钢，在牌号尾加 A，如 40A。特级优质钢时，在牌号尾加 E，如 45E。

锰是钢中固溶强化元素，在热处理用途中对提高淬透性是有效地。较高锰含量的优质碳素结构钢具有较高的屈服点、强度、硬度和耐磨性，但塑性和韧性稍差。锰含量增加，对碳质量分数在 0.1%～0.15% 钢的强度提高有显著影响，而对碳质量分数大于 0.7% 钢的强度提高则影响很小。普通含锰量（0.25%～0.8%）的钢牌号后不加 Mn；较高含锰量（0.8%～1.2%）的钢牌号数字后加 "Mn" 字，如 15Mn、65Mn 等。

② 优质碳素结构钢按用途分为冲压钢、渗碳钢、调质钢和弹簧钢性能与用途见表 5-7。

表 5-7 冲压钢、渗碳钢、调质钢和弹簧钢性能与用途

种类	常用牌号	性能	应用
冲压钢	08、08F、10、15	碳的质量分数低。塑性好，强度低，焊接性好	用于制作薄板，制造冲压零件和焊接件
渗碳钢	15、20、25	强度较低，塑性和韧性较高。冲压性能和焊接性能好	制造各种受力不大但要求高韧性的零件，如焊接容器与焊接件、螺钉、杆件、轴套、冲压件等。这类钢经渗碳淬火表面硬度可达 60HRC 以上，表面耐磨而心部具有一定的强度和良好的韧性，用于制造要求表面硬度高、耐磨，并承受冲击载荷的零件，如齿轮，模具导柱和导套
调质钢	30、35、40、45、50、55	经过热处理后具有良好的综合力学性能	用于制作要求强度、塑性、韧性都较高的零件，如齿轮、套筒、轴类等零件及注塑模模架、压铸模模架、冲压模结构零件。特别是 40 钢、45 钢在机械零件中应用广泛
弹簧钢	60、65、70、75、80、85	经热处理后可获得较高的弹性极限	用于制造尺寸较小的弹簧、弹性零件及耐磨零件，如机车车辆及汽车上的螺旋弹簧、板弹簧、气门弹簧、发条等

（2）优质碳素结构钢的成分和性能

优质碳素结构钢中有害杂质元素磷、硫受到严格限制，非金属夹杂物含量较少，强度、塑性和韧性较好，主要制作较重要的机械结构零件。钢的强度随碳含量的增加而提高、包括的强度范围较大（屈服强度最小值从 175～980MPa），加工性能优良，但是淬透性较低、热稳定性较差、时效敏感性较大，尤其是低碳钢。如图 5-3 所示的机械零件。

优质碳素结构钢的牌号、成分、力学性能和用途见表 5-8。

图 5-3　用优质碳素结构钢制造的零件

表 5-8　优质碳素结构钢的牌号、成分、力学性能和用途

牌号	$w_C/\%$	R_m /MPa	R_{eH} /MPa	$A/\%$	$Z/\%$	K_U/J	应　用
		不小于					
08F	0.05~0.11	295	175	35	60	—	塑性好，适合制作高韧性的冲压件、焊接件、紧固件等。例如容器、搪瓷制品、螺栓、螺母、垫圈、法兰盘、钢丝、轴套、拉杆等。部分钢经渗碳淬火后可制造强度不高的耐磨件，如凸轮、滑块、活塞销等
08		325	185	33	60	—	
10F	0.07~0.13	315	195	33	55	—	
10		335	205	31	55	—	
15F	0.12~0.18	355	205	29	55	—	
15		375	225	27	55	—	
20	0.17~0.23	410	245	25	55	—	
25	0.22~0.29	450	275	23	50	71	
30	0.27~0.34	490	295	21	50	63	综合力学性能较好，适合制作负荷较大的零件，如连杆、螺杆、螺母、螺钉、轴销、曲轴、传动轴、活塞杆（销）、飞轮、表面淬火齿轮、凸轮、链轮等。模具行业中的注塑模模架、压铸模模架、冲压模结构零件等
35	0.32~0.39	530	315	20	45	55	
40	0.37~0.44	570	335	19	45	47	
45	0.42~0.50	600	355	16	40	39	
50	0.47~0.55	630	375	14	40	31	
55	0.52~0.60	645	380	13	35	—	
60	0.57~0.65	675	400	12	35	—	屈服强度高，硬度高，适合制作弹性零件（如各种螺旋弹簧、板簧等）及耐磨零件（如轧辊、钢丝绳、偏心轮、轴、凸轮、离合器等）
65	0.62~0.70	695	410	10	30	—	
70	0.67~0.75	715	420	9	30	—	
75	0.72~0.80	1080	880	7	30	—	
80	0.77~0.85	1080	930	6	30	—	
85	0.82~0.90	1130	980	6	30	—	

任务三　认识并会选用碳素工具钢

● 知识目标

　　掌握碳素工具钢牌号、成分、性能和用途。

能力目标

在工程应用上能熟练选用碳素钢。

1. 掌握碳素工具钢命名与牌号

碳素工具钢碳的质量分数在 0.65%～1.35% 之间，牌号用"T"（"碳"汉语拼音字首）和数字组成，数字表示钢的平均含碳量的千分数，如 T8 钢，表示碳的质量分数为 $w_C=0.8\%$ 的碳素工具钢。牌号末尾加"A"为高级优质碳素工具钢（硫、磷含量比较少）。如 T10A 钢为平均含碳量为 1.0% 的高级优质碳素工具钢。常见牌号 T7、T8、T9、T10、T11、T12、T13。

2. 熟悉碳素工具钢的成分、性能和用途

碳素工具钢的硬度和耐磨性随着含碳量的增加，逐渐增大，韧性逐渐下降。该类钢需经热处理淬火低温回火后使用，具有较高的硬度和耐磨性，用于制作低速切削刀具，以及对热处理变形要求低的一般模具、低精度量具等，图 5-4 所示为用碳素工具钢制造的各类工具。

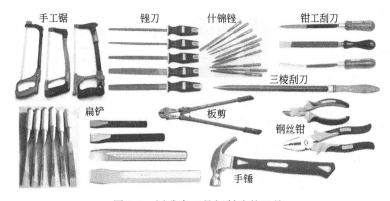

图 5-4 用碳素工具钢制造的工具

常见碳素工具钢的牌号、成分、热处理和应用见表 5-9。

表 5-9 碳素工具钢的牌号、成分、热处理和应用

牌号	化 学 成 分/%			退火状态 /HBW	水冷淬火 （≥62HRC） /℃	应　　用
	w_C	w_{Mn}	w_{Si}			
T7 T7A	0.65～0.74	≤0.40	≤0.35	187	800～821	用于制作能承受冲击、韧性较好、硬度适当的工具，如扁铲、手钳、手用大锤、旋具、木工工具、钳工工具、钢印、锻模等
T8 T8A	0.75～0.84	≤0.40	≤0.35	187	780～800	用于制作能承受一定冲击、要求具有较高硬度与耐磨性的工具，如冲模、铆钉冲模、压缩空气锤工具、钳工装配工具、刀具及木工工具等
T8Mn	0.80～0.90	0.6	≤0.35	187	780～800	
T9 T9A	0.85～0.94	≤0.40	≤0.35	192	760～780	
T10 T10A	0.95～1.04	≤0.40	≤0.35	197	760～780	用于制作不受剧烈冲击、要求具有高硬度与耐磨性的工具，如车刀、刨刀、冲头、丝锥、钻头、手锯锯条、钳工刮刀等
T11 T11A	1.05～1.14	≤0.40	≤0.35	207	760～780	

续表

牌号	化学成分/%			退火状态/HBW	水冷淬火（≥62HRC）/℃	应　用
	w_C	w_{Mn}	w_{Si}			
T12 T12A	1.15~1.24	≤0.40	≤0.35	207	760~780	用于制作不受冲击、要求极高硬度、高耐磨性的工具，如锉刀、刮刀、刀片、精车刀、丝锥、钻头、板牙、量规、冷切边模、冲模等
T13 T13A	1.25~1.35	≤0.40	≤0.35	207	760~780	

任务四　了解其他专用优质碳素钢的牌号和应用

● **知识目标**

　　了解其他专用优质碳素钢的牌号和应用。

● **能力目标**

　　在工程上能初步选用其他专用优质碳素钢。

　　在优质碳素结构钢基础上发展了一些专门用途的钢，如易切削钢、锅炉用钢、焊接用钢、铸造用钢（如图5-5所示的铸钢大齿轮）、矿用钢、钢轨钢、桥梁钢等。专门用途钢的牌号表示方法是在钢号的首部或尾部用符号标明其用途，25 MnK 即表示在25Mn 钢的基础上发展起来的矿用钢，钢中平均碳的质量分数 $w_C=0.25\%$，锰的质量分数 $w_{Mn}\approx1\%$。常用钢材及其用途、符号见表5-10。

图 5-5　铸钢大齿轮

表 5-10　其他专用优质碳素钢的牌号和用途

种类	命名与代号	性　能	应　用
易切削钢	Y+数字（碳的质量分数万分之几），如 Y12、Y20、Y30、Y40Mn、Y45Ca	易切削钢适合于在自动机床上进行高速切削制作通用零件，生产率比45钢高一倍多，节省工时	用于制造受力较小、不太重要的、大批生产的标准件，如螺钉、螺母、垫圈、垫片、缝纫机、计算机和仪表零件等。还用于制造炮弹的弹头、炸弹壳

续表

种类	命名与代号	性　能	应　用
锅炉用钢	数字（碳的质量分数万分之几）＋G（"锅"汉语拼音字首），如 20G、22G、16MnG	要求化学成分与力学性能均匀，经冷成形后在长期存放和使用过程中仍能保证足够高的韧性	专门用于制作锅炉构件的钢种
焊接用钢	用"H＋"一位或两位数字表示碳的质量分数的万之几表示。如 H08、H08E、H08MnA、H10MnSi	碳的质量分数低。塑、韧性好，焊接性好	用于制作焊条、焊管、焊接钢板、轮船、钢架、焊接桥梁等
铸造碳钢	首位冠以"ZG"（"铸钢"汉语拼音字首）＋数字（屈服强度最低值）＋数字（抗拉强度最低值）。如 ZG200-400、ZG270-500、ZG340-640	碳的质量分数 0.15%～0.6%。强度高、韧性好	来制作形状复杂、难以进行锻造或切削加工的零件或重型机械构件如箱体、曲轴、连杆轧钢机架、压机梁、锻锤砧座等

思考与练习

一、名词解释

1. 热脆；2. 冷脆；3. 普通碳素结构钢；4. 优质碳素结构钢；5. 碳素工具钢

二、填空题

1. 钢中所含有害杂质元素主要是_____、_____、_____。

2. 按碳的质量分数高低分类，碳素钢可分为_____、_____和_____三类；按钢的用途可分为_____、_____两类；碳素结构钢的质量等级可分为_____、_____、_____、_____四类。

3. 优质碳素结构钢按用途可分为_____、_____、_____和弹簧钢。

4. Q235 按碳的质量分数高低分属于_____，按钢的用途分属于_____，按钢的质量等级分属于_____。Q 的含义是_____，235 的含义是_____。

5. 45 钢按用途分类，属于_____；按主要质量等级分类，属于_____。

6. 铸造碳素钢 ZG270-500 表示屈服强度最低值≥_____MPa，抗拉强度最低值≥_____MPa 的工程用铸造碳钢。

7. T10A 按用途分类，属于_____；按碳的质量分数分类，属于_____；按主要质量等级分类，属于_____。

三、选择题

1. 普通碳素钢、优质碳素钢和特殊质量碳素钢是按_____进行区分的。
   A. 主要质量等级　　B. 主要性能　　C. 使用特性　　D. 前三者综合考虑

2. 08F 牌号中，08 表示其平均碳的质量分数是_____。
   A. 0.008%　　B. 0.08%　　C. 0.8%　　D. 8%

3. 下列牌号的钢中，常用于作木工工具的是_____。
   A. T8　　B. Q235　　C. T12　　D. 45

4. _____钢的塑性最好，_____钢的硬度最高，_____钢的弹性最好。
   A. T8　　B. 15　　C. 65　　D. T10

5. 选择零件材料，冲压件用_____，齿轮用_____，弹簧用_____，炸弹壳用

_____。

    A. 08F   B. 45 钢   C. 70 钢   D. Y30

  6. 选择制造工具钢材：螺钉旋具用_____，木工工具用_____，手锯_____，锉刀用_____。

    A. T7A   B. T8   C. T10   D. T12

  7. 为了获得使用要求的力学性能，T10 钢制手工锯条采用_____作为最终热处理。

    A. 调质   B. 正火   C. 淬火＋低温回火   D. 完全退火

  8. T12 钢制造的锉刀其最终热处理应选用_____。

    A. 淬火＋低温回火   B. 淬火＋中温回火

    C. 调质   D. 球化退火

四、判断题

1. 45 钢的价格较便宜，综合力学性能好，应用广泛。（　　）

2. 氢对钢的危害很大，它使得钢变脆（称氢脆），也使钢产生微裂纹（称白点）。（　　）

3. Y12 表示其平均碳的质量分数 $w_C = 0.12\%$ 的易切削钢。（　　）

4. 铸钢可用于铸造生产形状复杂而力学性能要求较高的零件。（　　）

5. T10 中碳的质量分数是 10%。（　　）

6. 高碳钢的质量优于中碳钢，中碳钢的质量优于低碳钢。（　　）

7. 碳素工具钢都是高级优质钢。（　　）

8. 碳素工具钢中碳的质量分数一般都大于 0.7%。（　　）

五、简答题

1. 为什么在碳素钢中要严格控制硫、磷元素的质量分数？

2. 碳素工具钢随着碳的质量分数的提高，其力学性能有何变化？

3. 用 T10 钢制造刀具，要求淬硬到 60～64HRC。生产时误将 45 钢当成 T10 钢，按 T10 钢加热淬火，试问能否达到要求，为什么？

4. 解释下列牌号：Q235—A；45；65Mn；15A；T8A；Y20；20G；H08；ZG310—570。

六、分析与应用题

1. 试解释下列现象：

(1) 用同一锉刀锉削 20 钢比锉削 T8 钢容易（二者均为退火态）；

(2) T12 钢的强度低于 T8 钢，但硬度却高于 T8 钢。

2. 20 钢、45 钢、65 钢、T8 和 T12 五种钢试样（退火态）发生混料，试设法将它们区别开来，并简述根据。

3. 现有低碳钢和中碳钢齿轮各一个，为使齿面有高硬度和耐磨性，试问各应进行何种热处理？并比较它们经热处理后在组织和性能上有何不同。

4. 45 钢调质后硬度 240HBW，若再进行 200℃回火，试问是否可提高其硬度，为什么？

5. 用 T10 钢制造形状简单的刀具，其加工路线为：锻造→热处理→切削加工→热处理→磨削。试回答下列问题：

(1) 各热处理工序的名称及其作用；

(2) 制定最终热处理工艺规范（温度、冷却介质）；

(3) 各热处理后的组织。

课题六

掌握常用合金钢的性能与应用

随着高新科技的不断发展，对钢材的性能要求越来越高。碳钢虽然具有良好的加工性能，低廉的价格，得到广泛了应用，但其淬透性低、强度和硬度不高，已不能满足特殊场合的使用要求。如要求具有耐腐蚀、抗氧化、耐磨的机械零件；具有高强度、高韧性的模具；具有良好热硬性的高速切削刀具。因此，必须选用性能更加优异的低合金钢、合金钢。

为了改善钢的综合性能或使其具有某些特殊性能，在炼钢时加入硅（Si）、锰（Mn）、铬（Cr）、镍（Ni）、钨（W）、钼（Mo）、钒（V）、钛（Ti）、铌（Nb）、钴（Co）、铝（Al）、硼（B）及稀土（RE）等合金元素得到合金钢。使用合金钢材料制造的产品如图 6-1 所示。

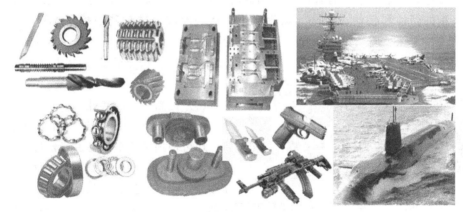

图 6-1　用合金钢材料制造的产品

任务一　掌握合金元素在钢中的作用及合金钢的分类

● 知识目标

掌握合金元素在钢中的作用及合金钢的分类。

● 能力目标

能认识常用合金钢及其性能。

1. 掌握合金元素在钢中的作用

合金元素在钢中存在的形式，一是溶入铁素体中形成合金铁素体，二是与碳形成极高硬度的合金碳化物。

（1）强化铁素体

大多数合金元素都能不同程度地溶入铁素体中，由于它们的原子大小及晶格类型与铁不同，使铁素体晶格发生畸变，产生固溶强化作用，使钢的强度和硬度提高，但当合金元素超过一定的质量分数后，铁素体的韧性和塑性会显著降低。

与铁素体有相同晶格类型的合金元素（Cr、Mo、W、V、Nb 等）强化铁素体的作用较弱；而与铁素体具有不同晶格类型的合金元素（如 Si、Mn、Ni 等）强化铁素体的作用较强。当 Si、Mn 的质量分数低于 1% 时，既能强化铁素体，又不会明显降低韧性。

（2）形成合金碳化物

根据合金元素与碳之间的相互作用，将合金元素分为形成碳化物的合金元素（如 Si、Al、Ni、Co）和不形成碳化物的合金元素（只以原子状态存在于铁素体或奥氏体中）。形成合金碳化物的合金元素与碳结合的能力由强到弱的排列次序是：Ti、Nb、V、W、Mo、Cr、Mn 和 Fe，对应的合金碳化物是 TiC、NbC、VC、WC、Cr_7C_3、（Fe，Cr）及（Fe，Mn）$_3$C 等。合金碳化物的存在提高了钢的强度、硬度和耐磨性。碳化物越稳定，其硬度越高；碳化物颗粒越细小，强化效果越显著。

（3）细化晶粒

几乎所有的合金元素都有抑制钢在加热时奥氏体晶粒长大的作用，达到细化晶粒的目的，提高钢的塑性和韧性。合金元素铌、钒、钛等形成的碳化物及铝（Al）在钢中形成的 AlN 和 Al_2O_3 细小质点，均能强烈地阻碍奥氏体晶粒长大，使合金钢在热处理后获得比碳钢更细的晶粒。含碳量相近的 T10 碳素钢与 Cr12MoV 合金钢退火状态金相组织如图 6-2 所示。

T10碳素钢退火组织

Cr12MoV合金钢退火组织

图 6-2 T10 碳素钢与 Cr12MoV 合金钢退火状态金相组织

（4）提高钢的淬透性

除钴外，所有的合金元素溶解于奥氏体后，均可增加过冷奥氏体的稳定性，推迟其向珠光体的转变，使 C 曲线右移，从而减小钢的临界冷却速度，提高钢的淬透性。能提高淬透性的合金元素有钼（Mo）、锰（Mn）、铬（Cr）、镍（Ni）和硼（B）等。

（5）提高钢的回火稳定性

淬火钢在回火时抵抗硬度下降的能力称为回火稳定性。多数合金元素对原子扩散起阻碍作用，延缓了马氏体的分解，如图 6-3 所示。

（6）提高钢的耐蚀性、耐热性和耐磨性

部分合金元素的加入使钢在室温下形成单向的铁素体或奥氏体组织，具有良好的耐蚀性（加入 Cr、Ni、Ti 等制成不锈钢）、耐热性（加入 W、Cr、V 等制成高速钢刀具）及耐磨性（加入 Mn 制成高锰耐磨钢）。

2. 熟悉合金钢的分类

合金钢分为低合金钢和合金钢两大类，它们按质量等级、性能或使用特性又分为多种类型，见表 6-1。

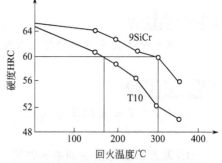

图 6-3 合金钢与非合金钢的回火硬度比较

表 6-1 合金钢的分类

分 类 方 法			相关元素含量或特性
低合金钢（合金元素总含量 <5.43%）	按质量等级分	普通质量低合金钢	一般用途，生产过程中不需特别控制，如低合金结构钢 Q345、低合金钢筋钢 20MnSi、低合金轻轨钢 45SiMnP
		优质低合金钢	要求具有良好的抗脆断性和冷成型性，生产过程中需特别控制硫、磷含量≤0.040%
		特殊质量低合金钢	在生产过程中需要特别严格控制质量和性能，尤其是严格控制硫、磷等杂质含量和纯洁度。包括：核能用低合金钢；保证厚度方向性能低合金钢；低温用低合金钢，如 16MnDR；舰船兵器等专用特殊低合金钢
	按性能和使用特性分	低合金高强度结构钢	焊接高强度钢 16MnNb；锅炉与压力容器钢 15CrMoG、15MnVR；造船用钢 AH32、DH32、EH32；起重机用钢 U71Mn；输油、输气管线用钢 S320
		低合金耐候钢	耐大气腐蚀钢，如 Q390GNH、Q460NH
		低合金钢筋钢	桥梁用钢 16MnQ；低合金钢筋钢 20MnSi
		铁道用低合金钢	铁道低合金轻轨钢 45SiMnP；低合金重轨钢 U70Mn、U71MnSiCu 铁道用低合金车轮钢 CL45MnSiV
		矿用低合金钢	矿用钢 20MnVK
		其他低合金钢	汽车用钢 09MnREL；自行车用钢 Z09Al、Z17Mn
合金钢（合金元素总含量 ≥5.43%）	按质量等级分	优质合金钢	在生产过程中需要特别控制质量和性能，但不如特殊质量合金钢那么严格。包括：一般工程结构用合金钢；合金钢筋钢，如 40Si2MnV、45SiMnV 等；不规定磁导率的电工用硅（铝）钢；铁道用合金钢；地质、石油钻探用合金钢；耐磨钢和硅锰弹簧钢等。
		特殊质量合金钢	在生产过程中需要特别严格控制质量和性能。包括：压力容器用合金钢 18MnMoNbR、14MnMoV；经热处理的合金钢筋钢；经热处理的地质、石油钻探用合金钢；合金结构钢；合金弹簧钢；不锈钢；耐热钢；合金工具钢；高速工具钢；轴承钢；高电阻电热钢和合金；无磁钢；永磁钢等
	按性能和使用特性分	工程结构用合金钢	一般工程结构用合金钢、合金钢筋钢、高锰耐磨钢等
		机械结构用合金钢	调质处理合金结构钢、表面硬化合金结构钢、合金弹簧钢等
		不锈、耐蚀和耐热钢	不锈钢、抗氧化钢和热强钢等
		工具钢	合金工具钢、高速工具钢
		轴承钢	高碳铬轴承钢、不锈轴承钢等
		特殊物理性能钢	软磁钢、永磁钢、无磁钢等
		其他	铁道用合金钢等

任务二 掌握常用低合金钢的牌号与应用

● 知识目标

掌握常用低合金钢的牌号与应用。

● 能力目标

能在工程上正确选用低合金钢。

低合金钢的合金元素总的质量分数<5.43%，是一类焊接性较好的低碳低合金结构用钢，大多数在热轧或正火状态下使用。

1. 掌握低合金钢的牌号与命名

该类钢的牌号由代表屈服强度的汉语拼音首位字母＋屈服强度数值＋质量等级符号（A、B、C、D、E）三部分按顺序组成。例如，Q390A 表示屈服强度 $R_{eL} \geqslant 390$MPa，质量为 A 级的低合金高强度结构钢。如果是专用结构钢，在牌号后面再附加钢产品的用途符号，如 Q345HP 表示焊接气瓶用钢，Q345R 表示压力容器用钢，Q390G 表示锅炉用钢，Q420Q 表示桥梁用钢等。

2. 熟悉低合金高强度结构钢的种类与应用

低合金高强度结构钢的合金元素以锰为主，还有硅、钒、钛、铝、铌、铬、镍、氮、稀土等元素，钢中合金元素总的质量分数一般<3%。其中钒、钛、铝、铌元素的作用是在钢中形成细小的碳化物和氮化物，在金属相变时沿奥氏体晶界析出，形成细小弥散相，阻止晶粒长大，细化晶粒，有效地防止钢发生过热，改善钢的强度，提高钢的韧性和抗层状撕裂性。它与非合金钢相比具有较高的强度、韧性、耐蚀性及良好的焊接性，生产工艺过程与碳钢类似，且价格与碳钢接近。因此，低合金高强度结构钢具有良好的使用价值和经济价值，广泛用于制造桥梁、车辆、船舶、建筑钢筋等。

最新国家标准 GB/T 1591—2008《低合金高强度结构钢》增设了 Q500、Q550、Q620、Q690 四个牌号，取消了 Q295。部分低合金高强度结构钢的号用途见表 6-2。

表 6-2　部分低合金高强度结构钢的牌号及用途

牌　　号	用　　　　途
Q345	船舶、铁路车辆、桥梁、管道、锅炉、低温压力容器、石油储罐、起重及矿山机械、电站设备、厂房钢架等
Q390	中高压锅炉汽包、中高压石油化工容器、大型船舶、桥梁、车辆、压力容器、起重机及其他较高载荷的焊接结构件等
Q420	矿山机械、大型船舶、桥梁、电站设备、起重机械、机车车辆、中压或高压锅炉及容器的大型焊接结构件等
Q460	大型工程结构件和工程机械；经淬火加回火后，用于大型挖掘机、起重机运输机械、钻井平台等

【典型案例】 2008 年北京奥运会国家体育场——"鸟巢"钢结构所使用的钢材绝大部分是 Q345D 钢材，而托起"鸟巢"钢结构最关键的部分是"肩部"结构，此处钢板厚度达 110mm，所用钢材就是我国自主创新研发的低合金高强度结构钢 Q460。该钢集强度和韧性于一体，其强度是普通钢的两倍，且具有良好的抗震性、抗低温性和可焊接性等优点，保证了"鸟巢"在承受 460MPa 的外力后，依然保持不被破坏。

Q460 钢材经过多次试制，于 2005 年 5 月试制成功，可以说该钢是专为搭建"鸟巢"而研制的，

图 6-4　国家体育场——"鸟巢"

完全满足了"鸟巢"钢结构的设计需要，也保证了国家体育场整体工程建设的顺利进行，成为世界著名的地标性建筑之一，如图 6-4 所示。

3. 了解低合金耐候钢

耐候钢是指耐大气腐蚀钢。它是在低碳钢的基础上加入少量铜、铬、镍、钼等合金元素，使钢表面形成一层保护膜的钢材。为了进一步改善耐候钢

的性能，还可再加微量的铌、钛、钒、锆等元素。我国目前使用的耐候钢分为焊接结构用耐候钢和高耐候性结构钢两大类。

焊接结构用耐候钢的牌号是由"Q＋数字＋NH"组成。其中"Q"是"屈"字汉语拼音字母的字首，数字表示钢的最低屈服强度数值，字母"NH"是"耐候"汉语拼音字母的字首，牌号后缀质量等级代号 C、D、E，如 Q355NHC 表示屈服强度大于 355MPa，质量等级为 C 级的焊接结构用耐候钢。焊接结构用耐候钢适用于桥梁、建筑及其他要求耐候性的钢结构。

高耐候性结构钢的牌号是由"Q＋数字＋GNH"组成。与焊接结构用耐候钢不同的是，GNH 表示"高耐候"三字汉语拼音字母的字首。含 Cr、Ni 元素的高耐候性结构钢在其牌号后面后缀字母"L"，如 Q345GNHL 钢。高耐候性结构钢适用于机车车辆（见图 6-5）、建筑、塔架和其他要求高耐候性的钢结构，并可根据不同需要制成螺栓联接、铆接和焊接结构件。

图 6-5　高速列车

4. 了解低合金专业用钢

为了适应某些专业的特殊需要，对低合金高强度结构钢的化学成分、加工工艺及性能作相应的调整和补充，从而发展了门类众多的低合金专业用钢，如锅炉用钢、压力容器用钢、船舶用钢、桥梁用钢、汽车用钢、铁道用钢、自行车用钢、矿山用钢、工程建设混凝土及预应力用钢和建筑结构用钢等，如图 6-6 所示。

图 6-6　低合金专业用钢

（1）汽车用低合金钢。是用量较大的专业用钢，用于制造汽车大梁、轮辋、托架及车壳等结构件，如汽车大梁用钢 370L、420L、09MnREL、06TiL、08TiL、16MnL、16MnREL 等。

（2）铁道用低合金钢。用于重轨（如 U70Mn、U71Mn、U70MnSi、U70MnSiCu、U75V、75NbRE 等）、轻轨（如 45SiMnP、50SiMnP、36CuCrP 等）和异型钢（如 09CuPRE、9V 等）。

（3）低合金钢筋钢。指用于制作建筑钢筋结构的钢，如钢筋混凝土用热处理钢筋钢（20MnSi）和预应力混凝土用热处理钢筋钢（如 40Si2Mn、48Si2Mn、45Si2Cr）。

（4）矿用低合金钢。矿山用结构件，如高强度圆环链用钢（如 20MnSiV 等）、巷道支架用钢（如 16MnK、25MnK）和煤机用钢（如 M510、M540 等）。

任务三　掌握常用合金结构钢的牌号与应用

● **知识目标**

掌握常用合金结构钢的牌号与应用。

● **能力目标**

能在工程上正确选用合金结构钢。

我国合金钢的编号是按照合金钢中碳的质量分数及所含合金元素的种类（元素符号）及其质量分数来编制的。合金钢的合金元素总的质量分数≥5.43%。合金结构钢用于制造工程结构及各种机械零件。

1. 掌握合金结构钢的牌号

合金结构钢的牌号是用"两位数字（碳含量）＋元素符号（或汉字）＋数字"表示，首部数字表示平均碳的质量分数的万分之几，后面的数字表示该元素质量分数的百分之几。合金元素含量小于 1.5% 时只标元素符号，不标数值；平均含量为 1.5%～2.5%，2.5%～3.5% 时，则相应地标以 2，3。如 60Si2Mn 表示 $w_C=0.60\%$、$w_{Si}=2\%$、$w_{Mn}<1.5\%$ 的合金结构钢；40Cr 表示 $w_C=0.4\%$、$w_{Cr}<1.5\%$ 的合金结构钢。钢中钒、钛、铝、硼、稀土等合金元素虽然含量很低，仍然需要在钢中标出，如 40MnVB、25MnTiBRE 等。

如果合金结构钢为高级优质钢，则在钢的牌号后面加"A"，如 60Si2MnA；若为特级优质钢，则在钢的牌号后面加"E"，如 SOE 钢。

2. 熟悉机械零件常用的合金结构钢

机械零件用合金钢属于特殊质量合金钢，具有特殊质量等级要求，用于制造机械零件，如轴、连杆、齿轮、弹簧、轴承等，如图 6-7 所示。需通过热处理充分发挥钢材的力学性能潜力。机械零件用合金钢按其用途和热处理特点可分为合金渗碳钢、合金调质钢、工程结构用合金钢合金弹簧钢和超高强度钢等。

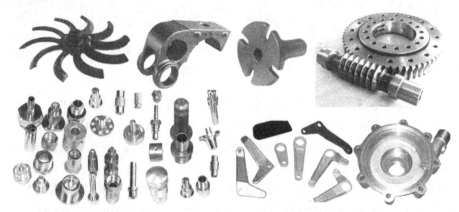

图 6-7　合金钢制造的机械零件

（1）合金渗碳钢

用于制造渗碳零件的合金钢称为合金渗碳钢。合金渗碳钢的 $w_C=0.10\%\sim0.25\%$，加人 Cr、Ni、Mn、B、W、Mo、V、Ti 等合金元素可提高淬透性。部分渗碳零件（齿轮、轴、活塞销等）要求表面具有高硬度（55～65HRC）和高耐磨性，心部具有较高的强度和足够的韧性，克服了低碳钢淬透性差，心部强度较低的缺点，应用如图 6-8 所示。

汽车后桥齿轮

减速器齿轮

图 6-8 合金渗碳钢应用

常用合金渗碳钢的牌号、热处理规范、性能及用途见表 6-3。

表 6-3 常用合金渗碳钢的牌号、热处理规范、性能及用途

牌　　号	渗碳温度/℃	淬火温度/℃	回火温度/℃	力 学 性 能					用　　途
				R_m /MPa	屈服强度/MPa	A/%	Z/%	K_U/J	
20Cr		780～820 水冷或油冷	200	835	540	10	40	47	小齿轮、小轴、活塞销、凸轮、蜗轮等
20CrMnTi		870 油冷	200	1080	850	10	45	55	汽车、拖拉机的高速，中或重载各种齿轮、传动件
20CrMnMo	910～950	850 油冷	200	1180	855	10	45	55	大型曲轴、凸轮轴、连杆、齿轮轴、齿轮
20MnVB		860 油冷	200	1080	855	10	45	55	可代替 20CrMnTi 制作重型机床齿轮及其他渗碳件
18Cr2Ni4		860 油冷	200	1180	1080	10	45	63	制作大截面，交变高载荷的重要齿轮，轴

【经验积累】合金渗碳钢的加工工艺流程：下料→锻造→预备热处理（正火）→机械加工（粗加工、半精加工）→渗碳→淬火、回火→磨削→检验→入库。锻件毛坯预备热处理的目的是为了改善毛坯锻造后的不良组织，消除锻造内应力，并改善其切削加工性能。

（2）合金调质钢

在中碳钢（常用 30 钢、35 钢、40 钢、45 钢、50 钢，即 $w_C = 0.25\% \sim 0.50\%$）的基础上加入一种或数种合金元素，以提高淬透性和回火性稳定性，使之在调质处理后具有良好的综合力学性能。常加入的合金元素有 Mn、Si、Cr、B、Mo 等。合金调质钢用来制造负荷大且重要的零件，如发动机轴、机床主轴、发动机曲轴与连杆、发电机转轮、传动齿轮等，如图 6-9 所示。

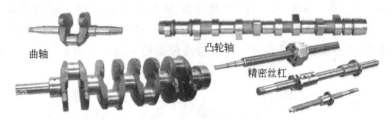

曲轴　　　凸轮轴　　　精密丝杠

图 6-9　合金调质钢应用

常用合金调质钢的牌号、热处理规范、力学性能及用途见表 6-4。

表 6-4　常用合金调质钢的牌号、热处理规范、力学性能及用途

牌　　号	热处理工艺		力 学 性 能					用　　途
	淬火温度/℃	回火温度/℃	R_m/MPa	屈服强度/MPa	A/%	Z/%	K_U/J	
40B	840 水冷	550 水冷	785	540	9	45	55	轴、齿轮、拉杆、凸轮、拖拉机曲轴等
40Cr	850 油冷	520 水冷、油冷	980	785	9	45	47	床的齿轮、蜗轮、蜗杆、轴、套筒、花键轴、曲轴、进气阀等
40MnB	850 油冷	500 水冷、油冷	980	785	10	45	47	车转向轴、半轴、花键轴、蜗杆和机床主轴、齿轮等
38CrMoAl	940 油冷	640	980	835	12	55	80	高硬度、高耐磨和高疲劳强度零件，如航空发动机轴、重要齿轮、机床精密丝杠、压缩机活塞杆等
40CrMnMo	850 油冷	600	980	785	10	45	64	重载荷轴、齿轮、大货车的连杆、后桥半轴、轴、偏心轴等

【经验积累】 要求表面硬度高的调质零件加工工艺流程：下料→锻造→预备热处理（退火或正火）→机械加工（粗加工、半精加工）→调质→机械加工（精加工）→表面淬火或渗氮→磨削→检验→入库。预备热处理的目的是为了改善锻造组织、细化晶粒、消除内应力，有利于切削加工，并为随后的调质处理作好组织准备。对于合金元素少的调质钢（如 40Cr），采用正火作为预备热处理；对于合金元素多的合金钢，则采用退火作为预备热处理。

要求硬度较低（<30HRC）的调质零件加工工艺流程：下料→锻造→调质→机械加工。减少了零件在机械加工与热处理工序之间的往返，又利用锻后高温余热进行淬火，简化热处理工序、节约能源、降低成本。

（3）工程结构用合金钢

用于制造工程结构件，如建筑工程钢筋结构、压力容器、承受冲击的耐磨铸钢件等。按用途分为一般工程用合金钢、压力容器用合金钢、合金钢筋钢、地质石油钻探用钢、高锰耐磨钢等。

对于工作时承受重压、强烈冲击和严重磨损的机械零件，采用高锰耐磨钢来制造（$w_C = 1.0\% \sim 1.3\%$，$w_{Mn} = 11\% \sim 14\%$）。常用高锰耐磨钢有 ZGMn13-1、ZGMn13-2、ZGMn13-3、ZGMn13-4 和 ZGMn13-5 等，钢号中 1、2、3、4、5 表示品种代号，分别用于低冲击件、普通件、复杂件和高冲击件。高锰耐磨钢的铸态组织是奥氏体和网状碳化物，脆性大且不耐磨，不能直接使用，必须加热到 1000～1100℃，保温一段时间，使碳化物全部溶解到奥氏体中，然后在水中冷却。由于冷却迅速，碳化物来不及从奥氏体中析出，从而获

得单一的奥氏体组织，这种处理方法称为"水韧处理"。水韧处理后高锰耐磨钢的韧性与塑性好、硬度低（180～220HBW），但在较大压应力或冲击力的作用下，表面层发生塑性变形，迅速产生冷变形强化，同时伴随有马氏体转变，使表面硬度急剧提高到52～56HRC，但基体仍具有良好的韧性。耐磨钢的耐磨性在高压应力作用下比非合金钢高十几倍，但是在低压应力的作用下其耐磨性较差。

【耐磨钢的奇特现象】 高锰耐磨钢有一个奇特现象，当用锤锻打时，会提高锻打处的硬度和强度，越打越硬。如果用锉刀锉高锰耐磨钢，则越锉越难锉，最终是锉不动，只能用硬质合金刀具一片一片地进行加工。因此，高锰耐磨钢可用于制作监狱的铁栅栏。

高锰耐磨钢切削加工性能差，但铸造性能好，可铸成复杂形状的铸件，因此高锰耐磨钢通常是铸造后再经热处理。用于制造坦克和拖拉机履带板、球磨机衬板、挖掘机铲齿、破碎机牙板、铁路道岔等，如图6-10所示。

高锰耐磨钢

图 6-10　高锰耐磨钢应用

（4）合金弹簧钢

利用弹簧的弹性变形储存能量，减缓和机械设备振动和冲击。中碳钢（55钢）和高碳钢（65钢、70钢）都可以作为弹簧材料，但淬透性差、强度低，只能用来制造小截面、受力较小的弹簧。而合金弹簧钢则可制造大截面、弹力大、屈服强度高的重要弹簧。合金弹簧钢的 $w_c=0.50\%\sim0.70\%$，常加入的合金元素有 Mn、Si、Cr、V、Mo、W、B 等。弹簧按加工成形方法分为冷成形弹簧和热成形弹簧。

① 冷成形弹簧。弹簧直径小于10mm的弹簧，如钟表弹簧、仪表弹簧、阀门弹簧等。弹簧采用钢丝或钢带制作，成形前钢丝或钢带先经过冷拉（或冷轧）或者淬火加中温回火，使钢丝或钢带具有较高的弹性极限和屈服强度，然后将其冷卷成形，弹簧冷成形后在250～300℃进行去应力退火，以消除冷成形时产生的内应力，稳定弹簧尺寸和形状，如图6-11所示。

图 6-11　各种形状的冷成形弹簧

【经验积累】 冷成形弹簧加工工艺流程：下料→冷拉（或冷轧）或者淬火加中温回火→卷簧成形→去应力退火→抽样检验→合格入库。

② 热成形弹簧。弹簧直径大于 10mm 的弹簧，热成形后进行淬火和中温回火，提高弹簧钢的弹性极限和疲劳强度，如汽车板弹簧、火车缓冲弹簧等多用 60Si2Mn、50CrVA 来制造，如图 6-12 所示。

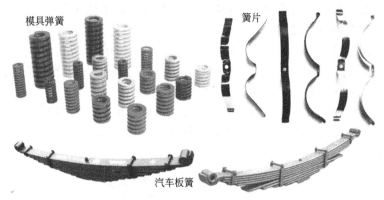

模具弹簧　　簧片

汽车板簧

图 6-12　热成形弹簧

【经验积累】热成形弹簧加工工艺流程：下料→加热→卷簧成形→淬火→中温回火→喷丸→抽样检验→合格入库。

弹簧的表面质量对弹簧的使用寿命影响很大。表面氧化、脱碳、划伤和裂纹等缺陷都会使弹簧的疲劳强度显著下降。喷丸处理是改善弹簧表面质量的有效方法，它是将直径 0.3~0.5mm 的铁丸或玻璃珠高速喷射在弹簧表面，使表面产生塑性变形而形成残余压应力，从而提高弹簧的疲劳寿命。常用合金弹簧钢的牌号、热处理规范、性能及用途见表 6-5。

表 6-5　常用合金弹簧钢的牌号热处理、力学性能及用途

牌　号	热　处　理		力　学　性　能					用　　途
	淬火/ 介质/℃	回火/℃	屈服强度/MPa	R_m/MPa	A/%	Z/%	K_u/J	
			≥					
55Si2Mn	870 油冷	480	1177	1275	—	6	30	汽车、拖拉机、机车减振板簧或螺旋弹簧，气缸安全阀弹簧，250℃ 以下使用耐热弹簧等
55Si2MnB					—	6	30	
60Si2Mn					—	5	25	
60Mn	830 油冷	540	800	1000	—	5	30	冷卷弹簧、阀门弹簧、离合器簧片、制动弹簧等
50CrVA	850 油冷	500	1128	1275	10	—	40	制作高载荷重要的螺旋弹簧、发动机气门弹簧及工作温度 <400℃ 的重要弹簧
30W4Cr2VA	1050 油冷	600	1324	1471	7	—	40	制作工作温度 ≤500℃ 耐热弹簧，锅炉安全阀弹簧等

（5）超高强度钢

指屈服强度 >1370MPa，R_m >1500MPa 的特殊质量合金结构钢。按其化学成分和强韧化机制可分为低合金超高强度钢（30CrMnSiNi2A 等）、二次硬化型超高强度钢

（4Cr5MoSiV 等）、马氏体时效钢（如 Ni25Ti2AlNb 等）和超高强度不锈钢（07Cr15Ni7-Mo2Al 等）四类。其中低合金超高强度钢是在合金调质钢的基础上，加入多种合金元素进行复合强化产生的，具有很高的强度和足够的韧性，在静载荷和动载荷条件下，能够承受很高的工作压力，可减轻结构件自重。超高强度钢主要用于航空和航天工业，如 35Si2MnMoVA 的抗拉强度可达 1700MPa，用于制造飞机的起落架、框架、发动机曲轴等；40SiMnCrWMoRE 用于制造超音速飞机的机体构件，工作温度在 300～500℃时仍能持高强度、抗氧化性和抗热疲劳性，如图 6-13 所示。

图 6-13 超高强度钢制造的飞机起落架

任务四 掌握合金工具钢的牌号与应用

● 知识目标

掌握常用合金工具钢的牌号。

● 能力目标

能认识并正确识读合金工具钢及其工程上的合理选用。

工具钢分为碳素工具钢和合金工具钢，碳素工具钢来源广泛，价格便宜，淬火后能达到高的硬度和较高的耐磨性，但淬透性差，淬火变形倾向大，红硬性差（200℃以下保持高硬度），因此，制作尺寸大、精度高和形状复杂的模具、量具及切削刀具，均采用合金工具钢或高速工具钢。合金工具钢按用途分为合金量具和刃具钢、合金模具钢。合金工具钢与高速工具钢都属于特殊质量等级要求的合金钢。

1. 掌握合金工具钢的牌号

合金工具钢的牌号是用"一位数字（碳含量）＋元素符号（或汉字）＋数字"表示，当合金工具钢中 $w_C < 1.0\%$ 时，牌号前的"数字"以千分之几（一位数）表示钢中碳的质量分数；当合金工具钢中 $w_C \geqslant 1.0\%$ 时，为了避免与合金结构钢相混淆，牌号前不标出碳的质量分数的数字。例如，3Cr2W8V 表示 $w_C = 0.3\%$，$w_{Cr} = 2\%$，$w_W = 8\%$、$w_V < 1.5\%$ 的合金工具钢；9Mn2V 表示 $w_C = 0.9\%$，$w_{Mn} = 2\%$、$w_V < 1.5\%$ 的合金工具钢；Cr12MoV 表示钢中 $w_C \geqslant 1.0\%$、$w_{Cr} = 12\%$，$w_{Mo} < 1.5\%$、$w_V < 1.5\%$ 的合金工具钢。

2. 熟悉合金工具钢的应用

合金工具钢用于制造要求高硬度和高耐磨性，足够的强度（尤其是尺寸小的冲模）及韧性，淬火变形小的量具、刀具（≥60HRC）及模具。

任务五　掌握制造量具及刃具的低合金工具钢性能与应用

● **知识目标**

掌握常用制造量具及刃具用的低合金工具钢性能。

● **能力目标**

能正确选用低合金工具钢。

该类合金工具钢碳的质量分数较高，$w_C = 0.95\% \sim 1.10\%$，主要加入的合金元素有 Mn、Si、Cr、V、Mo、W 等，以保证钢材获得高淬透性、高耐回火性、高硬度（≥60HRC）和高耐磨性。制作量具及刃具用的合金工具钢中加入合金元素较少，其热硬性比碳素工具钢稍高，在 250℃ 以下能保持高硬度和高耐磨性。常用的低合金工具钢有 9SiCr、9Cr2、CrWMn 和 9Mn2V 等，用于制造淬火变形小、精度高的冷剪切刀、铰刀、搓丝板、搓丝轮、拉刀等刃具及量规、量块、精密丝杠和耐磨零件，如图 6-14 所示。

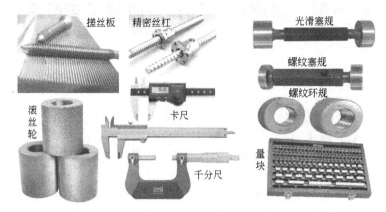

图 6-14　低合金工具钢制作的量具及刃具

常用量具及低合金工具钢的牌号、热处理和用途见表 6-6。

表 6-6　常用量具及低合金工具钢的牌号、热处理和用途

钢号	淬　火			回　火		用　途
	温度/℃	介质	HRC	温度/℃	HRC	
9SiCr	830～860	油	≥62	180～200	≥60～62	制作铰刀、搓丝板、搓丝轮、冲模、冷轧辊
CrWMn	800～830	油	≥62	140～160	≥62～65	制作淬火变形小的量具，量块、车床丝杠、冲模等
9Mn2V	780～810	油	≥62	150～200	≥60～62	制作小尺寸冲模，各种淬火变形小的量规、铰刀

任务六　掌握高速工具钢的牌号与选用

● 知识目标

掌握高速工具钢的牌号与性能。

● 能力目标

能正确选用刀具材料。

用于制作中速或高速切削工具（车刀、铣刀、麻花钻头、齿轮滚齿刀和插齿刀、拉刀等）的合金钢，主要是高速工具钢。

1. 了解高速工具钢的牌号

高速工具钢简称高速钢，含有 W、Mo、Cr、V、Co 等贵重元素，合金元素含量达 10%～25%，含碳量在 $w_C=0.7\%～1.25\%$，保证获得高碳马氏体和足够的合金碳化物。高速工具钢牌号中不标出碳的质量分数值，如 W18Cr4V，$w_C=0.7\%～0.8\%$，只标出合金元素含量，而不标出碳的质量分数。常用的高速工具钢有 W18Cr4V、W6Mo5Cr4V2、W9Mo3Cr4V、W18Cr4V2Co8 等。高速工具钢分为钨钼系、钨系和超硬系三类。市场供应材料通常为棒材，如图 6-15 所示，棒材下料后须经锻造加工成毛坯。

图 6-15　高速钢棒材

2. 了解高速工具钢的特性

高速工具钢经热处理淬火、回火后获得高硬度、高耐磨性和高热硬性，制作的切削刀具在 600℃ 仍能保持高硬度和耐磨性，俗称"锋钢"，其切削速度比一般工具钢高得多，强度比碳素工具钢和低合金工具钢高 30%～50%。此外，高速工具钢具有很好的淬透性，在空气中冷却也能淬硬。但高速工具钢导热性差，在热加工时要特别注意。

3. 熟悉高速工具钢的锻造与热处理

高速工具钢属于莱氏体钢，铸态组织中有粗大鱼骨状的合金碳化物，如图 6-16 所示。这种碳化物硬而脆，不能用热处理方法消除，必须用反复锻打（常用三镦三拔，即镦粗－拔长－镦粗－拔长－镦粗－拔长）的方法将其击碎，使碳化物细化并均匀分布在基体上。

高速工具钢锻造后硬度较高并存在应力，为改善切削加工性能，消除应力，为淬火作好组织准备，应进行退火，退火后组织为索氏体和粒状碳化物，硬度为 207～255HBW，退火组织如图 6-17 所示。

为了缩短退火时间，生产中常采用等温退火，如图 6-18(a) 所示。高速工具钢只有通过正确的淬火和回火，才能获得优良性能。

高速工具钢导热性差，淬火加热温度高，表面极易产生过热过烧现象，必须在 800～850℃ 预热，待工件整个截面上温度均匀后，再加热到淬火温度。对大截面、形状复杂的刀具，常采用二次预热（第一次温度为 500～600℃，第二次温度为 800～850℃）。为使钨、钼、钒尽可能多地溶入奥氏体，以提高热硬性，其淬火温度一般很高（W18Cr4V 钢为 1270～1280℃），常采用油冷单介质淬火或盐浴中分级淬火，其工艺曲线如图 6-18(b) 所示。

图 6-16　W18Cr4V 高速工具钢铸态组织

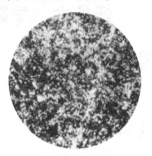

图 6-17　W18Cr4V 高速工具钢退火组织

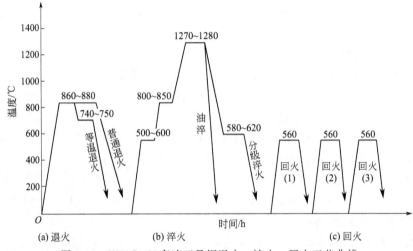

图 6-18　W18Cr4V 高速工具钢退火、淬火、回火工艺曲线

　　淬火后组织为马氏体、粒状碳化物和残留奥氏体（20%～30%），如图 6-19(a) 所示。为减少淬火后组织中残留奥氏体量，必须进行多次回火（一般为 550～570℃三次回火），如图 6-18(c) 所示，使残留奥氏体量从 20%～30%减少到 1%～2%。在回火过程中，从马氏体中析出弥散的特殊碳化物（W_2C、VC）形成"弥散硬化"，提高了钢的硬度，同时从残留奥氏体中析出合金碳化物，降低残留奥氏体中合金元素浓度，使 Ms 点升高，在随后冷却过程中残留奥氏体转变为马氏体，也使钢硬度提高，使钢产生二次硬化。

　　高速工具钢正常淬火、回火后的组织为回火马氏体、合金碳化物和少量残留奥氏体，硬度为 63～65HRC，如图 6-19(b) 所示。

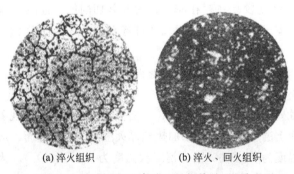

(a) 淬火组织　　　　　(b) 淬火、回火组织

图 6-19　W18Cr4V 高速工具钢热处理组织

4. 了解高速工具钢的应用

高速工具钢用于制作中速或高速切削工具，如车刀、铣刀、麻花钻头、丝锥、板牙、铰刀、中心钻、齿轮滚齿刀和插齿刀、拉刀等，如图 6-20 所示。

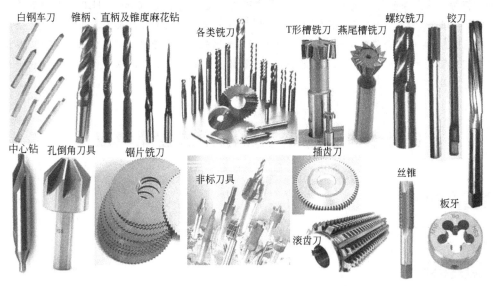

图 6-20 高速工具钢制作的各类刀具

常用高速工具钢的牌号、热处理规范、硬度、性能及应用见表 6-7。

表 6-7 高速工具钢的牌号、热处理规范、硬度、性能及应用

种类	牌号	热处理/℃				淬火回火硬度HRC	特点	应用
		退火温度	退火硬度HBW	淬火温度	回火温度			
钨系	W18Cr4V	800~850	255	1270~1285	550~570	63	发展最早、应用广泛。热硬性高，过热和脱碳倾向小，但碳化物较粗大，分布不均匀，热塑性低，热导率小，韧性较差	制作工作温度在 600℃ 以下、中速切削或结构复杂低速切削的刀具，如车刀、铣刀、拉刀、齿轮刀具、冲压模具
钨钼系	W6Mo5Cr4V2（简称 W6）		255	1210~1230	540~560	65	热塑性、韧性和耐磨性均优于钨系钢。但磨削加工性能次于钨系钢，易脱碳和过热，热硬性略差	制作承受冲击力较大的刀具，如铣刀、拉刀、插齿刀，尤其适于制作热加工成型的薄刃刀具，如麻花钻头
	W6Mo5Cr4V3		255	1200~1240	560	64		
超硬系	W18Cr4V2Co8		258	1270~1290	540~560	65	在钨系、钨钼系高速钢基础上加入 5%～10% 的钴，热处理硬度达 65～70HRC，红硬性达 670℃，但脆性大，价格高	制作特殊刀具，加工高硬度、高强度的金属材料，如 Ti 合金、高强度钢
	W18Cr4V2Co10		269	1220~1250	540~560	65		

【史海觅踪】随着工业生产的发展，被加工的高强度材料日益增多，切削速度和走刀量日益增大，切削时产生大量的热量，使刀刃受热温度大幅度升高，同时承受很大的切削力。这就要求刀具有更高的硬度、耐磨性和红硬性。碳素工具钢和低合金刀具钢无法满足这样的要求。1898 年，美国的材料专家泰勒和怀特采用高合金化的方法，研制成功具有高的强度、高硬度（63～66 HRC）和耐磨性，红硬性达 600℃，切削速度达 16m/min 仍保持刃口锋利的高速钢，切削速度比碳素工具钢和低合金刀具钢提高了 1～3 倍，使用寿命提高 7～14 倍，因此，用来制造较高切削速度的刀具常采用高速工具钢。但目前高速切削高硬度的合金钢零件、模具零件，高速钢已无法满足要求，取而代之的是硬质合金、钢结硬质合金或陶瓷刀具。

任务七　了解滚动轴承钢的性能与应用

● **知识目标**

了解滚动轴承钢的性能与应用。

● **能力目标**

能正确选用滚动轴承钢。

1. 了解滚动轴承钢的牌号与性能

轴承钢的牌号前面冠以"滚"汉语拼音字母"G"，其后为铬元素符号 Cr，铬的质量分数以千分之几表示，其余合金元素标出质量分数的百分之几（与合金结构钢相同）。轴承钢中 $w_C = 0.95\% \sim 1.10\%$，$w_{Cr} = 0.4\% \sim 1.65\%$。如 GCr15，$w_C = 1.0\%$，$w_{Cr} = 1.5\%$；GCr15SiMn，$w_C = 1.0\%$，$w_{Cr} = 1.5\%$，$w_{Si} < 1.5\%$，$w_{Mn} < 1.5\%$。轴承制造业最常用的轴承钢是 GCr15。

轴承钢属于特殊质量合金钢，主要用于制造滚动轴承的滚动体和内、外套圈，也用于制作量具、模具、低合金刀具、机床丝杠等。这些零件要求具有均匀的组织、高硬度、高耐磨性、高的韧性和耐蚀性、高耐压强度和高疲劳强度等。轴承钢中加入 Cr，目的在于增加钢的淬透性，并使碳化物呈均匀而细密状态分布，提高轴承钢的耐磨性。对于大型滚动轴承，还需加入 Si、Mn 等合金元素进一步提高轴承钢的淬透性。

2. 熟悉滚动轴承钢的热处理与应用

轴承钢的热处理是球化退火、淬火和低温回火。球化退火可降低锻造后钢的硬度（180～207HBW），其组织是较软的铁素体和均匀分布的细粒状碳化物，以利于切削加工，并为最终热处理作好组织准备。若钢原始组织中有粗大的片状珠光体和网状渗碳体，应在球化退火前进行正火，以改善钢原始组织。淬火和低温回火后，组织为细回火马氏体、均匀分布细粒状碳化物和少量残留奥氏体，硬度为 61～65 HRC。轴承钢的应用如图 6-21 所示。

轴承钢的牌号、化学成分、热处理规范及用途见表 6-8。

图 6-21 轴承钢制造的各类轴承

表 6-8 轴承钢的牌号、化学成分、热处理规范及用途

牌 号	含碳量 w_C/%	热处理/℃		回火后硬度 HRC	用 途
		淬火温度	回火温度		
GCr15		825～845	150～170	62～66	制造直径为 20～50mm 滚珠、滚针和内、外圈
GCr6		825～845	150～170	61～65	制造直径小于 10mm 滚珠、滚针和内、外圈
GCr9	0.95～1.10	825～845	150～170	61～65	制造直径小于 20mm 滚珠、滚针和内、外圈
GCr15SiMn		820～840	150～180	≥62	制造直径大于 50mm 滚珠、滚针和内、外圈
20Cr2Ni4	0.2	900～920	150～180	60～64	渗碳轴承钢，制造承受很大冲击或特大型轴承
68Cr17	0.68	1010～1070	150～180	56～58	马氏体不锈钢，淬火回火后冷处理，制造耐腐蚀的不锈钢轴承

【经验积累】滚动轴承钢的加工工艺路线：下料→锻造→预备热处理（球化退火）→机械粗加工→淬火→低温回火→磨削加工（精加工）→低温回火→检验→入库。

任务八 了解常用特殊性能钢与应用

●知识目标

了解常用特殊性能钢的牌号与性能。

●能力目标

能正确选用特殊性能钢。

特殊性能钢指具有特殊的物理性能和化学性能，如不锈钢、耐热钢、耐磨钢、低温钢、电工钢等，近年来发展迅速，在工业上应用越来越广泛，尤其是不锈钢。

1. 了解不锈钢的性能与应用

不锈钢以美观、不锈、耐蚀性为主要特性，且铬的质量分数至少为 10.5％，碳的质量分数最大不超过 1.2％，属于特殊质量合金钢。不锈钢牌号的表示方法与合金结构钢的牌号基本相同，只是当 $w_c \geqslant 0.04\%$ 时，推荐取两位小数，如 10Cr17Mn9Ni4N，10 表示 $w_c = 0.1\%$。当 $w_c \leqslant 0.03\%$ 时，推荐取 3 位小数，如 022Cr17Ni7N4，022 表示 $w_c = 0.022\%$ 等。

不锈钢的化学成分特点是铬和镍的质量分数较高，使不锈钢中的铬、镍元素在氧化性介质中形成一层致密的具有保护作用的 Cr_2O_3 薄膜，覆盖不锈钢表面，防止被氧化和腐蚀。

不锈钢按使用时的组织特征分类，可分为奥氏体型不锈钢、铁素体型不锈钢、马氏体型不锈钢、奥氏体-铁素体型不锈钢和沉淀硬化型不锈钢五类。不锈钢的应用如图 6-22 所示。

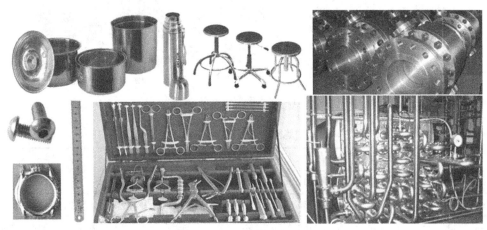

图 6-22　不锈钢制造的产品

常用不锈钢的牌号、化学成分及用途见表 6-9。

表 6-9　常用不锈钢的牌号、化学成分及用途

组织类型	牌　号	化学成分/%				应　用
		w_C	w_{Ni}	w_{Cr}	$w_{Mo/Ti}$	
奥氏体型	1Cr18Ni9Ti 1Cr18Ni9 12Cr18Ni9	0.1～0.15	8～10	17～19	<1.5	制作建筑装饰品，耐硝酸、冷磷酸、有机酸及盐碱溶液腐蚀部件，管道、容器、医疗器械等
	06Cr19Ni10	0.08	8～10	18～20	—	制作食品用设备、抗磁仪表、医疗器械、原子能工业设备及部件、化工部件等
铁素体型	10Cr17	0.12	—	16～18		制作重油燃烧部件、建筑装饰品、家用电器部件、食品用设备
	008Cr30Mo2	0.01	—	28.5～32	1.5～2.5	制作耐乙酸、乳酸等有机酸腐蚀的设备、耐苛性碱腐蚀设备
马氏体型	12Cr3	0.15	0.6	11.5～13.5		制作汽轮机叶片、内燃机车水泵轴、阀门、阀杆、螺栓，用于建筑装潢、家用电器等
	32Cr13Mo	0.28～0.35	0.6	12～14	0.5～1	制作热油泵轴、阀门轴承、医疗器械弹簧
	68Cr17	0.6～0.75	0.6	16～18	—	制作刃具、量具、滚珠轴承、手术刀片等
奥氏体-铁素体型	022Cr19Ni5Mo3Si2N	0.03	4.5～5.5	18～19	2.5～3	用于炼油、化肥、造纸、化工等工业中的热交换器和冷凝器等
	14Cr18Ni11Si4AlTi	0.1～0.18	10～12	17.5～19.5	—	用于抗高温浓硝酸腐蚀的设备和零件等

续表

组织类型	牌　号	化学成分/%				应　用
		w_C	w_{Ni}	w_{Cr}	$w_{Mo/Ti}$	
沉淀硬化型	05Cr17Ni4Cu4Nb	0.07	3～5	15～17.5	—	用于制作高硬度、高强度及耐腐蚀的化工机械设备及零件，如轴、弹簧、容器、汽轮机部件、离心机转鼓、结构件等
	07Cr15Ni7Mo2Al	0.09	6.5～7.75	14～16	2～3	

【经验积累】日常生活中使用的不锈钢主要有含铬的不锈钢，具有吸磁性；含 Cr、Ni 的不锈钢，不具有吸磁性，但具有良好的耐蚀性，价格高。因此，在选购不锈钢制品时可用磁铁进行鉴别，或注意观察含镍的不锈制品上标有"18-8"标志。

2. 了解耐热钢的性能与应用

普通钢材温度超过 560℃时，钢材表面会发生氧化反应，生成松脆多孔的氧化亚铁而起皮脱落，俗称氧化皮，造成材料强度急剧下降，表面粗糙度大幅度升高，导致零件破坏。而航空、航天发动机，内燃机及火力发电机等设备中许多零件在高温下工作，必须具有良好的耐热性。

耐热钢属于特殊质量合金钢，在高温下具有良好的化学稳定性和较高的强度。钢的耐热性包括钢在高温下具有抗氧化性和高温热强性两个方面。高温抗氧化性是指钢在高温下对氧化作用的抵抗能力；热强性是指钢在高温下对机械载荷作用的抵抗能力。

通常钢的强度随着温度的升高会逐渐下降，不同的钢材在高温条件下其强度下降的程度不同，结构钢比耐热钢下降得更快。在耐热钢中主要加入铬、硅、铝等合金元素，这些元素在高温下与氧作用，在钢材表面会形成一层致密的高熔点氧化膜，能有效地保护钢材在高温下不被氧化。另外，加入 Mo、W、Ti 等元素可以阻碍晶粒长大，提高耐热钢的高温热强性。

耐热钢按用途分为抗氧化钢、热强钢和汽阀钢。应用如图 6-23 所示。

加热炉　　井式渗碳炉　　锅炉　　内燃机排气阀

汽轮机　　气轮机叶片

图 6-23　耐热钢的应用

抗氧化钢是指在高温下能够抵抗氧和其他介质侵蚀，并具有一定强度的钢。钢中加入 Cr、

Si、Al 等合金元素，用于长期在高温下工作但强度要求低的零件，如各种加热炉内的结构件、渗碳炉构件、加热炉传送带料盘、燃汽轮机的燃烧室等。常用抗氧化钢的牌号与应用见表 6-10。

热强钢是指在高温条件下能够抵抗气体侵蚀，又具有较高强度和韧性。钢中加入 Cr、Mo、W、Ni、Ti 等元素，目的是提高钢的高温强度、韧性和耐磨性。常用热强钢的牌号与应用见表 6-10。

汽阀钢是指热强性较高的钢，用于高温下工作的汽阀、叶片。常用汽阀钢的牌号与应用见表 6-10。

表 6-10　常用抗氧化钢、热强钢和汽阀钢的牌号与应用

类　型	牌　号	工作温度	应　用
抗氧化钢	4Cr9Si2、1Cr13SiAl、26Cr18Mn12Si2N、22Cr20Mn10Ni2Si2N	<650℃	用于长期在高温下工作但强度要求低的零件，加热炉内的结构件、渗碳炉构件、加热炉传送带料盘、燃汽轮机的燃烧室
热强钢	12CrMo、15CrMo、15CrMoV、24CrMoV	<350℃	制造锅炉与锅炉钢管、热工机械转子和叶片
汽阀钢	14Cr11MoV、158Cr12MoV、	<540℃	汽轮机叶片、发动机排气阀及螺栓紧固件
	42Cr9Si2	<800℃	内燃机重载荷排气阀

3. 了解特殊物理性能钢性能与应用

特殊物理性能钢包括永磁钢、软磁钢、无磁钢、高电阻钢及其合金，属于特殊质量合金钢。

（1）永磁钢

永磁钢（硬磁钢）是指钢材被磁化后，除去外磁场后能长期保留较高剩磁的钢材，表现出不易退磁的特性。永磁钢具有与高碳工具钢类似的化学成分 $w_C=1\%$ 左右，加入的合金元素是 Cr、W、Co 和 Al 等，经淬火和回火后硬度和强度提高。用于制造无线电及通信器材里的永久磁铁装置及仪表中的马蹄形磁铁，如图 6-24 所示。

（2）软磁钢（硅钢片）

软磁钢（硅钢片）是指钢材容易被反复磁化，并在外磁场除去后磁性基本消失的钢材。软磁钢是一种碳的质量分数（$w_C \leqslant 0.08\%$）很低的铁、硅合金，硅的质量分数在 $1\% \sim 4\%$ 之间。加入硅的目的是提高电阻率，减少涡流损失，使软磁钢能在较弱的磁场强度下具有较高的磁感应强度。通常软磁钢轧制成薄片，分为电动机硅钢片（$w_{Si}=1\% \sim 2.5\%$，塑性好）和变压器硅钢片（$w_{Si}=3\% \sim 4\%$，磁性较好，塑性差），用于制作电动机的转子和定子、继电器、电源变压器等，如图 6-25 所示。软磁钢经去应力退火后不仅可以提高其磁性，而且还有利于其进行冲压加工。

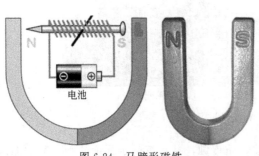

图 6-24　马蹄形磁铁

图 6-25　电源变压器

（3）无磁钢

无磁钢是指在电磁场作用下，不引起磁感或不被磁化的钢材，由于这类钢材不受磁感作用，也就不干扰电磁场。常用于制作无磁模具、无磁轴承、电动机绑扎钢丝绳与护环、变压器的盖板、电动仪表壳体与指针等，如 7Mn15Cr2Al3V2WMo 用于制作无磁模具和无磁轴承。

4. 了解低温钢的性能与应用

低温钢是用于制作工作温度在 0℃ 以下的零件和结构件的钢种。它广泛用于低温下工作的设备，如冷冻设备、制药制氧设备、石油液化气设备、航天工业用的高能推进剂液氢等液体燃料的制造设备、南极与北极探险设备等。衡量低温钢的主要性能指标是低温冲击韧性和韧脆转变温度，即低温冲击韧性越高，韧脆转变温度越低，则其低温性能越好。常用的低温钢有低碳锰钢、镍钢及奥氏体不锈钢。低碳锰钢适用于 −70～−45℃ 范围，如 09MnNiDR、09Mn2VRE 等；镍钢使用温度可达 −196℃；奥氏体不锈钢可 −269℃，如 06Cr19Ni10、12Cr18Ni9 等。

5. 了解铸造合金钢的种类与应用

铸造合金钢包括工程与结构用低合金铸钢、大型低合金铸钢、特殊铸钢三类。

一般工程与结构用低合金铸钢的牌号表示方法基本上与铸造非合金钢相同，所不同的是需要在 "ZG" 后加注字母 "D"，如 ZGD270-480、ZCD290-510、ZGD345-570 等。

大型低合金铸钢一般用于较重要、复杂，要求具有较高强度、塑性与韧性以及特殊性能的结构件，如机架、缸体、齿轮、连杆等。大型低合金铸钢的牌号是在合金钢的牌号前加 "ZG"，其后第一组数字表示低合金铸钢的万分之几碳的质量分数，随后排列的是各主要合金元素符号及其百分质量分数。常用的大型低合金铸钢（合金元素的质量分数小于 3%）有 ZG35CrMnSi、ZG34Cr2Ni2Mo、ZG65Mn 等。

特殊铸钢是指具有特殊性能的铸钢，包括耐磨铸钢（如 ZGMn13-1）、耐热铸钢（如 ZG30Cr7Si2）和耐蚀铸钢（如 ZG10Cr13），分别用于铸造耐磨件、耐热件及耐蚀件。

思考与练习

一、名词解释

1. 合金元素；2. 合金铁素体；3. 合金碳化物；4. 耐回火性；5. 二次硬化；6. 低合金钢；7. 合金钢；8. 耐候钢；9. 合金渗碳钢；10. 合金调质钢；11. 合金弹簧钢；12. 高速工具钢；13. 轴承钢；14. 不锈钢；15. 耐热钢

二、填空题

1. 合金元素在钢中主要以两种形式存在，一种形式是溶入铁素体中形成_____铁素体；另一种形式是与碳化合形成_____碳化物。

2. 低合金钢按主要质量等级分为_____、_____和_____。

3. 合金钢按质量等级可分为_____和_____。

4. 机械结构用合金钢按用途和热处理特点分为_____、_____、_____和_____。

5. 20CrMnTi 是_____，它的最终热处理方法是_____；40Cr 是_____，它的最终热处理方法是_____；60Si2Mn 是_____，它的最终热处理方法是_____。

6. 超高强度钢按化学成分和强韧化机制分类，可分为_____、_____、_____钢和_____钢四类。

7. 高速工具钢制造切削刀具和冲压模具时，为充分挖掘潜力，毛坯应_____后进行_____，经_____次回火，硬度≥_____HRC。在切削温度达_____℃时，仍能保持_____和_____。

8. 不锈钢是指以不锈、耐蚀性为主要特性，且铬含量至少为_____，碳含量最大不超过_____的钢。按不锈钢使用时的组织特征分类，可分为_____、_____、_____、_____和_____钢五类。

9. 钢的耐热性包括_____和_____两个方面。

10. 特殊物理性能钢包括_____、_____、_____、高电阻钢及其合金。

11. 常用的低温钢主要有_____、_____及_____。

12. 铸造合金钢包括一般工程与结构用低合金铸钢、_____、_____三类。

三、选择题

1. 下列牌号的金属材料中，属于合金工具钢的是_____。
   A. Q235　　　B. QT450-10　　　C. ZCuZn38　　　D. 9Mn2V

2. 下列合金钢中，属于合金渗碳钢的是_____，属于合金调质钢的是_____。
   A. 20Cr　　　B. GCr15　　　C. 38CrMoAl　　　D. CrWMn

3. 下列牌号的钢中，含碳量最高的是_____，含碳量最低的是_____。
   A. 40Cr　　　B. 20CrMnTi　　　C. T10　　　D. 9SiCr

4. 合金渗碳钢渗碳后需要进行_____后才能达到使用要求。
   A. 淬火加低温回火　　　　　　B. 淬火加中温回火
   C. 淬火加高温回火　　　　　　D. 淬火加退火

5. 将合金钢牌号归类，耐磨钢：_____；合金弹簧钢：_____；合金模具钢：_____；不锈钢_____。
   A. 60Si2MnA　　　　　　　B. ZGMn13-2
   C. Cr12MoV　　　　　　　D. 12Cr13

6. 为下列零件正确选材：机床主轴_____；汽车与拖拉机的变速齿轮_____；或振板弹簧_____；滚动轴承_____；贮酸槽_____；坦克履带_____。
   A. 12Cr18Ni9　　　　　B. GCr15　　　C. 40Cr
   D. 20CrMnTi　　　　　E. 60Si2MnA　　　F. ZGMn13-4

7. 为零件正确选材：弹簧_____；高精度丝杠_____；医用手术刀片_____；麻花钻头_____。
   A. 65Mn　　　B. CrWMn　　　C. 68Cr17　　　D. W18Cr4V

8. 在 W18Cr4V 高速钢中，W 元素的作用是_____。
   A. 提高淬透性　B. 细化晶粒　　C. 提高热硬性　　D. 固溶强化

四、判断题

1. 高合金钢既有良好的淬透性，又有良好的淬硬性。（　　　）

2. 一般合金钢都有较好的耐回火性。（　　　）

3. 大部分低合金钢和合金钢的淬透性比非合金钢好。（　　　）

4. 一般低合金高强度结构钢中合金元素的总的质量分数不超过3%。（　　　）

5. 含 Cr、Ni 元素的高耐候性结构钢在其牌号后面后缀字母"L"，如 Q345GNHL 钢。（　　　）

6. GCr15 是轴承钢，其铬的质量分数是 15％。（　　　）

7. 40Cr 是最常用的合金调质钢。（　　　）

五、简答题

1. 低合金钢、合金钢与碳钢相比，具有哪些特点？

2. 一般来说，在碳的质量分数相同条件下，合金钢比非合金钢淬火加热温度高、保温时间长，这是什么原因？

3. 说明在一般情况下非合金钢用水淬火，而合金钢用油淬火的道理。为什么合金钢的淬透性比碳钢高？

4. 耐磨钢常用牌号有哪些？它们为什么具有良好的耐磨性和良好的韧性？并举例说明其用途。

5. 试列表比较合金渗碳钢、合金调质钢、合金弹簧钢、高碳铬轴承钢的碳的质量分数、典型牌号、常用最终热处理工艺及用途。

6. 高速工具钢有何性能特点？回火后为什么硬度会增加？

7. 不锈钢和耐热钢有何性能特点？举例说明其用途。

8. 分析下列现象：

(1) 大多数合金钢比相同含碳量的碳钢有较高的耐回火性；

(2) 高速工具钢在热锻（或热轧）后，经空冷获得马氏体组织。

9. 20CrMnTi 钢制作的汽车变速齿轮，拟改用 40 钢或 40Cr 钢经高频淬火，是否可以？为什么？

10. 为什么调质钢大多数是中碳钢或中碳合金钢？合金元素在调质钢中的作用是什么？

11. 为什么弹簧钢大多是中、高碳钢？合金元素在弹簧钢中的主要作用是什么？

12. 为什么铬轴承钢要有高的含碳量？铬在轴承钢中起什么作用？

13. 用高速工具钢制造手工锯条、锉刀是否可以？为什么？

14. 合金钢制造的刀具为什么比碳素工具钢制造的刀具使用寿命长？

15. 对量具用钢有何要求？量具通常采用何种最终热处理工艺？游标卡尺、千分尺、塞尺、卡规、块规各采用何种材料较为合适？

16. 常用不锈耐蚀钢有哪几种？为什么不锈耐蚀钢中含铬量小于 1.2％？

17. ZGMn13-1 钢为什么具有优良的耐磨性和良好的韧性？

18. 为什么高速工具钢淬火温度为 1280℃，并要经 560℃ 三次回火？560℃ 回火是否是调质，为什么？

六、应用题

1. 说明下列牌号属于哪种钢，并说明其数字和符号含义，每个牌号的用途各举实例 1～2 个：Q345 钢；20CrMnTi 钢；40Cr 钢；GCr15 钢；60Si2Mn 钢；ZGMn13-2 钢；W18Gr4V 钢；1Cr18Ni9Ti 钢；12Cr13 钢；9SiCr 钢；CrWMn 钢；9Mn2V 钢；50CrVA。

2. 现有 35mm×20mm 两根轴，一根为 20 钢经 920℃ 渗碳后直接水淬及 180℃ 回火，表面硬度为 58～62HRC；另一根为 20CrMnTi 钢，经 920℃ 渗碳后直接油淬，－80℃ 冷处理后 180℃ 回火，表面硬度 60～64 HRC。试问这两根轴的表层和心部组织与性能有何区别？为什么？

课题七

掌握常用铸铁的性能与应用

铸铁是含碳量 $w_C = 2.11\% \sim 6.69\%$ 的铁碳合金。工业上常用的铸铁，含碳量一般在 $2.5\% \sim 4.0\%$ 的范围内，此外还含有硅（Si）、锰（Mn）、硫（S）、磷（P）等元素。铸铁比钢含有更高的碳和硅，并且硫、磷杂质含量较高。铸铁价格低廉，易于制取，而且具有一些特殊性能，因此，在农业机械、汽车制造业及机床和重型机械中得到广泛应用。工业上常用铸铁型号有灰铸铁、球墨铸铁、可锻铸铁及蠕墨铸铁等。

任务一　掌握铸铁的分类与通用性能

● 知识目标

掌握铸铁的分类与石墨化影响。

● 能力目标

能分析铸铁石墨化对性能的影响。

1. 熟悉铸铁的分类

（1）根据铸铁在结晶过程中碳的存在形式分类

① 白口铸铁。铸铁中的碳以游离碳化物形式出现，断口呈银白色，故称白口铸铁。由于内部大量硬而脆的渗碳体存在，因此，其硬度高，脆性大，切削加工困难。工业上较少用来制造零件，主要作为炼钢原料及高硬度、高耐磨的轧辊、球磨机磨球。

② 灰铸铁。铸铁中的碳以片状石墨形式析出，断口呈暗灰色，故称灰铸铁。用于机械制造、冶金、石油化工和交通等行业。

③ 麻口铸铁。铸铁中的碳部分以游离碳化物形式析出，部分以石墨形式析出的铸铁，断口呈灰白相间颜色，故称麻口铸铁。性能硬而脆，较少使用。

（2）根据铸铁中石墨形态的存在形态分类

根据铸铁中石墨形态的存在分为灰铸铁、球墨铸铁、可锻铸铁、蠕墨铸铁。

2. 掌握铸铁的组织与性能

铸铁组织由石墨和金属基体两部分组成，金属基体可能是铁素体、珠光体或铁素体加珠光体，相当于刚的组织。而石墨是碳原子以游离态构成的松软组织，其强度很低，塑性韧性接近于零，铸铁内部的石墨犹如裂纹和空洞。

铸铁中石墨的存在割裂了金属基体，破坏金属基体的连续性，严重削弱了金属强度、塑性和韧性。但是，铸铁也有钢所不及的优良性能，在工业上得到广泛应用，如图 7-1 所示。

（1）铸造性能好。铸铁比钢的熔点低，结晶区间小，收缩小，流动性好，铸造性能好。适合浇注复杂零件和毛坯

（2）切削加工性好。铸铁中石墨割裂了金属基体的连续性，切屑易断裂，且石墨对刀具有润滑作用，降低刀具磨损。

（3）减摩性能好。铸铁中石墨具有润滑作用，与其他金属表面摩擦时，会从铸铁表面脱落形成空隙，这些空隙能吸附和储存润滑油形成油膜，降低磨损。常用来制造机床导轨，制动片，炒锅等。

（4）减振性能好。铸铁在受到振动时石墨能起缓冲作用，阻止振动的传播，并把振动转变为热能，减振能力比钢大 10 倍，因此，用来制造承受振动的机床床身、支架及底座。

（5）缺口敏感性能好。钢制零件有键槽、油孔和刀痕等缺口时，会造成应力集中，显著降低力学性能，缺口敏感性较大。而铸铁中石墨相当于很小的缺口，对外加的缺口不敏感。

（6）铸铁资源丰富、价格便宜、成本低廉。

3. 了解铸铁的石墨化及影响因素

铸铁中碳以石墨形式析出的过程称为石墨化。石墨具有特殊的简单六方晶格，如图 7-1 所示，由于面间距较大，结合力较弱，结晶形态容易发展成为片状，因此，石墨的强度、塑性和韧性都很低。

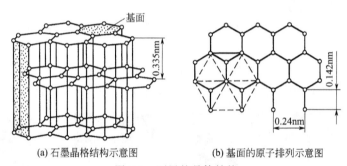

(a) 石墨晶格结构示意图　　　(b) 基面的原子排列示意图

图 7-1　石墨的晶体结构

（1）铸铁石墨化的途径

铸铁中的石墨可以从液态中直接结晶出或从奥氏体中直接析出，也可以先结晶出渗碳体，再由渗碳体在一定条件下分解而得到，即 $Fe_3C \rightarrow 3Fe + C$，如图 7-2 所示。

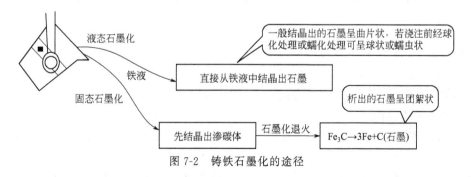

图 7-2　铸铁石墨化的途径

（2）影响石墨化的因素

① 铸铁成分的影响。一类是促进石墨化的元素，有碳、硅、铝、镍、铜和钴等，其中

碳和硅对促进石墨化作用最为显著。铸铁中碳、硅含量越高，其内部析出的石墨量就越多，石墨片也越大。另一类是阻碍石墨化的元素，有铬、钨、钼、钒、锰、硫等。

② 冷却速度的影响。当铸铁结晶时，冷却速度越缓慢，就越有利于石墨扩散，使石墨析出的越多、越充分；在快速冷却时碳原子无法扩散，则阻碍石墨化，促进白口化。铸件的冷却速度主要取决于壁厚和铸型材料。铸件越厚、铸型材料散热性能越差，铸件的冷却速度就越慢，越有利于石墨化。

任务二　掌握灰铸铁的性能与用途

● 知识目标

掌握灰铸铁的性能与热处理方法。

● 能力目标

能在工程中正确选用灰铸铁。

1. 熟悉灰铸铁的化学成分、显微组织和性能

（1）灰铸铁的化学成分

$w_C = 2.5\% \sim 4.0\%$，$w_{Si} = 1.0\% \sim 2.5\%$，$w_{Mn} = 0.5\% \sim 1.4\%$，$w_P \leqslant 0.3\%$，$w_S \leqslant 0.15\%$。

（2）灰铸铁的显微组织

由于化学成分和冷却速度的影响，灰铸铁在室温下的显微组织有三种类型，即铁素体 F＋片状石墨 G，铁素体 F＋珠光体 P＋片状石墨 G 和珠光体 P＋片状石墨 G，如图 7-3 所示。

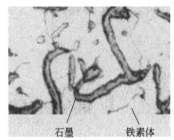
石墨　　铁素体
(a) 铁素体灰铸铁显微组织

石墨　　球光体　铁素体
(b) 铁素体+珠光体灰铸铁显微组织

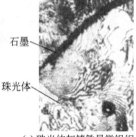
石墨
珠光体
(c) 珠光体灰铸铁显微组织

图 7-3　灰铸铁的显微组织

（3）灰铸铁的性能和孕育处理

① 性能。力学性能中抗拉强度、塑性、韧性远不如钢。而抗压强度和硬度并没有明显降低；切削性能良好，刀具使用寿命高；良好的铸造性能、耐磨性能、消音减振性能以及较低的缺口敏感性等性能。

② 孕育处理（或称变质处理）。在浇注前往铁液中投加少量硅铁合金（Si75％）、硅钙合金（Si60％、Ca35％）等作孕育剂，使铁液内产生大量均匀分布的晶核，使石墨片及基体组织得到细化。目的是细化金属基体并增加珠光体数量，改变石墨片的形态和数量。经孕育处理的灰铸铁强度较高，韧性和塑性有所提高，且能够避免铸件边缘及薄壁处出现白口组织，使各部位组织和性能均匀一致。常用于力学性能要求高、截面尺寸变化大的大型铸件。

2. 掌握灰铸铁的牌号及用途

灰铸铁的牌号用"HT＋数字"表示。其中"HT"是"灰铁"两字汉语拼音的第一个字母，其后的数字表示灰铸铁的最低抗拉强度，如 HT200 表示灰铸铁，其最低抗拉强度是 200MPa。常用灰铸铁的牌号、铸件壁厚、力学性能及用途见表 7-1，灰铸铁应用实例如图 7-4 所示。

表 7-1 常用灰铸铁的牌号、铸件壁厚、力学性能及用途举例

类　　　别	牌号	铸件壁厚	力学性能		用　途　举　例
			R_m/MPa	硬度 HBW	
铁素体灰铸铁	HT100	2.5～10 10～20 20～30 30～50	130 100 90 80	110～166 93～140 87～131 82～122	适用于载荷小、对摩擦和磨损无特殊要求的不重要零件，如防护罩、盖、油盘、手轮、支架、底板、重锤、小手柄等
铁素体-珠光体灰铸铁	HT150	2.5～10 10～20 20～30 30～50	175 145 130 120	137～205 119～179 110～166 105～157	承受中等载荷的零件，如机座、支架、箱体、刀架、床身、轴承座、工作台、带轮、端盖、泵体、阀体、管路、飞轮、电动机座等
珠光体灰铸铁	HT200	2.5～10 10～20 20～30 30～50	220 195 170 160	157～236 148～222 134～200 129～192	承受较大载荷和要求一定的气密性或耐蚀性等较重要零件，如冲压模具小型模架、气缸、齿轮、机座、飞轮、床身、气缸体、气缸套、活塞、齿轮箱、制动轮、联轴器盘、中等压力阀体等
	HT250	4.0～10 10～20 20～30 30～50	270 240 220 200	175～262 164～247 157～236 150～225	
孕育铸铁	HT300	10～20 20～30 30～50	290 250 230	182～272 168～251 161～241	承受高载荷、耐磨和高气密性重要零件，如重型机床、剪床、压力机、自动车床的床身、机座、机架、高压液压件、活塞环、受力较大的齿轮、凸轮、衬套，大型发动机的曲轴、气缸体、缸套、气缸盖等
	HT350	10～20 20～30 30～50	340 290 260	199～298 182～272 171～257	

注：当一定牌号铁液浇注壁厚均匀而形状简单的铸件时，壁厚变化所造成的抗拉强度的变化，可从本表查出参考性数据；当铸件壁厚不均匀或有型芯时，此表仅能近似地给出不同壁厚处抗拉强度值，铸件设计应根据关键部位实测值进行。

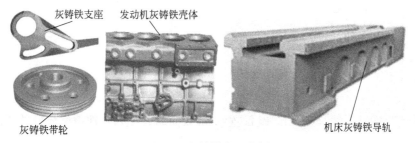

图 7-4 灰铸铁应用实例

3. 掌握灰铸铁的热处理

灰铸铁的热处理只能改变基体组织，不能改变石墨的形状、数量、大小和分布，因此对

提高灰铸铁的强度、韧性和塑性作用不大，主要用来消除应力和白口组织、改善切削加工性能、稳定尺寸、提高表面硬度和耐磨性等。

（1）灰铸铁去应力退火（时效处理）。将铸件加热到 500～600℃，保温后炉冷至 200～50℃出炉空冷。用以消除铸件在凝固过程中因冷却不均匀而产生的铸造应力，防止变形和开裂。凡大型、形状复杂或精度要求高的铸件，如机床床身，为稳定尺寸、防止变形或开裂，必须进行去应力退火。去应力退火工艺曲线如图 7-5 所示。

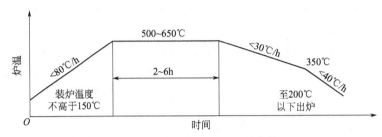

图 7-5 铸件去应力退火工艺曲线

（2）灰铸铁软化退火。铸铁件表面或某些薄壁处容易出现白口组织，需利用软化退火来消除白口组织，改善切削加工性能。方法是将铸件缓慢加热到 850～950℃，保持一定时间（1～3h），炉冷至 400～500℃出炉空冷，得到以铁素体或铁素体-珠光体为基体的灰铸铁。

（3）灰铸铁正火。将铸件加热到 850～920℃，经 1～3h 保温后，出炉空冷，得到以珠光体为基体的灰铸铁。

（4）灰铸铁表面淬火。目的是提高铸铁件（如缸体、机床导轨等）表面的硬度和耐磨性。常用的表面淬火方法有火焰淬火、感应淬火和电接触淬火等。例如，机床导轨采用电接触淬火后，其表面的耐磨性会显著提高，而且导轨变形小。铸件表面淬火前，一般需进行正火处理，以保证其获得 65% 以上的珠光体组织。铸件表面淬火后，能获得马氏体＋石墨的显微组织，表面硬度可达 55HRC。

任务三　掌握可锻铸铁的性能与用途

● 知识目标

掌握可锻铸铁的性能。

● 能力目标

能在工程中正确选用可锻铸铁。

可锻铸铁俗称玛钢、马铁。它是白口铸铁通过石墨化退火，使渗碳体分解成团絮状的石墨而获得的。

1. 掌握可锻铸铁的组织与性能

（1）可锻铸铁的化学成分

$w_C = 2.3\% \sim 2.8\%$，$w_{Si} = 1.0\% \sim 1.6\%$，$w_{Mn} = 0.3\% \sim 0.8\%$，$w_P \leqslant 0.1\%$，$w_S \leqslant 0.2\%$。

（2）可锻铸铁的显微组织

采用不同的退火工艺，可锻铸铁得到不同的组织。石墨化退火是将白口铸铁件加热到900～980℃，经长时间（30h）保温，使组织中的渗碳体分解为奥氏体和石墨（团絮状）。然后缓慢降温，奥氏体将在已形成的团絮状石墨上不断析出石墨。当冷却至共析转变温度范围720～770℃时，如果缓慢冷却，得到以铁素体为基体的黑心可锻铸铁，工艺曲线如图7-6①所示；如果在通过共析转变温度时的冷却速度较快，则得到以珠光体为基体的可锻铸铁，工艺曲线如图7-6②所示，黑心可锻铸铁和珠光体可锻铸铁的显微组织如图7-7所示。

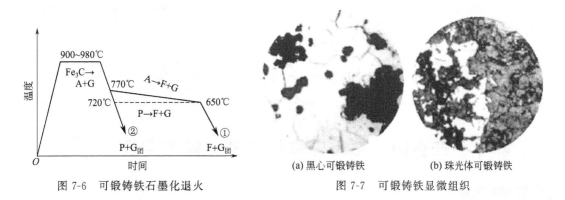

图 7-6　可锻铸铁石墨化退火　　　　　　图 7-7　可锻铸铁显微组织

（3）可锻铸铁的性能

可锻铸铁中的石墨呈团絮状，对基体的割裂作用较小，因此，它的力学性能比灰铸铁有所提高，但可锻铸铁并不能进行锻压加工。黑心可锻铸铁具有较高的塑性和韧性，而珠光体可锻铸铁则具有较高的强度、硬度和耐磨性。可锻铸铁除了退火工艺外不再进行其他热处理。

2. 掌握可锻铸铁的牌号及用途

可锻铸铁由三个字母及两组数字组成。KTZ（H、B），前两个字母"KT"表示"可铁"，第三个字母代表可锻铸铁的类别，Z、H、B分别表示珠光体、黑心、白心。后面两组数字分别代表最低抗拉强度和伸长率的数值。例如KTH300-06表示黑心可锻铸铁，其最低抗拉强度为300MPa，最低伸长率为6％。KTZ550-04表示珠光体可锻铸铁，其最低抗拉强度为550MPa，最低伸长率为4％。可锻铸铁广泛用于汽车、拖拉机、机械制造及建筑行业，用于制造复杂、承受冲击载荷的薄壁（厚度＜25mm）、中小型铸件应用实例如图7-8所示，牌号、力学性能及用途见表7-2。

图 7-8　可锻铸铁应用实例

表 7-2 可锻铸铁的牌号、力学性能及用途

类 型	牌 号	R_m/MPa	$A_{11.3}/\%$	HBW	应 用 举 例
黑心可锻铸铁	KTH300-06	≥300	≥6	≤150	用于制作管道配件，如弯头、三通、管体、阀门
	KTH330-08	≥330	≥8		用于制作钩型扳手、铁道扣板、车轮壳和农具等
	KTH350-10	≥350	≥10		用于制作汽车、拖拉机的后桥外壳、转向机构、弹簧钢板支座等，以及差速器壳、电动机壳、农具等
	KTH370-12	≥370	≥192		
珠光体可锻铸铁	KTZ550-04	≥550	≥4	180～230	用于制作曲轴、连杆、齿轮、凸轮轴、摇臂、活塞环、轴套、万向节头、农具等
	KTZ700-02	≥700	≥2	240～290	
白心可锻铸铁	KTB380-12	≥380	≥12	≤200	具有良好的焊接性和切削加工性能，用于制作壁厚小于15mm的铸件和焊接后不需进行热处理的铸件
	KTB400-05	≥400	≥5	≤220	

任务四 掌握球墨铸铁的性能与用途

● 知识目标

掌握球墨铸铁的性能。

● 能力目标

能在工程中正确选用球墨铸铁。

球墨铸铁的铁液在浇注前经球化处理而制得。球化处理的方法是在铁液出炉后、浇注前加入一定量的球化剂（稀土镁合金等）和等量的孕育剂，使石墨呈球状析出。

1. 掌握球墨铸铁的组织与性能

（1）球墨铸铁的化学成分

$w_C = 3.6\% \sim 3.9\%$，$w_{Si} = 2.0\% \sim 2.8\%$，$w_{Mn} = 0.6\% \sim 0.8\%$，$w_P \leq 0.1\%$，$w_S \leq 0.04\%$，$w_{Mg} = 0.03\% \sim 0.05\%$。

（2）球墨铸铁的显微组织

按基体显微组织的不同，球墨铸铁可分为铁素体球墨铸铁、铁素体-珠光体球墨铸铁、珠光体球墨铸铁、下贝氏体球墨铸铁四种。球墨铸铁的显微组织如图7-9所示。

（3）球墨铸铁的性能

球墨铸铁的力学性能与基体的类型以及球状石墨的大小、形状及分布状况有关。由于球状石墨对基体的割裂作用和引起应力集中现象明显减小，所以，基体的强度、塑性和韧性可以充分发挥。石墨球的圆整度越好，球径越小，分布越均匀，则球墨铸铁的力学性能越好。球墨铸铁与灰铸铁相比，有较高的强度和良好的塑性与韧性，在某些性能方面可与钢相媲美，如屈服强度比碳素结构钢高，疲劳强度接近中碳钢，而铸造性能和切削性能均比铸钢要好。此外，球墨铸铁还具有与灰铸铁相类似的优良性能，通过热处理能明显地提高力学性

能。但是，球墨铸铁的收缩率较大，流动性稍差，对原材料及处理工艺要求较高。

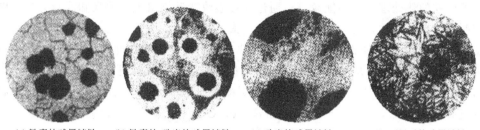

(a) 铁素体球墨铸铁　(b) 铁素体-珠光体球墨铸铁　(c) 珠光体球墨铸铁　(d) 下贝氏体球墨铸铁

图 7-9　球墨铸铁的显微组织

2. 掌握球墨铸铁的牌号及用途

球墨铸铁的牌号用"QT＋两组数字"表示。"QT"是"球铁"两字汉语拼音的第一个字母，两组数字分别代表其最低抗拉强度和最低断后伸长率。例如 QT400-15 表示球墨铸铁，其最低抗拉强度为 400 MPa，最低伸长率为 15％。球墨铸铁应用实例如图 7-10 所示。表 7-3 为部分球墨铸铁的牌号、力学性能及用途。

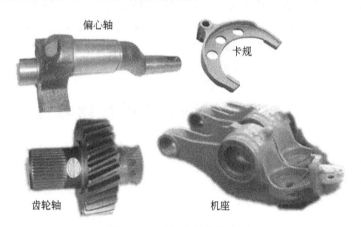

偏心轴

卡规

齿轮轴

机座

图 7-10　球墨铸铁应用实例

表 7-3　部分球墨铸铁的牌号、力学性能及用途

基体类型	牌　号	R_m/MPa	$R_{r0.2}$/MPa	$A_{11.3}$/％	HBW	应 用 举 例
铁素体	QT400-15	≥400	≥250	≥15	130～180	阀体、汽车或内燃机车上的零件、机床零件、减速器壳、齿轮壳、气轮机壳、低压气缸等
	QT450-10	≥450	≥310	≥10	160～210	
铁素体-珠光体	QT500-7	≥500	≥320	≥7	170～230	机油泵齿轮、水轮机阀门体、铁路机车车辆轴瓦、飞轮、电动机壳、齿轮箱、千斤顶座等
	QT600-3	≥600	≥370	≥3	190～270	
珠光体	QT700-2	≥700	≥420	≥2	225～305	柴油机曲轴、凸轮轴、气缸体、气缸套、活塞环、球磨机齿轮等
	QT800-2	≥800	≥480	≥2	245～335	
贝氏体或马氏体	QT900-2	≥900	≥600	≥2	280～360	冲压拉深与成形模具、汽车的螺旋锥齿轮、万向节、传动轴、拖拉机减速齿轮、内燃机的凸轮轴或曲轴等

3. 掌握球墨铸铁的热处理工艺与应用

球墨铸铁的热处理工艺性能较好，通过热处理改变基体组织，提高和改善力学性能的效果比较明显。球墨铸铁常用的热处理工艺有退火、正火、调质、贝氏体等温淬火等。

① 退火。为了得到铁素体基体的球墨铸铁，提高其塑性和韧性，改善其切削加工性能，消除内应力。退火分为去应力退火、低温退火和高温退火。低温退火是将铸件加热至 700～750℃，保温 2～8h，使珠光体分解，再随炉缓慢冷却至 600℃，出炉空冷；高温退火是将铸件加热至 900～950℃，保温 2～4h，使游离 Fe、C 分解，再随炉缓慢冷却至 600℃，出炉空冷。

② 正火。为了得到珠光体基体的球墨铸铁，提高其强度和耐磨性。工艺是将铸件加热至 840～920℃，保温 1～4h，出炉空冷。

③ 调质。为了获得回火索氏体基体的球墨铸铁，使铸件获得较高的综合力学性能，如柴油机连杆、曲轴等零件就需要进行调质。工艺是将铸件加热至 870～920℃后油淬，550～600℃保温 2～4h 进行回火，出炉空冷。

④ 贝氏体等温淬火。为了得到贝氏体基体的球墨铸铁，获得高强度、高硬度和较高的韧性。贝氏体等温淬火适用于形状复杂、易变形或易开裂的铸件，如齿轮、凸轮轴等。贝氏体等温淬火的加热温度是 850～950℃，等温温度是 350～450℃（获得的组织是上贝氏体＋残余奥氏体＋石墨）或 230～340℃（获得的组织是下贝氏体＋残留奥氏体＋石墨）。

任务五　掌握蠕墨铸铁的性能与用途

● 知识目标

掌握蠕墨铸铁的性能。

● 能力目标

能在工程中正确选用蠕墨铸铁。

在高碳、低硫、低磷的铁液中加入蠕化剂（稀土镁钛合金或稀土镁钙合金），经蠕化处理后，使石墨变为短蠕虫状的高强度铸铁。

1. 掌握蠕墨铸铁的组织与性能

（1）蠕墨铸铁的化学成分

蠕墨铸铁的原铁液一般属于含高碳硅的共晶合金或过共晶合金，化学成分为 $w_C = 3.5\% \sim 3.9\%$，$w_{Si} = 2.2\% \sim 2.8\%$，$w_{Mn} = 0.4\% \sim 0.8\%$，$w_P \leqslant 0.1\%$，$w_S \leqslant 0.1\%$。

（2）蠕墨铸铁的显微组织

蠕墨铸铁显微组织中的石墨呈短小的蠕虫状，形状介于片状石墨和球状石墨之间，如图 7-11 所示。蠕墨铸铁的显微组织有：铁素体 F＋蠕虫状石墨 G，珠光体 P＋铁素体 F＋蠕虫状石墨 G 和珠光体 P＋蠕虫状石墨 G 三种类型。

（3）蠕墨铸铁的性能

蠕虫状石墨对钢基体产生的应力集中和割裂现象明显减小，因此，蠕墨铸铁的力学性能优于基体相同的灰铸铁而低于球墨铸铁。抗拉强度和疲劳强度相当于铁素体球墨铸铁，减振性、导热性、耐磨性、切削加工性和铸造性能近似于灰铸铁。

2. 掌握蠕墨铸铁的牌号及用途

蠕墨铸铁的牌号用"RuT＋数字"表示。"RuT"是蠕铁两字汉语拼音字母，其后数字表示最低抗拉强度，如 RuT300 表示蠕墨铸铁，最低抗拉强度 300MPa。由于蠕墨铸铁具有较好的力学性能、导热性和铸造性能，因此，蠕墨铸铁常用于制造受热、要求组织致密、强度较高、形状复杂的大型铸件，如机床的立柱、柴油机的气缸盖、缸套和排气管等，如图 7-12 所示。常用蠕墨铸铁的牌号、力学性能及用途见表 7-4。

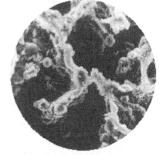

图 7-11 蠕墨铸铁的显微组织

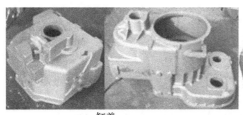

缸盖 　　　　　　　　齿轮箱

图 7-12 蠕墨铸铁应用实例

表 7-4 蠕墨铸铁的牌号、力学性能及用途

基体类型	牌号	R_m/MPa	$R_{r0.2}$/MPa	$A_{11.3}$/%	HBW	应 用 举 例
铁素体	RuT260	≥260	≥195	≥3.0	121～197	用于制造增压机废气进气壳体、汽车底盘零件
铁素体-珠光体	RuT300	≥300	≥240	≥1.5	140～217	用于制造排气管、变速箱体、气缸盖、液压件、钢锭模
铁素体-珠光体	RuT340	≥340	≥270	≥1.0	170～249	用于制造重型机床底座、齿轮箱、飞轮、起重机卷筒、制动鼓
珠光体	RuT380	≥380	≥300	≥0.75	193～274	用于制造要求强度或耐磨性高的零件，如活塞环、气缸套、制动盘
珠光体	RuT420	≥420	≥335	≥0.75	200～280	

【拓展知识】合金铸铁。常规元素硅、锰高于普通铸铁规定含量或含有其他合金元素，具有较高力学性能或某种特殊性能的铸铁，称为合金铸铁。常用的合金铸铁有耐磨铸铁、耐热铸铁及耐蚀铸铁等，其性能牌号见表 7-5。

表 7-5 合金铸铁性能牌号与应用

类型		牌 号	组织与性能	工作环境	应 用
耐磨铸铁	减摩铸铁	磷铸铁、铬钼铜铸铁	组织为软基体上均匀分布着硬组织。磨损小、摩擦因数小、导热性好、切削加工性好	在润滑条件下工作	机床导轨，发动机的气缸套、活塞环、轴承
	抗磨铸铁	合金白口铸铁、中锰球墨铸铁、冷硬铸铁	具有均匀的高硬度组织，内部组织一般是莱氏体、马氏体、贝氏体等	在无润滑、干摩擦条件下工作	冲压拉深与成形模具、犁铧、轧辊、抛丸机叶片、球磨机磨球、拖拉机履带板、发动机凸轮

续表

类型	牌　　号	组织与性能	工作环境	应　　用
耐热铸铁	用"RT"（热铁）表示，如 RTSi5、RTCr16。有字母"Q"，表示耐热球墨铸铁如 QTSi4Mo	为提高耐热性，向铸铁中加入硅、铝、铬等合金元素，使铸铁表面形成一层致密的 SiO_2、Al_2O_3、Cr_2O_3 等氧化膜，阻止氧化性气体渗入铸铁内部产生内氧化，抑制铸铁的生长	在高温条件下工作	制作工业加热炉附件，如炉底板、炉条、烟道挡板、废气道、传递链构件、渗碳坩埚、热交换器、压铸模等
耐蚀铸铁	用"ST"（蚀铁）表示。如高硅耐蚀铸铁（STSi5RE、STSi5Mo3RE，RE 是稀土代号）、高硅钼耐蚀铸铁、高铝耐蚀铸铁、高铬耐蚀铸铁、镍铸铁	耐化学、电化学腐蚀。通常加入的合金元素是硅、铝、铬、镍、钼、铜等使铸铁表面生成一层致密稳定的氧化物保护膜，从而提高耐蚀铸铁的耐腐蚀能力	在有腐蚀介质环境中工作	用于化工机械，如管道、阀门、耐酸泵、离心泵、反应锅及容器

思考与练习

一、名词解释

1. 白口铸铁；2. 可锻铸铁；3. 灰铸铁；4. 球墨铸铁；5. 蠕墨铸铁；6. 合金铸铁

二、填空题

1. 根据铸铁中碳的存在形式，铸铁分为_____、_____、_____；根据铸铁中石墨形态分为_____、_____、_____、_____等。

2. 铸铁具有良好的_____、_____、_____、_____及低的_____等。

3. 按钢基体显微组织的不同，球墨铸铁可分为_____F＋球状石墨 G，铁素体 F＋珠光体 P＋球状石墨 G 和_____P＋球状石墨 G 三种。

4. 球墨铸铁常用的热处理工艺有_____、_____、_____、贝氏体等温淬火等。

5. 可锻铸铁是由一定化学成分的_____经石墨化_____，使_____分解获得_____石墨铸铁。

6. 常用的合金铸铁有_____、_____及_____等。

三、选择题

1. 为提高灰铸铁的表面硬度和耐磨性，采用_____热处理方法效果较好。

　　A. 电接触淬火　　　　B. 等温淬火　　　　C. 渗碳后淬火加低温回火　　　　D. 调质

2. 球墨铸铁经_____可获得铁素体基体组织，经_____可获得贝氏体基体组织。

　　A. 退火　　　　　　　B. 正火　　　　　　C. 贝氏体等温淬火

3. 零件选材：机床床身_____，汽车后桥外壳_____，柴油机曲轴_____，排气管_____。

　　A. RuT300　　　　　B. QT700-2　　　　C. KTH350-10　　　　　　　　D. HT300

4. 为下列零件正确选材：轧辊_____，炉底板_____，耐酸泵_____。

　　A. STSi5Mo3RE　　　B. RTCr16　　　　C. 抗磨铸铁

5. 下列牌号的铸铁中，性能最好，甚至可"以铁代钢"的是_____。

　　A. RuT340　　　　　　　　　　　　　B. QT900-2

　　C. HT200　　　　　　　　　　　　　D. KTZ650-02

四、判断题

1. 灰铸铁在承受压应力时，由于石墨不会缩小有效承载面积和不产生缺口应力集中现象，故灰铸铁的抗压强度与钢材相近。（　　）

2. 热处理可以改变灰铸铁的基体组织，但不能改变石墨的形状、大小和分布情况。（　　）

3. 可锻铸铁比灰铸铁的塑性好，因此，可以进行锻压加工。（　　）

4. 厚壁铸铁件的表面硬度总比其内部高。（　　）

5. 可锻铸铁适用于制作厚壁大型铸件。（　　）

6. 白口铸铁件的硬度适中，易于进行切削加工。（　　）

7. 铸铁的减振性和耐磨性比碳钢好，一般用来制造各类机床底座。（　　）

五、简答题

1. 什么是铸铁？它与钢相比有什么优点？

2. 试分析石墨对铸铁性能的影响。影响铸铁石墨化的因素有哪些？

3. 铸铁的抗拉强度和硬度主要取决于什么？如何提高铸铁的抗拉强度和硬度？铸铁的抗拉强度高，其硬度是否也一定高？为什么？

4. 灰铸铁的热处理有哪些方法？其作用是什么？

5. 球墨铸铁是如何获得的？它与相同基体的灰铸铁相比，其突出的性能特点是什么？

6. 常用铸铁有哪几种类型的基体组织？为什么会出现这些不同的钢基体组织？

六、应用题

1. 下列牌号各表示什么铸铁？牌号中的符号和数字表示什么意义？

① HT250　② QT400-15　③ KTH350-10　④ KTZ550-04　⑤ KTB380-12

⑥ RuT420　⑦ RTSi5RE

2. 下列构件可选用什么铸铁材料制造？简述理由。

台虎钳；汽车缸体；扳手；法兰；换热器；球磨机的磨球；吸淤泵体

课题八

合理选用非铁金属及其合金

除钢铁材料以外的其他金属材料统称为非铁金属（或称有色金属）。非铁金属种类繁多，冶炼困难，价格较高。应用较广的是铝、镁、铜、锌、锡、铅、镍、钛、金、银、铂、钒、钼等金属及其合金以及滑动轴承合金等。与钢铁材料相比，非铁金属具有某些特殊的性能，因而成为现代工业不可缺少的材料，广泛应用于机械制造、航空、航海、汽车、石化、电力、电器、核能及计算机等行业。本课题重点研究铝、铜、锌、钛及其合金的性能和用途。

任务一　掌握铝及其合金的性能与应用

●知识目标

掌握铝及其合金的性能、特点和用途。

●能力目标

在工程上能正确选用铝及铝合金。

铝是大自然赐予人类丰富实用的金属盛宴，在地球上的储存量比铁还多，当前铝及铝合金的产量仅次于钢铁，是非铁金属中应用最多的金属材料，优良的使用性能和加工性能，广泛用于电子、电气、机电、车辆、化工、航空、航天等领域。

1. 掌握纯铝的性能、牌号及用途

（1）纯铝的性能特点

纯铝是银白色金属，具有良好的导电、传热性及延展性的轻金属。铝中加入少量的铜、镁、锰等，形成坚硬的铝合金。

① 密度小（$2.7 \times 10^3 \, kg/m^3$），仅为铁的 1/3，属于轻金属。

② 导电性（为铜的 62%，以质量比较则是铜的 2 倍）与导热性好，仅次于银和铜。磁化率低（不上磁）。

③ 抗大气腐蚀性能好。表面形成一层致密的氧化膜，隔绝大气防止腐蚀，但不耐酸、碱和盐等介质的腐蚀。

④ 塑性好（$A_{11.3} = 50\%$，$Z = 80\%$），加工性能好。可加工成各种型材，如丝、线、箔、片、棒、管等。

⑤ 缺点是强度（$R_m = 80 \sim 100 \, MPa$）和硬度（20HBW）低，熔点低（660℃），不能进行热处理强化。

（2）纯铝的牌号和用途

根据 GB/T 16474—2011《变形铝及铝合金牌号表示方法》的规定，牌号第一位数字表示变形铝及铝合金的组别，见表 8-1。纯铝的牌号用 1×××四位数字或四位字符表示，以 1 开头，第二位字母表示成分状况（A 表示原始合金），第三、四位表示铝的质量分数小数点后两位数。如 1A99 表示 w_{Al}＝99.99％纯铝。1A97 表示 w_{Al}＝99.97％的纯铝。

纯铝主要用于熔炼铝合金，制造电线、电缆、电器元件、换热器件，以及要求制作质轻、导热与导电、耐大气腐蚀但强度要求不高的机电构件等，如图 8-1 所示。

表 8-1　铝及铝合金的组别

组　　别	牌号系列
纯铝（铝含量不小于 99.00％）	1×××
以铜为主要合金元素的铝合金	2×××
以锰为主要合金元素的铝合金	3×××
以硅为主要合金元素的铝合金	4×××
以镁为主要合金元素的铝合金	5×××
以镁和硅为主要合金元素并以 Mg_2Si 为强化相的铝合金	6×××
以锌为主要合金元素的铝合金	7×××
以其他合金元素为主要合金元素的铝合金	8×××
备用合金组	9×××

2. 掌握铝合金的性能、牌号及用途

铝合金是向纯铝中加入一种或几种其他元素（如铜、镁、硅、锰、锌等）构成的合金。铝合金具有较高强度，若再经过冷加工或热处理，抗拉强度达到 500MPa 以上，且具有良好的耐蚀性、压力和切削加工性，因此，在航空和航天工业中得到广泛应用。

纯铝箔　　　　　纯铝丝　　　　　纯铝管

图 8-1　纯铝的应用

（1）铝合金的分类

根据铝合金成分和工艺特点，可将铝合金分为变形铝合金（压力加工铝合金）和铸造铝合金两类，如图 8-2 所示。

（2）铝合金的热处理与强化方法

① 铝合金的热处理。处理方法有退火，淬火加时效等。退火可消除铝合金的加工硬化，恢复其塑性变形能力，消除铝合金铸件的内应力和化学成分偏析。淬火也称"固溶处理"，其目的是使铝合金获得均匀的过饱和固溶体，时效处理是使淬火铝合金达到最高强度，淬火加时效是强化铝合金的主要方法。

② 铝合金的强化方法。

a. 可热处理强化铝合金。如图 8-3 铝合金的相图中，将溶质含量在 $D \sim F$ 之间的变形铝合金加热到α相区，经保温后迅速水冷（这种淬火称固溶处理），在室温下得到过饱和的α固溶体，硬度和强度不能立即提高，而塑性与韧性显著提高。这种组织不稳定，在室温下自然放置或低温加热时，会分解出强化相而过渡到稳定状态，使强度和硬度明显提高，该现象称为时效。在室温下进行的时效称为自然时效，时效曲线如图8-4所示。在加热（100～200℃）条件下进行的时效称为人工时效。

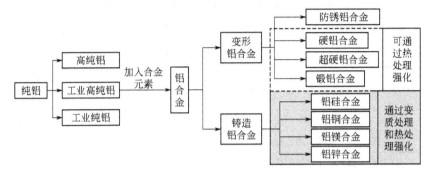

图8-2　纯铝及铝合金分类

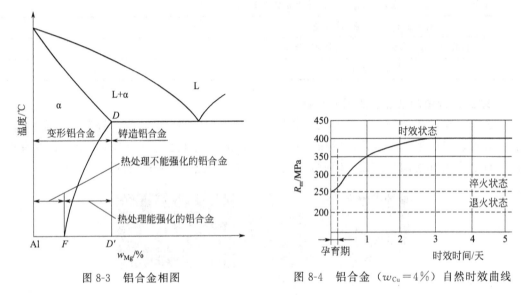

图8-3　铝合金相图

图8-4　铝合金（$w_{Cu}=4\%$）自然时效曲线

b. 不可热处理强化铝合金。该类铝合金在固态下加热与冷却都不会产生相变，只能通过冷加工的方法达到形变强化，如冷轧、压延等。

c. 铸造铝合金。具有共晶组织，但共晶体比较粗大，造成强度低、塑性与韧性差，适合于铸造加工，不适于压力加工。可采用变质处理使共晶体细化，达到铸造铝合金的强化。

（3）常用铝合金的牌号、特性与用途

表8-1所示，铝合金牌号第二位数字（国际四位数字体系）或字母（四位字符体系，除字母C、I、L、N、O、P、Q、Z外）表示对原始纯铝或铝合金的改型情况。数字"0～9"表示对杂质极限含量或合金元素极限含量的控制情况；字母"B～Y"表示对原始合金的改型情况；最后两位数字用以标识同一组中不同的铝合金。

① 常用变形铝合金的牌号、特性与用途见表8-2。应用实例如图8-5所示。

表 8-2　常用变形铝合金的牌号、特性与用途

类　别		代号	牌号	材料状态	力 学 性 能			用　途
					R_m /MPa	$A_{11.3}$ /%	HBW	
不能热处理强化铝合金	防锈铝	LF5	5A05	退火	280	20	70	焊接油箱、油管、焊条、铆钉以及中载零件及制品
		LF11	5A11	退火	280	20	70	
		LF21	3A21	退火	130	20	30	油箱、焊条、铆钉及轻载零件及制品
能热处理强化铝合金	硬铝合金	LY1	2A01	固溶处理＋自然时效	300	24	70	工作温度不超过100℃的结构用中等强度铆钉
		LY11	2A11		420	15	100	中等强度的结构件，如骨架、模锻的固定接头、支柱、螺栓和铆钉
		LY12	2A12		480	11	131	高强度结构件及小于150℃工作的零件，如骨架、铆钉
	超硬铝合金	LC4	7A04		600	12	150	结构件中高载荷零件，如飞机大梁、桁条、加强框、蒙皮、起落架
	锻造铝合金	LD5	2A50		420	13	105	形状复杂、中等强度的锻件与冲压件
		LD7	2A70		440	12	120	内燃机活塞、叶轮、涨圈和在高温下工作复杂的锻件、板材、可在高温下工作的结构件
		LD10	2A14		480	10	135	承受重载荷的锻件

防锈铝型材　　　　　　锻造铝零件　　　　　　超硬铝自行车

图 8-5　变形铝合金的应用

② 铸造铝合金的牌号。铸造铝合金的塑性较差，一般不进行压力加工，只用于成型铸造。铸造铝合金按主要合金元素的不同，分为 Al-Si 系、Al-Cu 系、Al-Mg 系、Al-Zn 系。牌号表示方法按 GB/T 8063—1994 规定，铸造非铁合金牌号由四部分组成，例如：ZAlZn11Si7 表示锌的质量分数为 11％、硅的质量分数为 7％的铸造铝合金。

常用铸造铝合金的牌号、特性与用途见表 8-3。应用实例如图 8-6 所示。

表 8-3　常用铸造铝合金的牌号、特性与用途

类型	代号	牌　号	热处理	力 学 性 能			用　途
				R_m/MPa	$A_{11.3}$/%	HBW	
铝硅合金	ZL102	ZAlSi2	固溶处理＋人工时效	143	3	50	形状复杂的零件，如仪表、抽水机壳体
	ZL101	ZAlSi7Mg		202	2	60	
	ZL107	ZAlSi7Cu4		273	3	100	
	ZL105	ZAlSi5Cu1Mg		231	0.5	70	
	ZL109	ZAlSi2Cu1Mg1Ni1		241		100	

续表

类型	代号	牌　　号	热处理	力 学 性 能			用　途
				R_m/MPa	$A_{11.3}$/%	HBW	
铝铜合金	ZL201	ZAlCu5Mn	固溶处理 + 自然时效	290	8	70	气缸头、活塞、挂架梁、支臂等
铝镁合金	ZL301	ZAlMg10		280	9	60	在大气或海水中工作的零件，能承受较大振动载荷
铝锌合金	ZL401	ZAlZn1Si7		241	1.5	90	压力铸造零件，工作温度不超过200℃，结构形状复杂的汽车、飞机零件

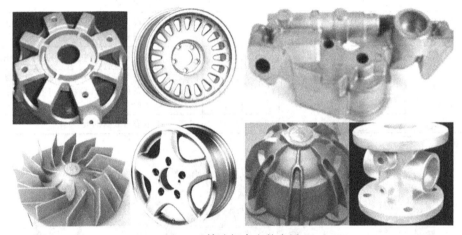

图8-6　铸造铝合金的应用

【史海觅踪】铝是地壳中储存量最丰富的金属（7.0%），因铝的化学性质活泼，在自然界铝以稳定的化合态存在，如氧化铝（Al_2O_3），由于氧化铝的熔点达到2054℃，因而早期制铝比较困难。铝是1827年被发现的，直到1886年铝的冶炼难关由美国一位年轻的大学生霍尔攻克的。当时22岁的霍尔在美国奥柏林学院化学系学习。一天，学院的一位教授在上课时讲道："铝的性能非常优异，是一种大有前途的金属，但目前还未找到价格低廉的冶炼方法。"言者无意，听者有心，年轻聪明的霍尔决定攻克这一难关。他收集了炼铝的原料及实验用品，在家中的柴房做起了实验。他借鉴了前人的冶炼活泼金属的方法——电解法，经过一次次的实验，将氧化铝和冰晶石混合，把氧化铝的熔点降到1000℃左右，在熔融的氧化铝中通入直流电，终于成功冶炼得到金属铝。为了纪念霍尔的功绩，至今这块铝还珍藏在美国制铝公司中。

任务二　掌握铜及其合金性能与应用

●知识目标

掌握铜及其合金的性能、特点和用途。

●能力目标

在工程上能正确选用铜及铜合金。

铜元素在地球中的储量较少，但铜及其合金却是人类历史上使用最早的金属。人类历史就经历了以它命名的青铜器时代。工业上常用的铜及铜合金有纯铜、黄铜、青铜及白铜等。

1. 掌握工业纯铜的性能、牌号及用途

工业纯铜（加工铜 Cu）呈玫瑰红色，表面形成氧化铜膜后呈紫红色，俗称紫铜。由于工业纯铜是用电解方法提炼出来的（纯度 99.7％～99.95％），又称电解铜。

（1）工业纯铜的性能

工业纯铜的熔点为 1083℃，密度是 $8.96 \times 10^3 \text{kg/m}^3$，其晶格是面心立方晶格。纯铜具有良好的导电性、导热性（仅次于银）和抗磁性。纯铜在含有 CO_2 的湿空气中，其表面容易生成碱性碳酸盐类的绿色薄膜 $[CuCO_3 \cdot Cu(OH)_2]$，俗称铜绿。加工铜的抗拉强度不高（$R_m = 200 \sim 300 \text{MPa}$），硬度较低（30～40HBW），塑性（$A_{11.3} = 45\% \sim 50\%$）与低温韧性较好，易于压力加工。纯铜没有同素异构转变现象，经冷塑性变形后可提高其强度，但塑性有所下降。

纯铜的化学稳定性较高，在非工业污染的大气、淡水等介质中均有良好的耐蚀性，在非氧化性酸溶液中也能耐腐蚀，但在氧化性酸（如 HNO_3、浓 H_2SO_4 等）溶液以及各种盐类溶液（包括海水）中则容易受到腐蚀。

（2）加工铜的牌号及用途

纯铜的牌号用汉语拼音字母"T"加顺序号表示，有 T1、T2、T3 三种，顺序号数字越大，则其纯度越低。铜中常含有铅、铋、氧、硫和磷等杂质元素，它们对铜的力学性能和工艺性能有很大的影响，尤其是铅和铋的危害最大，容易引起热脆和冷脆现象。由于铜的强度低，不宜作为结构材料使用，主要用于制造电线、电缆、电子器件、导热器件，以及作为冶炼铜合金的原料等。纯铜的牌号、化学成分和用途举例见表 8-4。铜及铜合金分类如图 8-7 所示，应用如图 8-8 所示。

表 8-4　纯铜的牌号、化学成分和用途

组别	牌号读法	牌号	化学成分/％			用　　途
			w_{Cu}	w_{Bi}	w_{Pb}	
纯铜	一号铜	T1	≥99.95	0.001	0.003	导电、导热、耐腐蚀器具材料，如电线、化工用蒸发器、雷管、贮藏器等
	二号铜	T2	≥99.90	0.001	0.005	
	三号铜	T3	≥99.70	0.002	0.010	用作一般铜材，如电器开关、铜铆钉等
无氧铜	零号无氧铜	TU0	≥99.99	0.0001	0.0005	真空电子器材，高导电性导线和元件，实验材料等
	一号无氧铜	TU1	≥99.97	0.001	0.003	
	二号无氧铜	TU2	≥99.95	0.001	0.004	

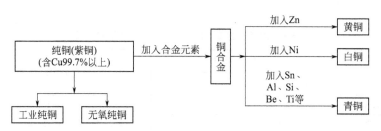

图 8-7　铜及铜合金的分类

图 8-8 纯铜的应用实例

2. 掌握常用铜合金的性能与应用

在纯铜中加入 Zn、Sn、Al、Mn、Ni、Fe、Ti 等元素制成铜合金, 既保持了铜的优良特性, 又有较高的强度。在电器电子工业、机械制造、能源电力、建筑装饰及耐磨耐蚀等领域得到广泛使用。

铜合金按合金的化学成分可分为黄铜、青铜和白铜三类; 按生产方式分为加工铜合金和铸造铜合金。

（1）黄铜

① 黄铜分类。黄铜是指以铜为基体金属, 以锌为主加元素的铜合金, 具有良好的机械性能, 易加工成形, 对大气、海水有相当好的抗蚀能力。按所含合金元素的种类分为普通黄铜和特殊黄铜。普通黄铜是由铜和锌组成的铜合金; 在普通黄铜中再加入其他元素所形成的铜合金称为特殊黄铜, 如铅黄铜、锰黄铜、铝黄铜、镍黄铜、铁黄铜、锡黄铜、硅黄铜等。根据生产方法的不同, 黄铜又可分为加工黄铜与铸造黄铜两类。

② 黄铜牌号。普通黄铜牌号用汉语拼音首字母"H"＋铜的平均质量分数。例如：H62 表示含铜 62%, 其余为 Zn 的普通黄铜。普通黄铜组织与力学性能曲线如图 8-9 所示, 应用实例如图 8-10 所示。常用普通黄铜的牌号、力学性能和用途见表 8-5。

特殊黄铜牌号：H＋主加元素符号（除锌外）＋平均含铜量＋主加元素平均含量。例如：HMn58-2, 表示含铜量为 58%、含锰量为 2% 的特殊黄铜。

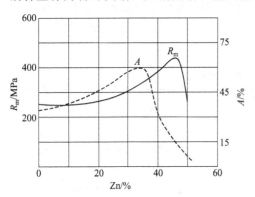

图 8-9 普通黄铜组织与力学性能曲线

铸造黄铜（包括普通黄铜和特殊黄铜）牌号：ZCu＋主加元素符号＋主加元素含量＋其他加入元素的元素符号及含量组成。例如：ZCuZn40Mn2, 表示主加元素锌含量 40%、锰含量 2%, 其余为铜含量 58%。

表 8-5 常用普通黄铜的牌号、力学性能和用途

类别	代 号	力 学 性 能			用 途
		R_m/MPa	$A_{11.3}/\%$	HBW	
普通黄铜	H90	260/280	45/3	—	双金属片、供水和排水管、艺术品
	H70	320/660	53/3	—	冷冲压件、热交换器、弹壳、波纹管
	H62	330/600	49/3	—	散热器、垫圈、弹簧、螺栓、螺钉

续表

类别	代　　号	力 学 性 能			用　　途
		R_m/MPa	$A_{11.3}/\%$	HBW	
特殊黄铜	HPb59-1	400/650	45/16	44/80	销、轴套、螺栓、螺钉、螺母、分流器
	HAl77-2	400/650	55/12	60/170	耐蚀零件
	HSi80-3	300/600	58/4	90/110	船舶零件、水管零件
	ZCuZn40Mn3Fe1	440/490	18/14	98/108	耐海水腐蚀的零件，如船用螺旋桨等大型铸件

注：力学性能中分子为退火状态，分母为硬化状态。

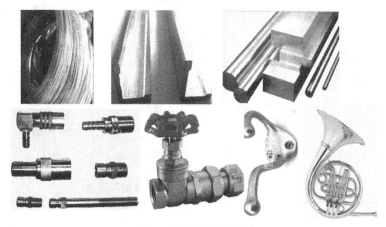

图 8-10　黄铜应用实例

（2）青铜

青铜合金是人类历史上使用最早的金属，因铜与锡的合金呈青黑色而得名。现在指除黄铜和白铜以外的铜合金。以锡为合金主加元素的青铜称为锡青铜，以铝为主加合金元素的青铜称铝青铜，此外，铍青铜、硅青铜、锰青铜、铅青铜、铬青铜、锆青铜、镉青铜、镁青铜、铁青铜、碲青铜等。与黄铜一样，各种青铜中还可加入其他合金元素，以改善其性能。根据生产方法的不同，青铜可分为加工青铜与铸造青铜两类。

1）青铜的牌号。用"Q＋主加元素符号及含量＋其他加入元素的含量"表示，"Q"是"青"字汉语拼音字首。例如：QSn4-3 表示主加元素锡含量为 4％，含锌量为 3％，其余为铜的锡青铜；QAl7 表示含铝量为 7％，其余为铜的铝青铜。

铸造青铜的牌号：ZCu＋主加元素符号＋主加元素含量＋其他加入元素的元素符号及含量组成。例如：ZCuSn5Pb5Zn5、ZCuAl9Mn2。

2）锡青铜。以锡为主要合金元素的铜合金。锡青铜具有良好的减磨性、抗磁性、低温韧性、耐大气腐蚀性（比纯铜和黄铜高）和铸造性能。锡的质量分数对锡青铜力学性能的影响如图 8-11 所示。

青铜应用实例如图 8-12 所示。其他常用青铜的牌号、

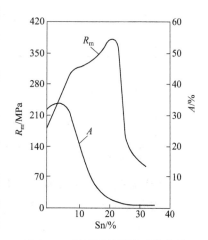

图 8-11　锡石质量分数对锡青铜力学性能的影响

力学性能和用途见表 8-6。

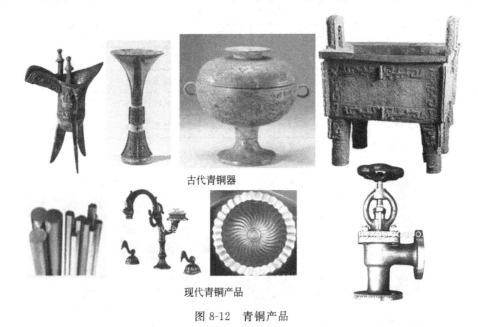

古代青铜器

现代青铜产品

图 8-12　青铜产品

表 8-6　常用青铜的牌号、力学性能和用途

类别	名称	代号	力学性能			用途
			R_m/MPa	$A_{11.3}$/%	HBW	
普通青铜	锡青铜	QSn4-3	350/550	40/3	60/160	耐磨、耐腐蚀、抗磁材料。制造电接触弹簧片、轴瓦、蜗轮、导轨
	铸造锡磷青铜	ZCuSn10P1	220/310	3/2	78/88	制造重要的减磨零件，如轴承、轴套、涡轮等零件
特殊青铜	铝青铜	QAl9-4	550/900	40/5	110/180	价格便宜，色泽美观。较高的强度和硬度、耐磨耐蚀。制造齿轮、蜗轮、轴套、阀座、船舶耐蚀零件
	铸造铝铁青铜	ZCuAl10Fe3	490/540	13/15	98/108	耐磨零件及在蒸气、海水中工作的高强度耐蚀件、导轨
	铍青铜	QBe2	550/850	40/3	90/250	具有较高的强度、硬度、弹性、耐磨耐蚀、耐疲劳性等优良的综合性能。制造塑料模具成型零件和导轨、电器弹簧片、钟表零件、波纹管
	硅青铜	QSi-1	370/700	50/3	80/180	弹簧片、耐磨零件，如齿轮

注：力学性能中分子为退火状态，分母为硬化状态。

【**史海觅踪**】1965 年在湖北省出土的越王勾践青铜剑，虽然在地下深埋了 2400 多年，但是这把剑在出土时却没有一点锈斑，光亮如新，而且刃口磨制的非常精细、锋利，能轻松划开几十层白纸。说明当时人们已掌握了金属冶炼、锻造、热处理及防腐蚀的高超技术。

（3）白铜

白铜是以铜为基体金属，以镍为主加元素的铜合金，因色白而得名。白铜具有很好的冷热加工性能，不能进行热处理强化，只能用固溶强化和加工硬化来提高强度。

白铜按化学成分为普通白铜和特殊白铜。普通白铜是由铜和镍组成的铜合金；在普通白铜中再加入其他元素所形成的铜合金称为特殊白铜，如锌白铜、锰白铜、铁白铜、铝白铜等。白铜按生产方法又分为加工白铜与铸造白铜两类。

① 普通白铜。向铜中加入镍（含镍量小于 50%）而制成的铜合金。由于铜和镍的晶格类型相同，在固态时能无限互溶，因而它具有优良的塑性，很好的耐蚀性、耐热性和特殊的电性能，因此，普通白铜是制造钱币、精密机械零件和电器元件不可缺少的材料，如图 8-13 所示。

图 8-13　白铜与合金的应用

普通白铜的牌号用"B＋数字"表示。B 是"白"字汉语拼音字首，数字表示平均含铜量的百分数。如 B19 表示平均含镍为 19%、含铜为 81% 的普通白铜。

② 特殊白铜。是在普通白铜中加入铝、铁、锰等元素而组成的合金。加入合金元素能改善白铜的力学性能、工艺性能和电热性能，并具有某些特殊性能。

特殊白铜的牌号用"B＋主加元素符号＋数字"，如 BMn3-12 表示 $w_{Ni}＝3\%$、$w_{Mn}＝12\%$、$w_{Cu}＝85\%$ 的锰白铜。

常用白铜的牌号、力学性能和用途见表 8-7。

表 8-7　常用白铜的牌号力学性能和用途

合金类别		牌　号	力学性能		特　　性	用　　途
			R_m/MPa	$A_{11.3}$/%		
普通白铜		B19	400	3	具有较好耐蚀性，良好的力学性能，高温和低温下具有较高强度及塑性	在蒸气、淡水、海水中工作的精密耐腐蚀零件，医疗器械
特殊白铜	铝白铜	BAl6-1.5	550	3	可热处理强化，有较高的强度和良好的弹性	制造耐蚀耐寒的高强度零件及弹簧
	铁白铜	BFe30-1-1	490	3	良好的力学性能，在海水、淡水、蒸气中具有较好的耐蚀性	用于海船制造中高温、高压和高速条件下工作的冷凝器
	锰白铜	BMn3-12	350	25	具有较高电阻率、低的电阻温度系数，电阻长期稳定性较好	工作温度 100℃ 以下的电阻仪器、精密电工测量仪器

任务三　掌握锌及锌合金的性能与应用

●知识目标

掌握锌及合金的性能、特点和用途。

●能力目标

在工程上能正确选用锌及锌合金。

锌及锌合金是为克服低熔点合金所存在的强度低、硬度低、寿命低的缺点而发展起来的。由于锌合金成本低，成形容易，所以用压铸法、超塑性成形法和重力铸造法制造锌合金零件和模具的数量明显增长。

1. 熟悉锌的基本性质

锌是密排六方晶体，密度 $8.6g/cm^3$，再结晶温度较低，位于室温附近，铸态组织经热加工改造后，在室温中很容易塑性变形。板、棒、线等塑性加工半成品，组织结构明显，有明显的各向异性。纯锌在干燥大气中较耐蚀，但在潮湿大气中即能发生化学反应，腐蚀速度加快。锌在淡水中相当稳定。锌与酸性有机物（如食品）接触，能产生有毒的盐类，不能用锌作食品工业的设备和用具。

2. 掌握锌合金的基本特性

锌合金的主要合金化元素有 Cu、Mg 和 Al，它们有强烈的强化效应。工业用锌合金多属于 Zn-Cu、Zn-Al 和 Zn-Al-Cu 系，比较新的还有 Zn-Ti 系合金。锌合金的特点有：

① 锌合金具有较低的摩擦因数、较高的承载能力、较高的耐磨性。

② 成本低、能量消耗少，在制成铸件时熔化能耗较低。

③ 生产周期短。锌金属熔化潜热比铝低，所以铸造周期变短。

④ 具有较高的导电导热性。

⑤ 良好的铸造成形性能，可以铸造较薄的铸件。

⑥ 非磁性及抗火花性。

3. 了解锌合金的牌号、性能和用途

锌合金的牌号和铸造铜合金牌号表示方法一样，而压铸锌合金在牌号的最后面加"Y"表示。常用的锌合金和压铸锌合金的牌号、性能和用途见表 8-8。锌的应用实例如图 8-14 所示。

表 8-8　常用锌合金和压铸锌合金的牌号、性能和用途

类别	牌　　号	代号	力 学 性 能			用　　途
			R_m/MPa	$A_{11.3}/\%$	HBW	
铸造锌合金	ZZnAl4Cu1Mg	ZA4-1	175	0.5	80	用于压铸复杂形状的铸件，适用于压铸小尺寸高强度、耐蚀性的零件
	ZZnAl4Cu3Mg	ZA4-3	220	1	90	用于压铸各种零件
	ZZnAl6Cu1	ZA6-1	180	1	80	用于硬模铸造及压铸零件
	ZZnAl9Cu2Mg	ZA9-2	275	0.7	90	代替锡青铜和低锡巴氏合金，用于复杂形状铸件及制造滑动轴承

续表

类别	牌 号	代号	力学性能			用 途
			R_m/MPa	$A_{11.3}$/%	HBW	
铸造锌合金	ZZnAl11Cu1Mg	ZA11-1	280	1	90	用于硬模铸件同 ZnAl4Cu1Mg
	ZZnAl11Cu5Mg	ZA11-5	275	0.5	80	同 ZAl9Cu2Mg，用于制造滑动轴承
压铸锌合金	ZZnAl4Y	YX040	250	1	80	用于压铸较大铸件及仪表、汽车外壳
	ZZnAl4Cu1Y	YX041	270	2	90	用于压铸零件，用于复杂形状铸件
	ZZnAl4Cu3Y	YX043	320	2	95	用于压铸各种零件

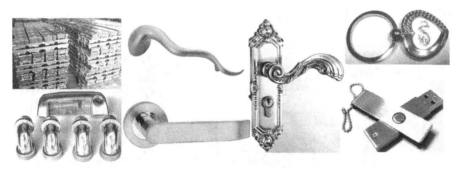

图 8-14　锌与锌合金的应用

任务四　了解钛及钛合金的性能与选用

● 知识目标

熟悉钛及钛合金的性能、特点和用途。

● 能力目标

在工程上能初步选用钛及钛合金。

钛金属在 20 世纪 50 年代才开始投入工业生产和应用，但发展和应用却非常迅速。由于钛及钛合金重量轻、比强度高、耐蚀性好、耐高温和低温韧性好、良好的冷、热加工性能等优点。所以，钛金属用于制造要求塑性高、有较高强度、耐腐蚀和可焊接的零件，广泛应用于航空、航天、化工、造船、机电产品、医疗卫生和国防等领域。

1. 熟悉纯钛的性能、牌号及用途

（1）纯钛的性能

纯钛呈银白色，密度为 4.51g/cm³，熔点为 1677℃，室温下具有密排六方晶格，热膨胀系数小，塑性好，强度较高（约为纯铝的 6 倍），容易加工成形。钛与氧和氮的亲和力较大，非常容易与氧和氮结合形成一层致密的氧化物和氮化物薄膜，其稳定性高于铝、不锈钢的氧化膜，故在许多介质中钛的耐蚀性比大多数不锈钢更优良，尤其是耐海水的腐蚀能力非常突出。钛既是良好的耐热材料（≤500℃），又是良好的低温材料（在－253℃仍然具有良好的塑性和韧性）。

（2）纯钛的牌号和用途

纯钛的牌号用"TA＋顺序号"表示，如 TA2 表示 2 号工业纯钛。纯钛的牌号有 TA1、TA2、TA3、TA4，顺序号越大，杂质含量越多。纯钛在航空和航天部门主要用于制造飞机骨架、蒙皮、发动机部件等；在化工部门主要用于制造热交换器、泵体、搅拌器、蒸馏塔、叶轮、阀门等；在海水净化装置及舰船方面制造相关的耐腐蚀零部件。但纯钛的熔点高、化学性质活泼，熔炼困难，加工和热处理过程较难，生产成本高，在工业上应用受到一定限制。

2. 了解钛合金性能与应用

为了提高钛金属在室温时的强度和在高温下的耐热性，加入铝、锆、钼、钒、锰、铁等合金元素，获得不同类型的钛合金。钛合金具有比强度高、耐蚀性好、耐热性高等特点，在航空、航天、造船、医疗及民用产品得到广泛的应用，如图 8-15 所示。

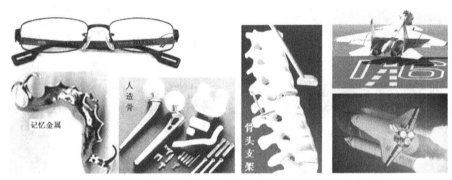

图 8-15　钛与钛合金的应用

钛合金按退火后的组织形态可分为 α 型钛合金、β 型钛合金和（α＋β）型钛合金。

钛合金的牌号用"T＋合金类别代号＋顺序号"表示。T 是"钛"字汉语拼音字首，合金类别代号分别用 A、B、C 表示 α 型钛合金、β 型钛合金、（α＋β）型钛合金。例如，TA7 表示 7 号 α 型钛合金，TB2 表示 2 号 β 型钛合金，TC4 表示 4 号（α＋β）型钛合金。

钛合金的类别、牌号、力学性能和用途见表 8-9。

表 8-9　常用钛合金的类型、牌号、力学性能和用途

类别	牌号	供应状态	力学性能		用　途
			R_m/MPa	$A_{11.3}$/%	
α 型钛合金	TA1	退火	686	12～20	400℃以下工作的零件，如飞机蒙皮、骨架零件、压气机壳体、叶片
	TA2		686	12～20	
	TA3		739～931	12～20	500℃以下工作的结构件和各种模锻件
β 型钛合金	TB2	淬火＋时效	1324	8	350℃以下工作的焊接件，如压气机叶片、轴、轮盘等重载旋转件
（α＋β）型钛合金	TC1	退火	588～735	20～25	400℃以下工作的板材、冲压和焊接零件
	TC2		689	12～15	500℃以下工作的焊接件、模锻件和经弯曲的零件
	TC3		902	10～12	400℃以下长期工作的零件，如各种锻件、各种容器、泵、低温部件、坦克履带等
	TC4		1059	8～10	400℃以下长期工作的零件，如飞机结构件、导弹发动机外壳、武器结构件等

任务五　了解轴承合金的性能与选用

● **知识目标**

熟悉滑动轴承合金的性能、特点和用途。

● **能力目标**

在工程上能初步选用滑动轴承合金。

滑动轴承一般由轴承体和轴瓦构成，轴瓦直接支承转动轴，如图 8-16 所示。与滚动轴承相比，滑动轴承具有制造、修理和更换方便，与轴颈接触面积大，载荷均匀且能承受重载，工作平稳，无噪声等优点，广泛应用于机床、汽车发动机、各类连杆、大型电动机等动力设备上。滑动轴承合金具有良好的耐磨性和减磨性，是制造滑动轴承轴瓦及其内衬的优先选择。

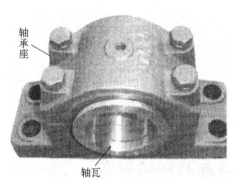

图 8-16　滑动轴承

1. 熟悉滑动轴承合金的性能

轴在轴瓦中转动，轴瓦和轴受到强烈摩擦，轴是机器上的重要部件，制造和更换比较困难，所以应尽量使轴的磨损最小，延长使用寿命，让轴瓦成为被磨损件。轴瓦材料应满足如下要求。

① 具有足够的强度、塑性、韧性和一定的耐磨性，以抵抗冲击和振动。

② 具有较低的硬度，以免轴的磨损量加大。

③ 具有较小的摩擦因数和良好的磨合性，并能在磨合面上保存润滑油，以保持轴和轴瓦之间处于正常的润滑状态。

④ 具有良好的导热性与耐蚀性。保证轴瓦在高温下不软化或熔化，又能耐油的腐蚀。

⑤ 具有良好的抗咬合性。在摩擦条件不好时，轴瓦材料与轴不会黏合或熔合。

⑥ 具有良好的工艺性，易于铸造与切削成形，且制造成本低廉。

滑动轴承合金理想的组织状态是在软的基体上分布着硬质点，或是在硬的基体上分布着软质点。滑动轴承在工作时，软的显微组织部分很快地被磨损，形成下凹区域并储存润滑油，使磨合表面形成连续的油膜，硬质点则凸出并支承轴颈，使轴与轴瓦的实际接触面积减少，从而减少对轴颈的摩擦和磨损。如图 8-17 所示。

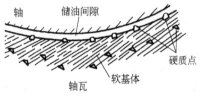

图 8-17　滑动轴承合金
组织与工作示意图

2. 了解常用滑动轴承合金的用途

常用滑动轴承合金有锡基、铅基、铜基、铝基等滑动轴承合金。铸造滑动轴承合金牌号由"字母 Z ＋基体金属元素＋主加合金元素符号及含量＋辅加合金元素符号及含量"组成。若合金元素的质量分数不小于 1%，该数字用整数表示，如果合金元素的质量分数小于 1%，不标数字，或用一位小数表示。例如，ZSnSb11Cu6 表示平均 $w_{Sb}=$

11%，$w_{Cu}=6\%$，$w_{Sn}=83\%$ 的铸造锡基轴承合金。常用滑动轴承合金性能见表8-10。

表 8-10 常用滑动轴承合金性能

类型	牌　号	抗咬合性	耐磨性	耐蚀性	耐疲劳性	硬度 HBW	轴硬度 HBW	允许压力/MPa	允许温度/℃
锡基滑动轴承合金	ZSnSb12Pb10Cu4 ZSnSb8Cu4 ZSnSb11Cu6 ZSnSb4Cu4	优	优	优	劣	20～30	150	600～1000	150
铅基轴承合金（巴氏合金）	ZPbSb16Sn16Cu2 ZPbSb15Sn10 ZPbSb15Sn5 ZPbSb10Sn6	优	优	中	劣	15～30	150	600～800	150
锡青铜	ZCuSn10Pb1 ZCuSn5Pb5Zn5	中	劣	优	优	50～100	300～400	700～2000	200
铅青铜	ZCuPb30 ZPb1Sn16Cu2	中	差	差	良	40～80	300	2000～3200	220～250
铝基滑动轴承合金	ZAlSn6Cu1Ni1 ZAlSn20Cu	劣	中	优	良	45～50	300	2000～2800	100～150
铸铁	灰铸铁	差	劣	优	优	160～180	200～250	300～600	150

任务六　了解粉末冶金的特点与制造过程

● 知识目标

　　了解粉末冶金的特点与制造过程。

● 能力目标

　　在工程上能正确选用粉末冶金制品。

　　粉末冶金以金属粉末或非金属粉末为原料，经混料、压制（成形）后高温烧结而成，根据需要再进行辅助加工和后续处理（如浸渍、熔浸、蒸气处理、热处理、化学热处理和电镀等）生产制品的一种加工工艺方法。生产效率高，零件精度高，表面粗糙度小。但金属粉末成本较高，适于压制形状简单、大批量生产的小型零件。目前，粉末冶金在机械制造、冶金、化工、交通、运输及航空航天等行业应用广泛。

1. 了解粉末冶金生产过程

　　粉末冶金与陶瓷生产有相似之处，故又称为金属陶瓷法。粉末冶金生产过程包括粉末制取、粉末配料混合、成形（制坯）、烧结及烧结后处理等，如图8-18所示。

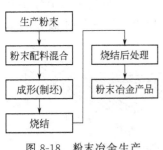

图 8-18　粉末冶金生产工艺过程

　　① 粉末制取。常用的生产方法是机械粉碎法、氧化物还原法、雾化法、气相沉积法及电解法等。不管采用哪种方法制取粉末，获得的粉末越细，烧结后制品的力学性能就越好。

② 粉末配料混合。为改善粉末的成形性和可塑性，在粉末中加入多种辅助材料，如汽油、橡胶、溶液、石蜡、硬脂酸锌等。将这些原料配好后，再经混料器混合使各种成分均匀分布。

③ 成形（制坯）。把粉末制成一定形状和尺寸的压坯，使其具有一定的密度和强度。使用最多的方法是模压成形（或称压制法）。模压成形是将混合粉末装入压模中，在压力机上压制成形的，如图 8-19 所示。

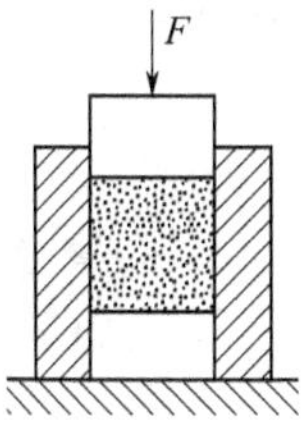

图 8-19 粉末冶金压制成形

④ 烧结。将压制成形后的坯件放入有保护气氛的高温炉或在真空炉中进行烧结，获得需要的物理性能和力学性能。通过烧结使型坯颗粒间发生扩散、熔焊、再结晶等过程，使粉末颗粒牢固地焊合在一起，使型坯的孔隙减少，密度增大，最终获得"晶体结合体"。例如，铜基制品的烧结温度为 $700 \sim 900^\circ C$，铁基制品的烧结温度为 $1050 \sim 1200^\circ C$，硬质合金的烧结温度为 $1350 \sim 1550^\circ C$。

⑤ 烧结后处理。烧结后得到的制件可以直接使用，但有时还需进行必要的后处理。若粉末冶金制件的精度和表面粗糙度不能满足要求，例如，齿轮、球面轴承、钨钼管材等烧结制件需进行精压整形处理或辅助机械加工；为了改善烧结制件的力学性能，还需要在烧结后进行热处理，如淬火或表面淬火等；对于轴承和其他粉末冶金制件，为了达到润滑或耐蚀的目的，还要浸渍其他液态润滑剂（油），这种处理方法称为浸渍；为了增加烧结件的密度、强度、硬度、可塑性或冲击韧性等，将低熔点金属或合金渗入到多孔烧结制件孔隙中去，这种处理方法称为熔渗。

2. 熟悉粉末冶金的特点

采用粉末冶金方法制造的零件尺寸精确（IT6～IT8）、表面粗糙度值小（$Ra0.8\mu m$），实现少切削加工或无屑加工，节约金属材料，提高生产率，显著降低产品的加工成本。由于粉末冶金在技术上和经济上的优越性，粉末冶金应用广泛。但粉末冶金的缺点是制品内部空隙不能完全消除，其强度比相同化学成分的铸件或锻件低 20%～30%，韧性也较低；成形过程中粉末的流动性远不如金属液，因此制品的大小和形状都受到一定限制，制品的质量通常小于 10kg；粉末冶金适用于大批量生产。

3. 掌握粉末冶金的应用

采用粉末冶金技术可以制造铁基或铜基合金的含油轴承；制造铁基合金的齿轮、凸轮、滚轮、模具；在铜基或铁基合金中加入石墨、二硫化钼、氧化硅、石棉粉末等制造摩擦离合器、制动片；用碳化钨、碳化钛、碳化铌和钴粉末制成硬质合金刀具、模具和量具；用氧化铝、氮化硼、氮化硅及合金粉末制成金属陶瓷刀具；用人造金刚石与合金粉末制成金刚石工具等；制成一些具有特殊性能的元件，如铁镍钴永磁材料、继电器上的铜钨、银钨触点及一些极耐高温的火箭和宇航零件、核工业零件等；用于制造难熔金属材料，如钨丝、高温合金、耐热材料等。粉末冶金应用如图 8-20 所示。

含油轴承材料。用粉末冶金方法将材料制成多孔性轴承，再浸渍多种润滑剂（如润滑油、二硫化钼等），使轴承具有自润性。常用的含油轴承有铁石墨轴承（质量分数：铁粉 98%、石墨粉 2%）和铜石墨轴承（质量分数：锡青铜合金粉末 99%、石墨粉 1%）两大类。生产工艺过程是：粉末混合→压制成形→烧结→整形→浸渍→成品。

含油轴承在工作时摩擦发热，使润滑油膨胀而从轴承的孔隙中被挤压到工作表面，起到润滑作用。停止运转时，轴承冷却，表面层的润滑油大部分被吸回孔隙，少部分留在摩擦表面，使轴承再运转时避免发生干摩擦，即具有一定的自润滑性。轴承中所储存的润滑油一般足够整个工作期间的消耗，无需再补充润滑油。含油轴承广泛用于汽车、农机、矿山机械、家用电器的风扇和洗衣机等轴承。

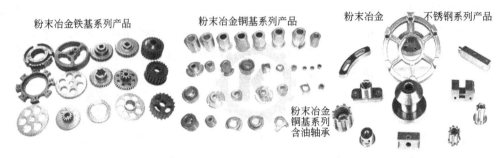

粉末冶金铁基系列产品　　　粉末冶金铜基系列产品　　　粉末冶金　不锈钢系列产品

粉末冶金
铜基系列
含油轴承

图 8-20　粉末冶金应用

金属塑料轴承材料。由粉末冶金制成的多孔性制品，经浸渍聚四氟乙烯和铅的混合物复合而成。特点是工作时不需润滑油，有较宽的工作温度范围（－20～200℃），能适应高空、高温、低温、振动、冲击等工作条件，还能在真空、水或其他液体中工作，尤其适用于严禁油类污染的环境下工作，不需维护，运行可靠。

任务七　熟悉硬质合金的特点与应用

● 知识目标

了解硬质合金的特点与应用。

● 能力目标

在工程上能正确选用硬质合金。

随着现代工业的飞速发展，机械切削加工对刀具材料、模具材料与军工产品等提出了更高的要求。平时用于高速切削的高速工具钢刀具，其热硬性已不能满足更高的使用要求；五金行业使用的高端冲模，即使是用合金工具钢制造，其耐磨性也显得不足。因此，开发和使用更为优良的新型材料——硬质合金。

1. 了解硬质合金生产过程

硬质合金是由作为主要组元的一种或几种难熔金属碳化物和金属黏结剂组成的烧结材料，属于粉末冶金生产工艺。将高硬度、难熔的碳化钨（WC）、碳化钛（TiC）、碳化钽（TaC）、碳化铌（NbC）等粉末为主要成分，金属黏结剂主要以钴（Co）粉末为主，混合均匀后放入压模中压制成形，最后经高温（1400～1500℃）烧结后形成硬质合金材料。

2. 掌握硬质合金的性能特点与应用

硬质合金的硬度高（70～92HRA），高于高速工具钢（63～70HRC）；热硬性高，在800～1000℃时，硬度可保持 60HRC 以上，远高于高速工具钢（500～650℃）；耐磨性好，比高速工具钢要高 15～20 倍；切削速度比高速工具钢高 4～10 倍，刀具寿命可提高 5～80 倍。各种刀具材料的硬度和热硬性温度比较如图 8-21 所示。

硬质合金的抗压强度比高速工具钢高，可达 6000MPa，但抗弯强度低，只有高速工具

钢的 $1/3$～$1/2$；冲击吸收能量（韧性）较低，仅为 1.6～$1.8J$，为淬火钢的 30%～50%，室温下几乎没有塑性；线胀系数小，导热性差；耐蚀、抗氧化性比钢低等特点。

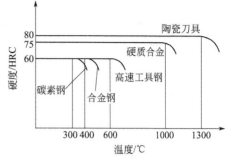

使用硬质合金可以大幅度提高工具、模具和零件的使用寿命，降低使用消耗，提高生产率和产品质量。但硬质合金中含有大量的 W、Co、Ti、Ni、Mo、Ta、Nb 等贵重金属，价格较贵。

硬质合金主要用于制造切削刀具、冷作模具、量具；耐磨零件及建筑、采矿、采煤、石油和地质钻探使用硬质合金制造钎头和钻头等。硬质合金的导热性很差，在磨削和焊接时，急热和急冷都会形成很大的热应力，甚至产生表面裂纹。硬质合金一般不能用切削方法进行加工，可采用特种加工（如电火花加工、线切割等）或金刚石砂轮磨削。硬质合金刀片采用钎焊、黏结或机械装夹方法固定在刀杆或模具体上使用。应用实例如图 8-22 所示。

图 8-21 刀具材料的硬度和热硬性温度比较

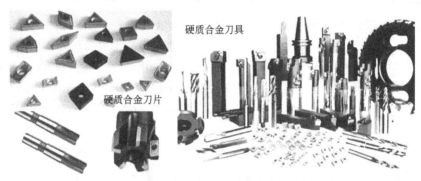

图 8-22 切削工具用硬质合金应用实例

3. 了解硬质合金的分类、代号

硬质合金按用途可分为切削工具用硬质合金；地质、矿山工具用硬质合金；耐磨零件用硬质合金。

（1）切削工具用硬质合金

根据 GB/T 18376.1—2008《硬质合金牌号 第 1 部分：切削工具用硬质合金牌号》规定，切削工具用硬质合金牌号按材质不同分为 HW、HF、HT、HC 四类，见表 8-11；按使用领域的不同分为 P、M、K、N、S、H 六类，见表 8-12。根据切削工具用硬质合金材料的耐磨性和韧性不同，又分成若干个组，并用 01、10、20、30、40 两位数字表示组号。必要时，可在两个组号之间插入一个补充组号，用 05、15、25、35 表示。

表 8-11 切削工具按材质分类

字母符号	材料组
HW	主要含碳化物（WC）的未涂层的硬质合金，粒度 $>1\mu m$
HF	主要含碳化物（WC）的未涂层的硬质合金，粒度 $<1\mu m$
HT	主要含碳化物（TiC）或氮化钛或者两者都有的未涂层的硬质合金
HC	上述硬质合金进行了涂层

注：HT 硬质合金也可称为"金属陶瓷"。

表 8-12 切削工具用硬质合金的分类和使用领域

类别	分组代码		主要成分主要成分	使用领域
	主要组别	补充组别		
P			以 TiC、WC 为基，以 Co（Ni＋Mo、Ni＋Co）的合金/涂层合金	长切屑材料的加工，如钢、铸钢、长切屑可锻铸铁等的加工
M	01、10、20、30、40	05、15、25、35	以 WC 为基，以 Co 作黏合剂，添加少量 Ti（TaC＋NbC）的合金/涂层合金	通用合金，用于不锈钢、铸钢、锰钢、可锻铸铁、合金钢、合金铸铁等的加工
K			以 WC 为基，以 Co 作黏合剂，或添加少量 TaC、NbC 的合金/涂层合金	短切屑材料的加工，如铸铁、冷硬铸铁、短切屑可锻铸铁、灰铸铁等的加工
N			以 WC 为基，以 Co 作黏合剂，或添加少量 TaC、NbC、CrC 的合金/涂层合金	非铁金属、非金属材料的加工，如铝、镁、塑料、木材等的加工
S	01、10、20、30	05、15、25	以 WC 为基，以 Co 作黏合剂，或添加少量 TaC、NbC、TiC 的合金/涂层合金	耐热和优质合金材料的加工，如耐热钢、含镍、钴、钛的各类合金材料的加工
H			以 WC 为基，以 Co 作黏合剂，或添加少量 TaC、NbC、TiC 的合金/涂层合金	硬切削材料的加工，如淬硬钢、冷硬铸铁等材料的加工

切削工具用硬质合金牌号的表示规则如图 8-23 所示。

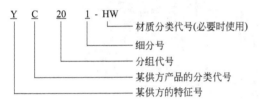

图 8-23 切削工具用硬质合金牌号的表示规则

（2）地质、矿山工具用硬质合金

地质、矿山工具用硬质合金用"G"表示，并在其后缀以两位数字组 10、20、30 等构成组别号，如 G20、G30、G40 等，根据需要还可在两个组别号之间插入一个中间代号，以中间数字 15、25、35 等表示；如果需要再细分时，则可在组代号后加一位阿拉伯数字 1、2、3 或英文字母作细分号，并用小数点"."隔开，以区别组别中的不同牌号。地质、矿山工具用硬质合金的代号和用途见表 8-13，应用实例如图 8-24 所示。

表 8-13 地质、矿山工具用硬质合金的代号和用途

分类分组代号	用途（作业条件）	性能提高方向
G05	适应于单轴抗压强度小于 60MPa 的软岩或中硬岩	
G10	适应于单轴抗压强度为 60~120MPa 的软岩或中硬岩	耐磨性 ↑ ↓ 韧性
G20	适应于单轴抗压强度 120~200MPa 的中硬岩或硬岩	
G30	适应于单轴抗压强度 120~200MPa 的中硬岩或硬岩	
G40	适应于单轴抗压强度 120~200MPa 的中硬岩或坚硬岩	↑ ↓
G50	适应于单轴抗压强度大于 200MPa 的坚硬岩或极坚硬岩	

（3）耐磨零件用硬质合金

耐磨零件用硬质合金用 LS、LT、LQ、LV 分别表示金属线、棒、管拉制用硬质合金，冲压模具用硬质合金，高温高压构件用硬质合金和线材轧制辊环用硬质合金，并在其后缀以两位数字组 10、20、30 等构成组别号，如 LS20、LT30、LQ30、LV40 等。根据需要还可在两个组别号之间插入一个中间代号，以中间数字 15、25、35 等表示；如果需要再细分时，则可在组代号后加一位阿拉伯数字 1、2、3 或英文字母作细分号，并用小数点"."隔开，以区别组别中的不同牌号。耐磨零件用硬质合金的代号和用途见表 8-14，应用实例如图 8-25 所示。

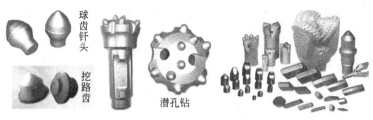

图 8-24　地质、矿山工具用硬质合金应用实例

表 8-14　耐磨零件用硬质合金的代号和用途

分类分组代号		用途（作业条件）
LS	10	适用于金属线材直径小于 6mm 的拉制用模具、密封环等
	20	适用于金属线材直径小于 20mm，管材直径小于 10mm 的拉制用模具、密封环等
	30	适用于金属线材直径小于 50mm，管材直径小于 35mm 的拉制用模具
	40	适用于大应力、大压缩力的拉制用模具
LT	10	M9 以下小规格标准紧固件冲压用模具
	20	M12 以下中、小规格标准紧固件冲压用模具
	30	M20 以下大、中规格标准紧固件、钢球冲压用模具
LQ	10	人工合成金刚石用顶锤
	20	人工合成金刚石用顶锤
	30	人工合成金刚石用顶锤、压缸
LV	10	适用于高速线材高水平轧制精轧机组用辊环
	20	适用于高速线材较高水平轧制精轧机组用辊环
	30	适用于高速线材一般水平轧制精轧机组用辊环
	40	适用于高速线材预精轧机组用辊环

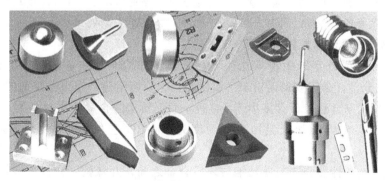

图 8-25　耐磨零件用硬质合金应用实例

【拓展知识】旧标准常用的硬质合金牌号、性能特点和用途见表8-15。

表 8-15　旧标准常用的硬质合金牌号、性能特点和用途

类别	牌号	性　能　特　点	用　　途
钨钴类硬质合金	YG3X	是目前市场的钨钴类合金中耐磨性最好的一种，但冲击韧性较差	用于铸铁、非铁金属及合金的精加工等，也适用于合金钢、淬火钢的精加工
	YG6	耐磨性较好，但低于YG3、YG3X合金；冲击韧性高于YG3，可使用的切削速度较YG8C合金高	用于铸铁、非铁金属及合金连续切削时的粗加工，间断切削时的半精加工、精加工，也可用于制作地质勘探用的钻头等
	YG6X	属于细颗粒碳化钨合金，耐磨性较YG6高，使用强度与YG6相近	用于冷硬铸铁、合金铸铁、耐热钢及合金钢的加工
	YG8	使用强度较高，抗冲击、抗振性能较YG6合金好，耐磨性较差	用于铸铁、非铁金属及其合金和非金属材料连续切削时的粗加工，也用于制作电钻、油井的钻头
钨钴钛类硬质合金	YT5	在此类合金中强度最高，抗冲击、抗振性能最好，不宜崩刀，但耐磨性较差	用于碳钢和合金钢的铸锻件与冲压件的表层切削加工或不平整断面与间断切削时的粗加工
	YT15	耐磨性优于YT5，抗冲击能力较YT5差，切削速度较低	用于碳钢和合金钢的铸锻件与冲压件的表层切削时的粗加工，间断切削时的半精加工和精加工
	YT30	耐磨性和切削速度较YT15高，使用强度、抗冲击及抗振性能较差	用于碳钢、合金钢的高速切削的精加工，小断面的精车、精镗用于不锈钢、耐热钢、高锰钢的切削加工
通用硬质合金	YW1	能承受一定的冲击载荷，通用性较好，刀具寿命长	用于不锈钢、耐热钢、高锰钢的切削加工
	YW2	耐磨性稍差于YW1，但其使用强度高，能承受较大冲击载荷	用于耐热钢、高锰钢和高合金钢等难加工钢材的粗加工和半精加工

◆ 钨钴类硬质合金（K类硬质合金）：主要成分为碳化钨及钴。其牌号用"YG＋数字"表示，数字表示含钴量的百分数。例如YG8表示钨钴类硬质合金，含钴量为8%。

◆ 钨钴钛类硬质合金（P类硬质合金）：主要成分为碳化钨、碳化钛及钴。牌号用"YT＋数字"表示，数字表示碳化钛的百分数。例如YT5表示钨钴钛类硬质合金，含碳化钛5%。

◆ 硬质合金中，碳化物含量越多，钴含量越少，则合金的硬度、热硬性及耐磨性越高，合金的强度和韧性越低。含钴量相同时，YT类硬质合金由于碳化钛的加入，合金具有较高的硬度及耐磨性，同时，合金的表面会形成一层氧化薄膜，切削不易粘刀，具有较高的热硬性；但其强度和韧性比YG类硬质合金低。

◆ 钨钛钽（铌）类硬质合金（M类硬质合金）：以碳化钽或碳化铌取代YT类硬质合金中的一部分碳化钛制成。由于加入碳化钽（碳化铌），显著提高了合金的热硬性，常用来加工不锈钢、耐热钢、高锰钢等难加工的材料。牌号用"YW＋顺序号"表示。如YW1、YW2等。

4. 了解钢结硬质合金性能与应用

钢结硬质合金是近年来用粉末法生产的新型硬质合金，它是由碳化物粉末（TiC或WC）为主要成分，合金钢或碳钢粉末（如铬钼钢、高速钢等）作为黏结剂的硬质合金。这类合金中碳化物粉末含量较低（多小于50%），而钢粉末的含量较高（多大于50%）。与一般硬质合金相比，经淬火加低温回火后硬度为70HRC左右，耐磨性较差，但韧性明显提高。

钢结硬质合金的性能介于工模具钢与硬质合金之间，并像钢一样进行锻造、切削加工、焊接和热处理。它已广泛用于制造冷作模具、形状复杂的刀具（如铣刀、钻头）及要求刚度

大、耐磨性好的零件（如镗刀杆）。由于钢结硬质合金具有良好的强韧性，用其制作的冷作模具寿命大大延长。例如用 DT 钢结硬质合金制造的硅钢片冷冲模比 YG20 硬质合金寿命长40 倍左右。常用钢结硬质合金的牌号有 YE65、YE50。钢结硬质合金应用如图 8-26 所示。

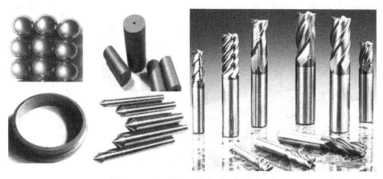

图 8-26　钢结硬质合金应用实例

思考与练习

一、名词解释

1. 黄铜　2. 白铜　3. 青铜　4. 普通黄铜　5. 特殊黄铜　6. 滑动轴承合金　7. 粉末冶金　8. 硬质合金　9. 钢结硬质合金

二、填空题

1. 纯铝是银白色的_____金属，密度是_____g/cm³，约为铁的 1/3；铝的熔点是_____℃，结晶后具有_____晶格，无同素异构转变现象，无铁磁性。

2. 变形铝合金可分为_____、_____、_____和_____。铸造铝合金按其所加合金元素的不同，可分为_____系、_____系、_____系和_____系合金等。

3. 铜合金按合金的化学成分分类，分为_____、_____和_____三类。以锌为主加元素的合金称为_____；以镍为主加元素的合金称为_____；黄铜包括_____和_____。

4. 普通黄铜是由_____和_____组成的铜合金；在普通黄铜中再加入其他元素所形成的铜合金称为_____。

5. 常用的青铜有_____、_____、_____和_____。

6. 锌是_____晶体，密度_____g/cm³。锌合金的主要合金化元素有_____、_____和 Al，它们有强烈的强化效应。

7. 钛是银白色的金属，密度是_____g/cm³，熔点是_____℃。钛及钛合金常用的退火工艺主要是_____和_____。

8. 常用的滑动轴承合金有_____、_____、_____和_____滑动轴承合金等。锡基滑动轴承合金是以_____为基础，加入_____、_____等元素组成的滑动轴承合金。

9. 粉末冶金的生产工艺过程为_____、_____、_____、_____。

10. 硬质合金按用途范围不同，可分为_____用硬质含金、_____用硬质合金和_____用硬质合金。切削工具用硬质合金按使用领域的不同，可分为_____、_____、

_____、_____、_____以及_____六类。钢结硬质合金的性能介于_____和_____之间。

三、选择题

1. 将相应牌号填入空格内，硬铝_____，防锈铝_____，超硬铝铸造铝合金_____，铅黄铜_____，铝青铜_____，铝硅合金_____。

  A. HPb59-1 B. LF2（5A02） C. LY11（2A11） D. ZAlSiTCu4
  E. LC9（7A09） F. Q Al9-4

2. LF21（3A21）按工艺特点分，是_____铝合金，属于热处理_____的铝合金。

  A. 铸造   B. 变形   C. 能强化   D. 不能强化。

3. 某一金属材料的牌号是 T3，它是_____。

  A. $w_C = 3\%$ 的碳素工具钢   B. 3 号加工铜

  C. 3 号工业纯钛

4. 可热处理强化的变形铝合金，淬火后在室温放置一段时间，则其力学性能会发生的变化是_____。

  A. 强度和硬度显著下降，塑性提高 B. 硬度和强度明显提高，但塑性下降
  C. 强度、硬度和塑性都明显提高 D. 硬度、强度和塑性均下降

5. 某一金属材料的牌号是 QSi3-1，它是_____。

  A. 硅青铜   B. 球墨铸铁   C. 钛合金   D. 黄铜

6. 将相应牌号填入空格内，普通黄铜_____，特殊黄铜_____，锡青铜_____、硅青铜_____。

  A. H90   B. QSn4-3   C. QSi1-3   D. HAl77-2

四、判断题

1. 纯铝中杂质含量越高，其导电性、耐蚀性及塑性越低。（ ）

2. 铝合金的比强度比钢要高，是汽车轻量化的主要应用材料。（ ）

3. 铝合金都能通过加工强化和热处理强化提高其强度和硬度。（ ）

4. 变形铝合金都不能用热处理强化。（ ）

5. 黄铜是人类最早使用的金属材料。（ ）

6. H80 属双相黄铜。（ ）

7. 特殊黄铜是不含锌元素的黄铜。（ ）

8. 硅青铜是以硅为主要合金元素的铜合金。（ ）

9. 滑动轴承的轴瓦为了提高耐磨性，都使用高硬度的合金钢。（ ）

10. 硬质合金硬度很高，而且能进行热处理和切削加工。（ ）

11. 钢结硬质合金硬度和强度比高速钢高，价格较便宜，是机床刀具的发展趋势。（ ）

五、简答题

1. 铝合金热处理强化的原理与钢热处理强化原理有何不同？

2. 滑动轴承合金应具备哪些主要性能？具备什么样的理想组织？

3. 制造内燃机活塞适宜选用哪类金属材料？为什么？

4. 怎样区分形变铝合金和铸造铝合金？

5. 与普通黄铜相比，铝黄铜、硅黄铜、铅黄铜的性能特点如何？

6. 白铜有哪些性能特点？白铜合金常加入的元素有哪些？它们起什么作用？

7. 锌合金有哪些特点？锌合金中普遍存在的问题是什么？可通过什么途径来改善它？

8. 钛及钛合金有哪些优、缺点？为什么钛合金越来越得到广泛的应用？

9. 轴承合金有哪些性能要求，需要配置什么样的组织？

10. 简述粉末冶金材料的加工制作过程。常见的粉末冶金材料有哪几种？它们各有什么性能特点？

11. 硬质合金与钢结硬质合金各适于制造什么零部件，其原因是什么？

六、分析题

1. 铝的吸入对人的脑组织和神经系统有损害，你的周围有哪些物品的应用受到限制？

2. 指出下列牌号合金的类别、主要合金元素含量及性能特征。

LC4；ZL102；ZL202；H68；HPb59-1；ZCuZn16Si4；QSn4-3；QBe2；ZCuSn10Pb1；ZSnSb11Cu6；LF11。

3. 用 LY11 合金冲压成要求强度高的复杂零件，加工时合金应处于什么状态？为什么？

课题九

掌握金属材料的工程选用

机电产品都是由各种各样的零件组成的，要使产品的质量高、安全性好、外观新颖、功能强、成本低，应解决好三个关键的工程问题：优良的产品结构设计、恰当的材料选择及正确的加工工艺。

任务一　认识金属材料的失效形式和预防措施

● 知识目标

掌握金属材料的失效形式和预防措施。

● 能力目标

能对金属材料的失效进行分析并采取预防措施。

【史海觅踪】1958 年，被认为在设计、制造和材料上都万无一失的美国北极星导弹，在发射时爆炸，震惊了世界科学界。由此，断裂分析、失效分析及预防预测成为一门新兴学科。随着科技的进步，人类生产和生活的领域越来越广泛，失效造成的灾难越来越巨大。

1. 认识金属材料的失效形式及预防措施

系统、设备、工件等产品丧失额定功能的现象称为失效。对于装备上的零件来说，失效是因某种原因而导致其尺寸、形状或材料的组织与性能发生变化而不能圆满地完成指定的功能。

失效的分类可以按失效模式——失效的外在宏观表现和规律进行，也可以按失效机理——引起失效的微观物理、化学变化过程的本质进行。失效的类型主要有：

（1）畸变失效

畸变是指在某种程度上减弱了工件规定功能的变形。从变形的形貌上看，畸变有两种基本类型：尺寸畸变或体积畸变（长大或缩小）和形状畸变（如弯曲或翘曲）。例如，受轴向载荷的连杆可产生轴向拉、压变形；轴的弯曲、壳体的翘曲变形等，如图 9-1 所示。

畸变失效具体包括不能承受所规定的载荷，不能起到规定的作用，与其他工件的运转发生干扰。

（2）断裂失效

机械工件因断裂（特别是突然断裂）而产生的失效

图 9-1　畸变失效

称为断裂失效，如图 9-2 所示。

（3）表面损伤失效

表面损伤失效包括磨损失效、表面疲劳失效和腐蚀失效。如图 9-3 所示。

图 9-2　断裂失效

图 9-3　表面损伤失效

工件失效的形式、失效机理及预防措施见表 9-1。

表 9-1　工件失效的形式、失效机理及预防措施

失效类型	失效模式	失效机理	失效分析	预防措施
畸变失效	弹性变形失效	弹性变形	变形量在弹性范围内变化，其不恰当的变形量与工件的强度无关，是刚度问题。影响弹性畸变的主要因素有工件形状、尺寸、材料的弹性模量、工件工作的温度、载荷的大小	合理设计工件形状、尺寸；选择弹性模量高的材料并经热处理淬火；控制工作温度；减小载荷
	塑性变形失效	塑性变形	外加应力超过工件材料屈服极限时发生明显的塑性变形（永久变形）。引起工件塑性畸变的因素，除在弹性畸变中的影响因素外，还有材质缺陷、使用不当、设计有误等，特别是热处理不良更为突出，实际上是多种因素的综合结果	合理设计工件形状、尺寸；选择弹性模量高的材料并经热处理淬火、回火；控制工作温度；减小载荷；毛坯采用锻造工艺
	翘曲畸变失效	弹性变形＋塑性变形	在大小与方向上产生复杂规律的变形而最终形成翘曲的外形所导致的严重的翘曲畸变失效。往往是由温度、外加载荷、受力截面、材料组成等所引起的不均匀性的组合，其中以温度变化，特别是高温所致的形状翘曲最为严重	合理设计工件形状、尺寸；选择弹性模量高的材料并经热处理淬火、回火；控制工作温度；减小载荷；毛坯采用锻造工艺
断裂失效	韧性断裂失效	塑性变形	宏观变形方式为缩颈，典型断口为杯锥状断口，底部成纤维状剪切断口，其平面和拉伸轴大致呈 45°。微观特征：蛇形滑移和延伸，间距不等、短而且平行、不连续的条纹韧窝，大小相当于显微空洞裂纹的一半	合理设计工件形状、尺寸；选择弹性模量高的材料并经热处理淬火、回火；控制工作温度；减小载荷；毛坯采用锻造工艺
	低应力脆断失效	断裂韧性	脆性断裂时承受的工作应力较低，通常不超过材料的屈服强度，甚至不超过常规的许用应力。总是以工件内部存在的宏观裂纹（肉眼可见的 0.1～1 mm）为源开始的。宏观裂纹可能在生产过程中产生，也可能由于疲劳或应力腐蚀而产生	零件优化设计；采用表面热处理；毛坯采用锻造工艺，消除材料内部缺陷

失效类型	失效模式	失效机理	失效分析	预防措施
断裂失效	疲劳断裂失效	疲劳	金属材料内部的气孔、疏松、夹杂及表面划痕、缺口等引起应力集中，导致产生微裂纹。首先是在零件应力集中局部区域产生微小的裂纹，在循环应力作用下，裂纹不断扩展，使零件的有效工作面逐渐减小，裂纹断面所受应力不断增加，当应力超过材料的断裂强度时，则发生疲劳断裂	零件优化设计；降低零件表面粗糙度值，减少缺口效应；毛坯采用锻造工艺，采用表面热处理，如高频淬火、表面形变强化（喷丸、滚压、挤压）；渗碳、渗氮、碳氮共渗
	蠕变断裂失效	蠕变断裂	固体材料在恒定应力作用下，随着时间的变化发生缓慢而连续形变且不可恢复的现象。金属材料的蠕变现象随温度升高而增强，承受载荷的能力显著降低	遵照抗蠕变设计原则；控制工作温度；减小载荷；采用表面热处理；毛坯采用锻造工艺
表面损伤失效	磨损失效	磨粒磨损、黏附磨损	相互接触的一对金属表面相对运动时不断发生损耗或产生塑性变形，使金属表面状态和尺寸改变。 ① 磨料磨损配合表面之间在相对运动过程中，因外来硬颗粒或表面微凸体的作用而造成表面损伤（被犁削形成沟槽）的磨损 ② 相同金属材料副互溶性大，易于黏附而导致黏附磨损失效；两个金属表面的微凸部分在局部高压下产生局部粘结（固相黏附），使材料从一个表面转移到另一表面或被撕下作为磨料留在两个表面之间的现象	材料副的表面强化处理，改变组织结构；适度提高硬度；采用互溶性小、黏附倾向小的材料；消除材料表层组织和结构缺陷，夹杂疏松、空洞、锻造夹层以及各种微裂纹；适当降低装配应力
	表面疲劳失效	疲劳	两个接触面做滚动或滑动复合摩擦时，在交变接触压应力作用下，使材料表面疲劳而产生失效	提高材料冶金质量；适当提高材料表面硬度；降低表面粗糙度值
	腐蚀失效	氧化、电化学	腐蚀是金属暴露于活性介质环境中而发生的一种表面损耗，它是金属与环境介质之间发生的化学和电化学作用的结果。有均匀腐蚀、点腐蚀、晶间腐蚀	选择耐腐蚀材料，如选用不锈钢、耐蚀钢；降低表面粗糙度值；对零件表面进行防腐处理，如镀铬、镀锌、喷塑、喷漆

2. 理解失效的基本影响因素

（1）设计因素

为了保证产品质量，必须精心设计，精心施工。施工技术文件的根据是设计图纸和设计计算说明书，其设计计算的核心是根据该工件在特定工况、结构和环境等条件下可能发生的基本失效模式而建立的相应设计计算准则，即在给定条件下正常工作的准则，从而定出合适的材质、尺寸、结构，提出必要的技术文件，如图纸、说明书等。如设计有误，则机械设备或工件将不能使用或过早失效。

（2）制造工艺因素

工艺制造条件往往是达不到设计要求而导致工件失效的一个重要因素。如工件在锻造过程中产生的夹层、冷热裂纹；焊接过程的未焊透、偏析、冷热裂纹；铸造过程的疏松、夹渣；机加工过程的尺寸公差和表面粗糙度不合适；热处理工艺产生的缺陷，如淬裂、硬度不足、回火脆性、硬软层硬度梯度过大；精加工磨削中的磨削裂纹等。

（3）装配调试因素

在安装过程中，如达不到所要求的质量指标，如啮合传动件（齿轮、杆、螺旋等）的间隙不合适；连接工件必要的"防松"不可靠；铆焊结构的必要探伤检验不良；润滑与密封装置不良等。在初步安装调试后，未按规定进行逐级加载跑合等。

（4）材质因素

除选材不当外，材质内部缺陷；毛坯加工（铸、锻、焊）工艺或冷、热加工（特别是热处理）工艺过程产生的缺陷是导致失效的重要因素。

（5）运转维修因素

首先是对运转工况参数（载荷、速度等）的监控是否准确；定期大、中、小检修的制度是否合理执行；润滑条件是否保证，包括润滑剂和润滑方法选得是否合适，润滑装置以及冷却、加热和过滤系统功能是否正常。

在影响失效的基本因素中，特别要强调人的因素，即注意人的素质条件的影响。

任务二　熟悉金属材料选用的原则与程序

●知识目标

熟悉金属材料选用原则。

●能力目标

能把握金属材料选用程序。

在认识并掌握金属材料性能基础上，能正确、合理地选择与使用金属材料是机械工程、建筑工程、航海船舶工程及航空航天工程技术人员的必备技能。

1. 熟悉金属材料选用原则

选用金属材料时，应考虑其使用性能、加工工艺性能及经济性三方面的要求，使金属材料发挥出最佳的效能。

（1）金属材料的使用性能

金属材料的使用性能是指金属材料为保证机械零件或工具正常工作而应具备的性能，包括力学性能、物理性能和化学性能。对于机械零件和工程构件来说，最重要的是力学性能。工程技术人员应能正确地分析零件的工作条件，包括受力状态、载荷性质、工作温度、环境条件等。受力状态有拉、压、弯、扭等；载荷性质有静载荷、冲击载荷、循环应力等；工作温度可分为高、低温；环境条件是否有加润滑剂，是否接触酸、碱、盐、海水、粉尘、磨粒等；有时还需考虑导电性、磁性、膨胀、导热等特殊要求。根据上述分析，确定零件的失效方式，再根据零件的形状、尺寸、载荷，确定性能指标的具体数值。有时通过改进结构、强化材料的方法，可以将廉价的金属材料制成性能优良的零件。所以，选材时应把金属材料的成分与强化手段相结合，综合考虑。表 9-2 列出了几种常用零件的工作条件、失效形式及性能要求。

表 9-2 几种常用零件的工作条件、失效形式及对性能的要求

零 件	工 作 条 件		失 效 形 式	主要力学性能
	承 受 应 力	载 荷 性 质		
紧固螺栓	拉、剪	静	过量变形、断裂	强度、塑性
传动齿轮	压、弯	循环、冲击	磨损、麻点、剥落、疲劳断裂	表面硬度、疲劳强度、心部韧性
传动轴	弯、剪	循环、冲击	疲劳断裂、过量变形、轴颈磨损	综合力学性能
弹簧	弯、剪	循环、冲击	疲劳断裂	屈强比、疲劳强度
连杆	拉、压	循环、冲击	断裂	综合力学性能
轴承	压	循环、冲击	磨损、麻点剥落、疲劳断裂	硬度、按触疲劳强度
冷作模具	复杂	循环、冲击	磨损、断裂	硬度、足够的强度和韧性

（2）金属材料的加工工艺性能

制造每一个零件都要经过一系列的加工过程，零件加工的难易程度将直接影响其质量、生产效率和加工成本。

如果零件的加工方法是铸造，则选用铸造性能好的低、中碳钢或低碳合金钢，以保证获得较好的流动性；如果零件的加工方法是锻造或冲压，则选择塑性较好的金属材料；如果零件的加工方法是焊接，则最适宜的金属材料是低碳钢或低合金高强度结构钢，以保证获得良好的焊接性；如果零件需要切削加工，材料的最好硬度控制在 300HBW 以下；为充分挖掘金属材料的力学性能潜力，采用热处理来改善其金相组织和力学性能，达到改善其切削加工性和使用性的目的。

（3）金属材料的经济性

在满足使用性能的前提下，选用金属材料时应考虑降低零件的成本。非合金钢和铸铁的价格低廉，加工方便。因此，在能满足零件力学性能与工艺性能的前提下，选用非合金钢和铸铁可降低成本。对于一些只要求表面硬度高的零件，可选用廉价钢种进行表面强化处理来达到使用要求。另外，不宜单纯地以单价来比较金属材料的优劣，而应以综合经济效益来评价金属材料的经济性。对企业来说，所选金属材料的种类和规格，应尽量少而集中，以便于集中采购和管理。

2. 能把握金属材料选用程序

1）对零件的工作特性和使用条件进行分析，找出零件失效（或损坏）的方式，从而合理地确定金属材料的主要力学性能指标。

2）根据零件的工作条件和使用环境，对零件的设计和制造提出相应的技术要求、合理的加工工艺和加工成本等指标。

3）根据各方面的指标，借助金属材料使用手册，对金属材料进行预选。

4）通过材料实验、零件试生产和检验、破坏性试验及寿命试验，最终确定合理的选材方案。

金属材料选用的程序如图 9-4 所示。

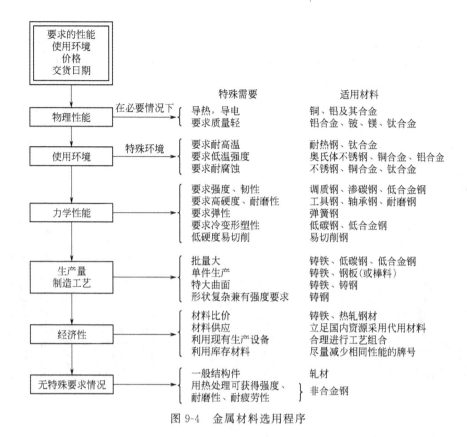

图 9-4 金属材料选用程序

任务三　正确选用制造机械传动轴的材料并制订热处理工艺

● 知识目标

掌握轴类零件选材方法。

● 能力目标

能针对常见机器轴类零件正确选材。

1. 熟悉轴类零件需要的性能指标

轴是机器中最基本、最关键的零件之一，其作用是支承传动零件并传递运动和动力。受力特点是传递扭矩，同时承受弯曲力或拉压应力；都需要用轴承（滑动或滚动轴承）支承，在轴颈处应有较高的耐磨性；绝大多数要承受一定程度的冲击载荷。因此，用于制造轴类零件的材料要有多项性能指标要求：

① 应具有优良的综合力学性能，以防轴变形和断裂；

② 应具有高的疲劳抗力，以防轴过早发生疲劳断裂；

③ 应具有良好的耐磨性，提高使用寿命。

2. 能根据传动轴受力情况进行选材

① 承受循环应力和动载荷的轴类零件，如船用推进器轴、液压机活塞杆、锻锤锤杆等，应选用淬透性好的调质钢，如 30CrMnSi、35CrMn、40MnVB、40CrMn、40CrNiMo

等钢。

② 主要承受弯曲和扭转应力的轴类零件，如变速箱传动轴、发动机曲轴、机床主轴等，这类轴在整个截面上所受的应力分布不均匀，表面应力大，心部应力小，因此，不需选用淬透性很高的钢种，可选用合金调质钢，如汽车主轴常采用 40Cr、45Mn2 等钢制造。

③ 高精度、高速传动的轴类零件，如镗床、数控铣床、数控磨床等主轴常选用38CrMoAlA 等，进行调质及渗氮处理。

④ 对中、低速内燃机曲轴，以及连杆、凸轮轴，选用球墨铸铁制造，不仅能满足力学性能要求，而且制造工艺简单，成本低。

如图 9-5 所示的各类传动轴。

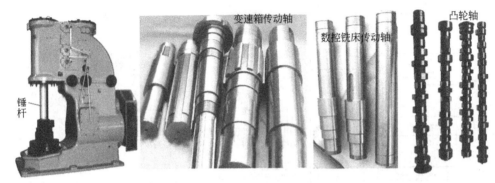

图 9-5　各类传动轴结构

3. 能正确选用机床主轴材料及热处理工艺制定

图 9-6 所示为 C620 车床主轴简图，该主轴承受交变扭转和弯曲载荷。但载荷和转速不高，冲击载荷也不大，轴颈和锥孔处有摩擦。主轴可选用 45 钢，经调质处理后，硬度为220～250HBW，轴颈和锥孔需进行表面淬火，硬度为 48～56HRC。

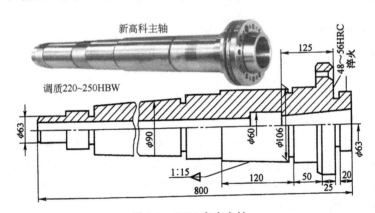

图 9-6　C620 车床主轴

车床主轴加工工艺路线为：备料→锻造→正火→粗机械加工→调质→精机械加工→表面淬火＋低温回火→磨削→检验→装配。

正火可改善组织、消除锻造缺陷、调整硬度便于机械加工，并为调质做好组织准备。调质可获得回火索氏体，具有较高的综合力学性能，提高疲劳强度和抗冲击能力。表面淬火＋低温回火可获得高硬度和高耐磨性。机床主轴的选材及其热处理工艺见表 9-3。

表 9-3　机床主轴的选材及其热处理工艺

工 作 条 件	选用钢号	热处理工艺	硬度要求	应用举例
（1）在滚动轴承内运转 （2）低速、轻或中等载荷 （3）精度要求不高 （4）稍有冲击载荷	45	调质： 820～840℃淬火 550～580℃回火	220～250HBW	简易机床主轴
（1）在滚动轴承内运转 （2）转速稍高、轻或中载荷 （3）精度要求不太高 （4）有一定冲击交变载荷	45	整体淬硬：820～840℃水淬 350～400℃回火	40～45 HRC	龙门铣床、立式铣床、小型立式车床的主轴
		正火或调质后局部淬火 正火：840～860℃空冷 调质：820～840℃水淬，550～580℃回火 局部淬火：820～840℃水淬，240～280℃回火	≤229HBW 220～250HBW 46～51HRC	
（1）在滑动轴承内运转 （2）中或重载荷、转速略高 （3）精度要求较高 （4）有较高的交变、冲击载荷	40Cr 40MnB 40MnV	调质后轴颈表面淬火 调质：840～860℃油淬，540～620℃回火 轴颈淬火：860～880℃高频淬火，乳化液冷，160～280℃回火	220～280HBW 46～55 HRC	铣床、C6132等重车床主轴，M7475B磨床砂轮主轴
（1）在滑动轴承内运转 （2）中等或重载荷 （3）要求轴颈部分有更高的耐磨性、精度要求很高 （4）有较高的交变应力，冲击载荷较小	65Mn	调质后轴颈和方头处局部淬火 调质：790～820℃油淬，580～620℃回火 轴颈淬火 820～840℃高频淬火，200～220℃回火 头部淬火：790～820℃油淬，260～300℃回火	250～280HBW 56～61HRC 50～55 HRC	M1450磨床主轴、MQ1420、MB1432A磨床砂轮主轴
（1）在滑动轴承内运转 （2）中等载荷、转速很高 （3）精度要求不很高 （4）有很高的交变、冲击载荷	38CrMoAlA	调质后渗氮调质： 930～950℃油淬 630～650℃回火 渗氮：510～560℃渗氮	≤260HBW ≥850HV（表面）	高精度磨床砂轮主轴、坐标镗床主轴、多轴自动车床中心轴、T68镗杆
（1）在滑动轴承内运转 （2）中等载荷、转速很高 （3）精度要求不很高 （4）冲击载荷不大，但交变应力较高	20Cr 20Mn2B 20MnVB 20CrMnTi	渗碳淬火 910～940℃渗碳 790～820℃淬火（油） 160～200℃回火	表面≥59HRC	Y236刨齿机、Y58插齿机主轴，外圆磨床头架主轴和内圆磨床主轴
（1）在滑动轴承内运转 （2）重载荷、转速很高 （3）高的冲击载荷 （4）很高的交变应力	20CrMnTi 12CrNi3	渗碳淬火 910～940℃渗碳 320～340℃油淬 160～200℃回火	表面≥59HRC	Y7163齿轮磨床、CG1107车床、SG8030精密车床主轴

4. 能正确选用内燃机曲轴材料及热处理工艺制定

图 9-7 所示为内燃机曲轴，它是内燃机的脊梁骨，工作时受交变的扭转、弯曲载荷以及振动和冲击力的作用。根据内燃机转速高低可选用不同的材料。通常低速内燃机曲轴选用正火态的 45 钢；中速内燃机曲轴选用调质态的 45 钢、调质态的中碳合金钢（如 40Cr）；高速内燃机曲轴选用强度级别高一些的合金钢（如 42CrMo）。

内燃机曲轴的加工工艺路线为：备料→锻造→正火→粗机械加工→调质→精机械加工→轴颈表面淬火＋低温回火→磨削→检验→装配。

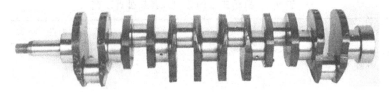

图 9-7 内燃机曲轴

近年来常采用球墨铸铁代替 45 钢制作曲轴，其工艺路线为：备料→熔炼→铸造→正火→高温回火→机械加工→轴颈表面淬火＋低温回火→磨削→检验→装配。铸造质量是球墨铸铁的关键，首先要保证铸铁的球化良好、无铸造缺陷，再经风冷正火，以增加组织中的珠光体含量并细化珠光体，提高其强度、硬度和耐磨性，高温回火的目的是消除正火所造成的内应力。

任务四　正确选用齿轮类零件材料并制订热处理工艺

● 知识目标

掌握齿轮类零件选材方法。

● 能力目标

能针对机械传动齿轮正确选材并制订热处理工艺。

齿轮是机械传动中应用最广泛的零件之一，作用是传递动力、调节速度或改变运动方向，如图 9-8 所示。

图 9-8　齿轮传动

1. 熟悉齿轮的工作条件、主要失效形式及性能要求

（1）齿轮的工作条件

① 啮合齿表面承受较大的既有滚动又有滑动的强烈摩擦和接触疲劳压应力。

② 传递动力时，轮齿类似于悬臂梁，轮齿根部承受较大的弯曲疲劳应力。

③ 换挡、启动、制动或啮合不均匀时，承受冲击载荷。

（2）齿轮的主要失效形式

① 断齿。除因过载（主要是冲击载荷过大）产生断齿外，大多数情况下的断齿，是由于传递动力时，在齿根部产生的弯曲疲劳应力造成的。

② 齿面磨损。由于齿面接触区的摩擦，使齿厚变小、齿隙加大。

③ 接触疲劳。在交变接触应力作用下，齿面产生微裂纹，逐渐剥落，形成麻点。

（3）对齿轮材料的性能要求

① 高的弯曲疲劳强度。

② 高的耐磨性和接触疲劳强度。

③ 轮齿心部要有足够的强度和韧性。

2. 能正确选用机床齿轮材料并制订热处理工艺

图 9-9 所示的机床齿轮，齿轮工作时通过齿面的接触传递动力，周期性地受弯曲应力和接触应力作用。在啮合的齿面上，还要承受强烈的摩擦。齿轮在换挡、启动或啮合不均匀时还要承受冲击力。因此，要求制造齿轮的材料应具有较高的弯曲疲劳强度和接触疲劳强度，齿面有较高的硬度和耐磨性，齿轮心部要有足够的强度和韧性。齿轮毛坯通常采用钢材锻造成形，常用的钢材有中碳调质钢和渗碳钢。

图 9-9　机床传动齿轮

对于机床传动齿轮在工作时受力不大，工作平稳，没有强烈冲击，对强度和韧性的要求都不太高时，用中碳钢（45 钢）经正火或调质后，再经高频感应加热表面淬火强化，提高耐磨性，表面硬度可达 52～58HBC。对于性能要求较高的齿轮，可选用中碳合金钢（如40Cr）。

机床传动齿轮加工工艺路线：

备料→锻造→正火→粗机械加工→调质→精机械加工→高频淬火＋低温回火→检验→装配

正火工序作为预备热处理，可改善组织，消除锻造应力，调整硬度便于机械加工，并为后续的调质工序做好组织准备。正火后硬度为 180～207HBW，其切削加工性能好。

经调质处理后可获得较高的综合力学性能，提高齿轮心部的强度和韧性，能承受较大的弯曲应力和冲击载荷。调质后的硬度为 220～340HBW。

高频淬火＋低温回火可提高齿轮表面的硬度和耐磨性，提高齿轮表面接触疲劳强度。高频加热表面淬火加热速度快，淬火后脱碳倾向和淬火变形小，同时齿面硬度比普通淬火高约2HRC，表面形成压应力层，从而提高齿轮的疲劳强度。

齿轮使用状态下的显微组织为：表面是回火马氏体＋残留奥氏体，心部是回火索氏体。表 9-4 列出了机床齿轮的选材和热处理工艺。

表 9-4　机床齿轮的选材和热处理工艺

序号	齿轮工作条件	钢　种	热处理工艺	硬度要求
1	在低载荷下工作，要求耐磨性好的齿轮	15	900～950℃渗碳，780～800℃水冷淬火，180～200℃低温回火	58～63HRC
2	低速（<0.1m/s）、低载荷下工作的变速器齿轮和挂轮架齿轮	45	840～860℃正火	156～217HBW
3	中速、中载荷或大载荷下工作的齿轮（如车床变速箱中的次要齿轮）	45	高频加热，表面水冷淬火，300～340℃中温回火	45～50HRC
4	高速、中等载荷，要求齿面硬度高的齿轮（如磨床砂轮箱齿轮）	45	高频加热，表面水冷淬火，180～200℃低温回火	54～60HRC

续表

序号	齿轮工作条件	钢 种	热处理工艺	硬 度 要 求
5	速度不大，中等载荷，断面较大的齿轮（如铣床工作面变速器齿轮、立车齿轮）	40Cr 42SiMn 45MnB	840～860℃油冷淬火，600～650℃高温回火（调质）	200～230HBW
6	中等速度（2～4m/s）、中等载荷下工作的高速机床走刀箱、变速器齿轮	40Cr 42SiMn	调质后表面高频加热，乳化液冷却，260～300℃低温回火	50～55HRC
7	高速、高载荷、齿部要求高硬度的齿轮	40Cr 42SiMn	调质后表面高频加热，乳化液冷却，180～200℃低温回火	54～60HRC
8	高速、中载荷、受冲击、模数<5 的齿轮（如机床变速器齿轮、龙门铣床的电动机齿轮）	20Cr 20Mn2B	900～950℃渗碳，800～820℃油淬，180～200℃低温回火	58～63HRC
9	高速、重载荷、受冲击、模数>6 的齿轮（如立式车床上的重要齿轮）	20SiMnVB 20CrMnTi	900～950℃渗碳，降温至 820～850℃淬火，180～200℃低温回火	58～63HRC
10	传动精度高，要求具有一定耐磨性的大齿轮	35 CrMo	850～870℃空冷，600～650℃回火（热处理后精切齿形）	255～302HBW

3. 能正确选用汽车、拖拉机齿轮材料及热处理工艺制定

如图 9-10 所示的汽车、拖拉机齿轮，这类工作时比机床齿轮受力大，受冲击频繁，因而对性能的要求较高，通常使用合金渗碳钢（如 20CrMnTi、20MnVB）制造。

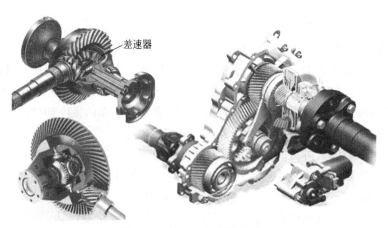

图 9-10 汽车、拖拉机齿轮

汽车、拖拉机齿轮加工工艺路线为：

备料→锻造→正火→机械加工→渗碳→淬火＋低温回火→喷丸→磨削→装配

正火处理的作用与机床齿轮相同。经渗碳、淬火＋低温回火后，齿面硬度可达 58～62HRC，心部硬度为 35～45HRC。齿轮的耐冲击能力、弯曲疲劳强度和接触疲劳强度均相应提高。喷丸处理能使齿面硬度提高 2～3HRC，并提高齿面的压应力，进一步提高接触疲劳强度。

齿轮在使用状态下的显微组织为：表面是回火马氏体＋残留奥氏体＋碳化物颗粒，心部淬透时是低碳回火马氏体（＋铁素体），未淬透时，是索氏体＋铁素体。

汽车、拖拉机齿轮常用钢种及热处理见表 9-5。

表 9-5 汽车、拖拉机齿轮常用钢种及热处理

序号	齿轮类型	常用钢种	热 处 理	
			主 要 工 序	技 术 条 件
1	汽车变速箱和分动箱齿轮	20CrMnTi 20CrMo	渗碳，820～850℃淬火，180～200℃低温回火	层深：0.6～1.5mm 齿面硬度：58～64HRC 心部硬度：30～45HRC
		40Cr	（浅层）碳氮共渗，表面淬火	层深＞0.2mm，表面硬度：51～61HRC
2	汽车驱动桥主动及从动圆柱及锥齿轮	20CrMnTi 20CrMnMo	渗碳，820～850℃淬火，180～200℃低温回火	层深：0.9～1.6mm 齿面硬度：58～64HRC 心部硬度：30～45HRC
3	汽车驱动桥差速器行星及半轴齿轮	20CrMnTi、20CrMo 20CrMnMo	渗碳，820～850℃淬火，180～200℃低温回火	层深：0.6～1.5mm 齿面硬度：58～64HRC 心部硬度：30～45HRC
4	汽车发动机凸轮轴齿轮	灰铸铁 HT180、HT200	正火	170～229HBW
5	汽车曲轴正时齿轮	35、40、45、40Cr	正火	149～179HBW
			调质	207～241HBW
6	汽车起动机齿轮	20Cr、20CrMo 15CrMnM、20CrMnTi	渗碳，820～850℃淬火，180～200℃低温回火	层深：0.7～1.1mm 表面硬度：58～63HRC 心部硬度：33～43HRC
7	汽车里程表齿轮	20	（浅层）碳氮共渗，表面淬火	层深：0.2～0.35mm
8	拖拉机传动齿轮，动力传动装置中的圆柱齿轮，锥齿轮及轴齿轮	20Cr、20CrMo、20CrMnMo、20CrMnTi	渗碳，820～850℃淬火，180～200℃低温回火	层深：≤模数的0.18倍，但≤2.1mm 渗层深度的上下限≤0.5mm，硬度要求同序号1、2
		40Cr	（浅层）碳氮共渗	层深＞0.2mm，表面硬度：51～61HRC
9	拖拉机曲轴正时齿轮，凸轮轴齿轮，喷油泵驱动齿轮	45	正火	156～217HBW
			调质	217～255 HBW
		HT180	正火	170～229HBW
10	汽车拖拉机油泵齿轮	40、45	调质	280～350 HBW

任务五 正确选用箱体类零件材料

● 知识目标

掌握箱体类零件选材方法。

● 能力目标

能正确选用箱体类零件材料。

箱体类零件有机床的主轴箱、变速箱、进给箱、滑板箱、缸体、缸盖、机床床身、汽轮机机壳、压力机机身与滑块等都可视为箱体类零件。箱体类零件形状大，结构复杂，常用铸造或焊接方法生产。箱体类零件如图9-11所示。

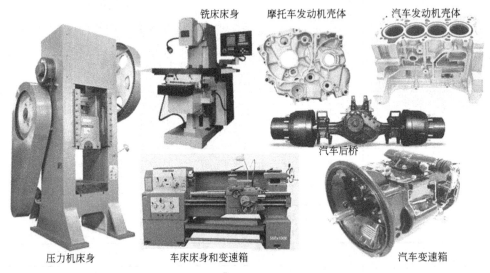

铣床床身　摩托车发动机壳体　汽车发动机壳体

汽车后桥

压力机床身　车床床身和变速箱　汽车变速箱

图9-11　箱体类零件

对于一些受力较大，要求高强度、高韧性，甚至在高温、高压下工作的箱体类零件，如汽轮机机壳，可选用铸钢制造；对于一些受冲击力不大，而且主要承受静压力的箱体，可选用灰铸铁制造，如HT150、HT200等；对于受力不大，要求重量轻或导热性良好的箱体类零件，要选用铸造铝合金制造，如汽车发动机的缸盖；对于受力很小，要求自重轻和耐腐蚀的箱体类零件，可选用工程塑料制造；对于受力较大，但形状简单的箱体类零件，可采用型钢（如Q235、20钢、Q345等）焊接制造。

【知识拓展】常用工具的选材见表9-6。

表9-6　常用工具选材

工具名称	材料	工作部分硬度	工具名称	材料	工作部分硬度
钢丝钳	T7、T8	52～60HRC	活扳手	45钢、40Cr	41～47HRC
锤子	50钢	49～56HRC	木工手锯、锯条	T10	42～47HRC
旋具	50钢、60钢	48～52	木工刨刀片	轧焊刀片：GCr15 整体刀片 T8	61～63 51～62
呆扳手	50钢、40Cr	41～47	鲤鱼钳	50钢	48～54
锉刀	T12、T13	62～65	丝锥、板牙	9SiCr、W18Cr4V	＞60

任务六　正确选用冷作模具材料并制订热处理工艺

● 知识目标

掌握制造冷作模具的材料与热处理知识。

● 能力目标

能正确选用冷作模具材料并制订热处理工艺。

冷作模具主要是指冲裁模、弯曲模、拉深模、冷拔模、冷挤压模、滚边模、拉丝模、搓丝板、冷切剪刀、螺纹滚模、压印模等，应用如图 9-12 所示。

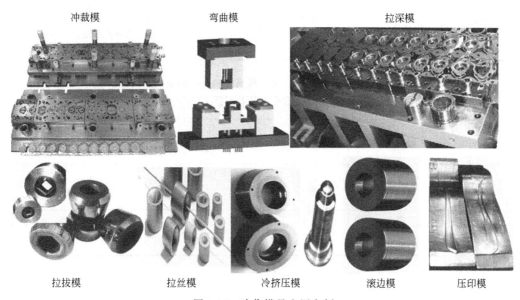

冲裁模　　　　弯曲模　　　　　　拉深模

拉拔模　　　　拉丝模　　　　冷挤压模　　　滚边模　　　压印模

图 9-12　冷作模具应用实例

1. 熟悉冷作模具对材料性能要求

（1）使用性能要求

冷作模具要求高硬度和高耐磨性、高强度、高冲击韧性、良好的抗疲劳性和抗咬合能力。

（2）工艺性能要求

良好的可锻性、良好的可切削性、良好的磨削加工性、良好的热处理工艺性，及好的淬透性和淬硬性、好的回火稳定性、较小的氧化脱碳和过热倾向、较小的淬火变形和开裂倾向。

制造冷作模具材料通常为合金工具钢，该类钢碳的质量分数较高，$w_c = 0.95\% \sim 2.0\%$。加入 Cr、Mo、W、V 等合金元素，以保证钢材获得高淬透性、高耐回火性、高硬度和高耐磨性。使用时采取的热处理工艺是淬火加低温回火，热处理后变形小，属于热处理微变形钢。

2. 熟悉冷作模具材料种类与热处理工艺

制造冷作模具工作零件常用的材料有低合金工具钢、中合金工具钢、高合金工具钢与高速钢、基体钢、硬质合金等，其牌号、热处理和用途见表 9-7～表 9-11。冷作模具结构零件的材料及热处理硬度见表 9-12。

表 9-7　冷作模具用低合金工具钢的牌号、热处理和用途

钢　号	淬火工艺与硬度 HRC		回火工艺与硬度 HRC		用　途
	加热温度/℃	淬火硬度	回火温度/℃	回火硬度	
GCr15	840～850 油或水	62～65	180～200	≥61	形状简单冲裁模、拉深模
CrWMn	820～840 油	62～65	140～160	62～65	轻载冲裁模或拉深模、弯曲模、翻边模
GD（6CrNiMnSiMoV）	870～930 油淬	＞60	170～270	57～62	具有高的硬度和优良的韧性、耐磨性。用于制造细长、薄片凸模，大型薄壁凸凹模，中厚板冲裁模及剪刀片、冷镦模、冷挤压模

表 9-8　冷作模具用中合金工具钢的牌号、热处理和用途

钢　号	低温淬火温度/℃	高温淬火温度/℃	硬度 HRC	用　途
Cr5Mo1V	940～960 油淬	980～1010	63～65	淬火变形小，耐磨性和韧性好。用于制造拉深模、冲头、滚丝轮及轧辊
Cr4W2MoV	960～970 油淬	1020～1040	62	淬透性和淬硬性好，耐磨性和尺寸稳定性优良。用于制造冲裁模冷镦模
8Cr2MnMoWVS	860～920 油淬		62～65	综合性能好，热处理变形小。用于制造精密冲压模具

表 9-9　冷作模具用高合金工具钢与高速钢的牌号、热处理和用途

钢　号		淬火工艺/℃、硬度 HRC		回火工艺/℃、硬度 HRC		用　途
		加热温度	淬火硬度	回火温度	回火硬度	
Cr12（SKD1）		950～980 油淬	61～64	150～200	58～62	用于制造受冲击负荷一般，要求具有高耐磨性的冷冲模、压印模、搓丝板、冷挤模等，应用较广泛
Cr12MoV（SKD11）Cr12MoV1		1000～1030 油淬	62～64	150～170	61～63	用于制造高耐磨的大型复杂冷作模具，如切边模、滚边模、拉拔模、螺纹滚丝模和要求高耐磨、高强度的冷冲模。目前为冷作模具应用最广泛的材料
高速钢	W18Cr4V	1270～1285 油淬	64～66	550～570 三次回火	＞63	除用作机械加工刀具外，还用于冷挤压冲头，中、厚钢板冲孔凸模（10～25mm），直径小于 φ5～6mm 的小凸模及小型高寿命的冷冲剪工具
	W6Mo5Cr4V2	1210～1230 油淬	65～67	540～560 三次回火	＞65	

表 9-10　冷作模具用基体钢的牌号、特性和用途

钢　号	特　性	用　途
65Nb（6Cr4W3Mo2VNb）	65Nb 钢比 W6Mo5Cr4V2 钢含碳量稍高，钨、钼含量稍低，并加入少量的铌。合金化特点是既保证了具有高速钢的强度、硬度和耐磨性，又具有较高韧性和抗疲劳强度。65Nb 钢的变形抗力较高速钢低，碳化物均匀性好，因而具有良好的锻造性能。	用来制作形状复杂的有色金属挤压模、冷冲模、冷剪模等，也可用于轴承、标准件，汽车行业中的锻模、冲模及剪切模，可获得高的使用寿命

钢 号	特 性	用 途
LD 钢 (7Cr7Mo2V2Si)	是一种不含钨的基体钢。含碳量和铬、钼、钒的含量都高于高速钢基体,所以钢的淬透性和二次硬化能力有了提高,未溶的 VC 能显著细化奥氏体晶粒,增加钢的韧性和耐磨性。钢中的硅具有强化基体,增强二次硬化效果的作用,还能提高钢的回火稳定性,综合力学性能好。LD 钢在保持较高韧性情况下,抗压强度和抗弯强度及耐磨性能均比 65Nb 钢高。LD 钢的锻造性能好,碳化物偏析小	广泛应用于制造冷挤压成形、冷镦、冲裁和弯曲等冷作模具,其寿命比高铬钢、高速钢提高几倍到几十倍

表 9-11　制造冷作模具的硬质合金牌号、特性和用途

类 型	材 料	特 性	用 途
钨钴类硬质合金	YG3、YG6、YG8、YG3X、YG6X	高硬度、高抗压强度及高耐磨性。缺点是脆性大、不能进行锻造、切削加工和热处理	制造多工位级进模、电磁铁芯冲裁模、拉深模镶块、冷挤压模
钢结硬质合金	DT、YE65、YE50	高硬度及高耐磨性,高强度和韧性,性能介于工模具钢与硬质合金之间,能像钢一样进行锻造、切削加工、焊接和热处理	制造电磁铁芯冲裁模、冷镦模、冷挤压模、拉深模

表 9-12　冷作模具结构零件的材料及热处理硬度

模具零件名称	材 料 钢 号	热处理硬度 HRC
上、下模板	HT200、ZG45、Q235	无需热处理
导柱、导套	T8A、T10A、20 钢、GCr15	60~62（20 钢渗碳淬火）
垫板、定位板、挡板、挡料钉	45、T8A	42~46
导板、导正钉	T10A、GCr15	50~55
侧刃、侧刃挡板	T8A、T10A、CrWMn	58~62
斜楔、滑块	T8A、T10A、GCr15	58~62
弹簧、簧片	65、65Mn、60Si2Mn	44~48
顶杆、顶料杆（板）	45、GCr15	44~48
模柄	Q235、45	无需热处理

3. 能根据冲压件种类选用冷作模具材料

冷作模具材料不仅要满足生产过程中的使用性能、加工时的工艺性能、降低成本的经济性、还应从五金制品材料、形状与尺寸;生产批量;模具工作条件;模具结构与加工精度等方面综合考虑。

（1）冲裁模具选材

冲裁模具用于板料的冲切成形,包括剪切、冲孔、落料、切边和精冲等工序。刃口由锋利逐渐磨钝,致使冲裁件产生毛刺,磨损或断裂是其主要失效形式。因此,冲裁模具工作零件要有高的硬度和耐磨性,高的抗压强度和适当的韧性。如图 9-12 所示的冲裁模具。表 9-13 所示的冲压件对应冲裁模具工作零件的材料选用。

表 9-13　冲裁模具工作零件的材料选用

模具类型	产品材料、厚度	冲压件示意图	模具材料	模具硬度 HRC	
				凸模	凹模
薄板冲裁模	2Hz 铁金属、低碳钢软料、小批量、简单件	材料: Q235，厚度<1mm	T10A、GCr15、CrWM、Cr12	56~60	58~62
薄板冲裁模	硬料薄板（硅钢片）	名称: 齿轮 材料: T8A 名称: 铁芯 材料: 硅钢	Cr12（SKD1）、Cr12MoV（SKD11）	56~60	58~62
	中批量、复杂件		Cr12MoV（SKD11）、Cr12MoV1、GD	60~62	62~64
	大批量、复杂件		Cr12MoV（SKD11）、Cr12MoV1、GM	60~62	62~64
			小孔冲头: W18Cr4V、W6Mo5Cr4V2	64~66	
			硬质合金	—	66~70
厚板冲裁模	低碳钢中厚板		Cr12MoV（SKD11）、Cr12MoV1、	54~58	58~62
			W18Cr4V、LD	64~66	
	高强度中厚板		6W6、LD、65Nb、	64~66	
			硬质合金	—	66~70

（2）拉深模具选材

拉深又称拉延或压延，它是利用模具使平板材料变成开口空心零件的冲压方法。拉深模具失效形式是磨损和黏附，因此，要求材料具有高的强度、硬度和耐磨性，保证在工作中不黏附和划伤，这与被拉深材料的种类、厚度、润滑条件、模具设计与制造精度有关，如图 9-12 所示拉深模具，如图 9-13 所示拉深零件。拉深模具的工作零件选材参见表 9-14。

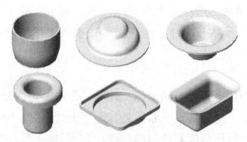

图 9-13　各种形状的拉深零件

表 9-14　拉深模具材料选用

零件名称	工作条件		推荐选用材料			模具硬度 HRC
	制品大小	制品材料	小批量 <1 万件	中批量 <10 万件	大批量 100 万件	
凹模	小型拉深件	铝或铝合金、铜或铜合金、深拉深件	T10A、CrWMn、9CrWMn	9CrWMn、Cr6WV、CH-1	Cr6WV、Cr4W2MoV、Cr12MoV1	62~64
		奥氏体不锈钢	T10A 镀硬铬、铝青铜	铝青铜、Cr6WV 渗氮		
	大中型拉深件	铝或铝合金、铜或铜合金、深拉深件	合金铸铁、球墨铸铁镀硬铬	合金铸铁、镶嵌模块 Cr6WV、Cr4W2MoV	镶嵌模块 Cr6WV、Cr4W2MoV、Cr12MoV（SKD11）	
		奥氏体不锈钢	合金铸铁镶嵌铝青铜模块	镶嵌模块：Cr6WV 渗氮、Cr4W2MoV 渗氮、铝青铜	镶嵌模块：Cr6WV 渗氮、Cr4W2MoV 渗氮、Cr12MoV（SKD11）渗氮、W18Cr4V 渗氮	
凸模	小型		T10A、GCr15 渗氮	Cr6WV、Cr4W2MoV、	Cr6WV、Cr4W2MoV、Cr12MoV（SKD11）	58~62
	大中型		合金铸铁	CrWMn、9CrWMn	Cr6WV、Cr4W2MoV、Cr12MoV（SKD11）	
压边圈	小型		T10A、CrWMn、9 CrWMn	6W6、LD、65Nb、	64~66	54~58
	大中型		合金铸铁	合金铸铁	CrWMn、9 CrWMn	

任务七　正确选用热作模具材料并制订热处理工艺

知识目标

掌握制造热作模具钢的性能与应用。

能力目标

能正确选用热作模具材料。

热作模具指用于热变形加工的热锻模、热挤压模、热冲裁模及压力铸造的压铸模，如图 9-15 所示。

1. 熟悉热作模具的工作条件与要求

热作模具工作特点是在强大外力作用下，使热的固体金属材料在模具内产生塑性变形，或者使高温的液态金属在模具内铸造成形，从而获得各种所需形状的零件或毛坯。模具工作温度一般在 400~700℃，有时高达 1000℃，并承受很大的冲击力、挤压力，强烈的摩擦，剧烈的冷热循环所引起的不均匀热应变和热应力、高温氧化。因此，热作模具要求高强度、高韧性、高硬度和耐磨性、高的热稳定性、高温抗氧化能力、良好的抗热疲劳性、高淬透性。耐热熔蚀性、良好的切削加工性。

热作模具钢属于中碳合金工具钢，碳质量分数 $w_C = 0.3\% \sim 0.6\%$，加入的合金元素有 Cr、Mn、Ni、Mo、W、V、Si 等，以保证钢材获得高淬透性、高耐回火性、高抗热疲劳性能，并防治回火脆性。

热作模具要求的硬度比冷作模具低，如热锻模工作部分的硬度通常为 33～47HRC（随锻模大小而不同）；压铸模工作部分的硬度通常为 40～48HRC。热作模具的热处理通常采用调质处理或淬火加中温回火，获得均匀的回火索氏体组织，且热处理后变形小，具有高强度和高韧性。有些模具（如热挤模、压铸模等）还采用渗氮、碳氮共渗等化学热处理来提高其耐磨性和使用寿命。

2. 熟悉压铸模材料选用

压铸是将熔化的金属液在压力作用下铸成各种结构复杂、尺寸精确、表面光洁、组织致密的零件，如薄壁、小孔、凸缘、花纹、齿轮、螺纹、字体以及镶衬组合等零件。近年来，压铸成形已广泛应用于汽车、拖拉机、仪器仪表、航海航空、电机制造、日用五金等行业各种复杂零件，如图 9-14 所示。压铸模具如图 9-15 所示。

图 9-14　各类压铸零件

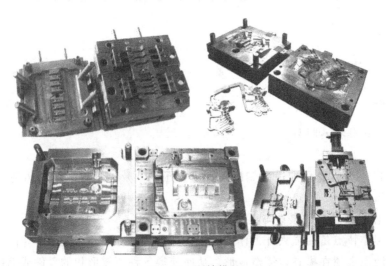

图 9-15　压铸模具

压铸模是在高的压力（30～150MPa）下将 400～1600℃ 的熔融金属压铸成形用的模具。

压铸成形过程中，模具周期性地与炽热的熔融金属接触，反复加热和冷却，且受到高速射入的金属液冲刷和腐蚀。因此，压铸模材料须具有较高的热疲劳抗力、良好的抗氧化性和耐腐蚀性、高的导热性和耐热性、良好的高温力学性能和耐磨性、高的淬透性等。

根据被压铸材料的性质，压铸模可分为锌合金压铸模、铝或镁合金压铸模、铜合金压铸模和钢铁压铸模。它们的熔点、压铸温度、模具工作温度和硬度要求都各有不同。由于压铸温度越高，压铸模的磨损和损坏就越快，因此，在选择压铸模材料时，要根据压铸金属的种类及其压铸温度的高低来确定，其次还要考虑生产批量大小和压铸件的形状、重量以及精度要求等。常用的压铸模用钢以钨系、铬系、铬钼系和铬钨钼系热作模具钢为主。压铸模成形部分零件的材料选用见表 9-15。

表 9-15 压铸模成形部分零件的材料选用

工 作 条 件	模具成形零件材料		代 用 材 料	硬度 HRC
	小型简单模具	大型复杂模具		
压铸锌合金（压铸温度 400～450℃）	4CrW2Si、5CrNiMo	3Cr2W8V（H21）、4Cr5MoSiV、4Cr5MoSiV1（H13）	4CrSi、30CrMnSi、5CrMnMo	48～52
压铸铝或镁合金（压铸温度 650～700℃）	4CrW2Si、5CrW2Si、6CrW2Si	3Cr2W8V（H21）、4Cr5MoSiV、4Cr5MoSiV1（H13）、3Cr3Mo3W2V、4Cr5W2VSi	3Cr13、4Cr13	40～48
压铸铜合金（压铸温度 850～1000℃）	3Cr2W8V（H21）、4Cr5MoSiV、4Cr5MoSiV1（H13）、3Cr3Mo3W2V、4Cr5W2VSi、3Cr3Mo3Co3、YG30、TZM 钼合金、钨基粉末冶金材料			37～35
压铸钢铁材料（压铸温度 1450～1650℃）	3Cr2W8V（H21）（表面渗铝）、TZM 钼合金、钨基粉末冶金材料、铬锆钒铜合金、铬锆镁铜合金、钴铍铜合金			42～44

【案例分享】 如图 9-16 所示的铝合金压铸件与压铸模具，模具型槽尺寸公差和表面粗糙度要求高。试选择压铸模成型零件材料，并制定加工工艺路线及热处理工艺规程。

铝合金压铸温度在 650～700℃ 之间，该零件结构复杂、尺寸精确、表面光洁。模具材料必须具有较高的热疲劳抗力、良好的抗氧化性和耐腐蚀性、高的导热性和耐热性、良好的高温力学性能和耐磨性、高的淬透性。根据前面学习及表 9-15，综合考虑各种因素，选用 4Cr5MoSiV1（H13）热作模具钢制造压铸模成型零件比较合适。

图 9-16 铝合金压铸件与压铸模具

模具加工工艺路线：棒材下料→锻造→退火→机械粗加工→探伤→数控铣削加工→淬火、回火→修整、抛光。

始锻温度 1050～1100℃，终端温度 850～900℃，砂冷或坑冷；退火温度 880～890℃，保温 3～4h，炉冷至 500℃后空冷，硬度 207～220HBW；淬火温度 1020～1050℃，油淬；回火温度 560～580℃，保温 2h 出炉空冷，硬度 47～49HRC。热处理工艺曲线如图 9-17 所示。

3. 熟悉热锻模材料选用

热锻模是在模锻锤或锻造压力机上使用的热作模具，工作时不仅要承受冲击力和摩擦力的

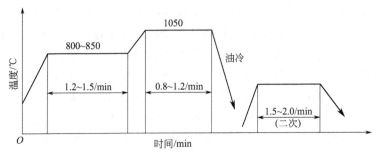

图 9-17　4Cr5MoSiV1（H13）压铸模热处理工艺曲线

作用，还要承受很大的压应力、拉应力和弯曲应力的作用。模具型腔与高温金属坯料（钢铁坯料 1000～1200℃）相接触并强烈摩擦，使模具本身温度升高。锻造钢件时，模具型腔的瞬时温度可高达 600℃以上。锻件取出后还要用水、油或压缩空气对锻模进行冷却，使模具产生急冷急热作用，造成模具表面产生较大的热应力及热疲劳裂纹。如图 9-18 所示的各种锻件。

图 9-18　各种锻件

锻模的主要失效形式有：磨损失效、断裂失效、热疲劳开裂失效及塑性变形失效等。所以对锤锻模材料的性能要求是高的冲击韧度和断裂韧度、高的热硬性与热强性、高的淬透性与回火稳定性、高的冷热疲劳抗力以延缓疲劳裂纹的产生、良好的导热性及加工工艺性能。锻造模具如图 9-19 所示。

常用的国产热作模具钢有 5CrNiMo、5CrMnMo、4Cr5W2VSi、3Cr2W8V（H21）、H13、8Cr3 等，热锻模材料选用见表 9-16。

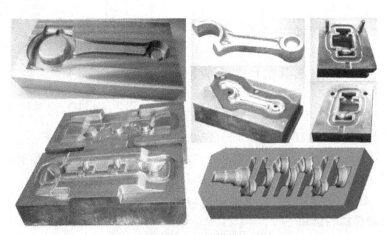

图 9-19　锻造模具

表 9-16 热锻模材料选用

锻模种类		模具类型	选用材料		热处理硬度 HRC	
			简单模具	复杂模具	模腔表面	燕尾部分
锤锻模	整体锤锻模或嵌镶模块	小型锤锻模（高度 275mm）	5CrMnMo 5iMnMoV	4Cr5MoSiV 4Cr5MoSiV1（H13） 4Cr5W2VSi	42～47	35～39
		中型锤锻模（高度 275～325mm）			39～44	32～37
		大型锤锻模（高度 323～375mm）	4CrMnSiMoV、 5CrNiMo、 5Cr2NiMoVSi		35～39	30～35
		特型锤锻模（高度 315～500mm）			32～37	28～35
	堆焊锻模	嵌镶模块	高度 375～500mm	ZG50Cr、ZG40Cr	—	28～35
		模体	高度 375～500mm	ZG45Mn2	—	28～35
		堆焊材料	高度 375～500mm	5Cr4Mo、5Cr2MnMo	32～37	—
压力机锻模		终锻模镗镶块	4Cr3MoZNiVNb、5CrNiMo、 4CrMnSiMoV、4Cr5MoSiV、 4Cr5W2VSi、3Cr3Mo3V		37～42	—
		顶锻模镗镶块			35～38	—
		锻件顶杆	4Cr5NoSiV、4Cr5WZVSi、 3Cr2W8V（H21）		48～55	—
		顶出板、顶杆	45、40Cr		37～42	—
		垫板			34～42	—
		镶块紧固零件			34～38	—

【案例分享】如图 9-20 所示东风载重汽车发动机凸轮轴，锻模尺寸规格 950mm×200mm×160mm，模具型槽尺寸公差和表面粗糙度要求高。该锻模在 40kN 机械锻压机上使用，锻件材料为 45 钢。试选择锻模成型零件材料，并制订加工工艺路线及热处理工艺规程。

图 9-20 东风载重汽车发动机凸轮轴

45 钢的始锻温度在 850～1120℃，要求锻造模具有高的冲击韧度和断裂韧度、高的热硬性与热强性、高的淬透性与回火稳定性、高的冷热疲劳抗力以延缓疲劳裂纹的产生、良好的导热性及加工工艺性能。根据前面学习及表 9-16，综合考虑各种因素，选用 3Cr2W8V（H21）热作模具钢制造锻模成型零件比较合适。

模具加工工艺路线：棒材下料→锻造→退火→机械粗加工→探伤→数控铣削加工型腔→电火花加工→淬火、回火→修整、抛光。

始锻温度 1080～1120℃，终端温度 850～950℃，锻后空冷至 700℃再砂冷或坑冷；退火温度 820～840℃，保温 2～4h，炉冷至 500℃后空冷，硬度 217～241HBW；淬火温度 1100～1150℃，油淬；回火温度 560～580℃，保温 2h 出炉空冷，硬度 48～52HRC。热处理工艺曲线如图 9-21 所示。

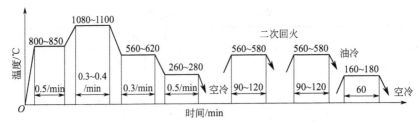

图 9-21 3Cr2W8V（H21）凸轮轴锻模热处理工艺曲线

任务八　正确选用塑料模具材料并制订热处理工艺

● **知识目标**

掌握制造塑料模具材料的性能与应用。

● **能力目标**

能正确选用塑料模具材料。

塑料模具是成型塑料制品的模具，作用是将塑料材料在一定的温度和压力作用下，使其成为塑料制件。塑料常用的成型方法有注射、压缩、压注、挤压、吹塑、发泡等。塑料制品在机械、家电、轻工、电子、交通和国防工业中得到了极其广泛的应用。如图 9-22 所示的各类塑料制品。

图 9-22　塑料制品

1. 了解塑料模具的分类与失效形式

根据塑料材料性能和成型方法，塑料模具分为热固性塑料模和热塑性塑料模。

（1）热固性塑料模

成型热固性塑料制品，包括热固性塑料压缩模、压注模及注射模。模具的工作温度在160～250℃，模腔承受的压力较大，一般在 160～200MPa。工作时型腔表面与热固性塑料发生摩擦，模具易磨损，并承受一定的冲击负荷和腐蚀。

（2）热塑性塑料模

成型热塑性塑料制品，包括热塑性塑料注射模、挤出模、吹塑模、吸塑模等，其中注射模最复杂，应用最多，也最有代表性。模具的工作温度在 160～230℃，模腔承受的压力一般在 50～150MPa。成型聚氯乙烯、氟塑料及阻燃 ABS 时模具成型表面会受到较大腐蚀。

如图 9-23 所示的热塑性注射模具。

图 9-23 热塑性注射模具

（3）塑料模具的失效形式

● 磨损、腐蚀失效，模具成型表面拉毛，变粗糙而失去光泽。

● 塑性变形失效，模具在受到高压熔融塑料时，压力超过屈服强度而产生塑性变形。

● 断裂失效，塑料模形状复杂，成型部位有许多凹槽、窄筋、薄壁等薄弱处，易产生应力集中，当韧性不足，受力超过抗拉强度时导致开裂而报废。

2. 了解塑料模具材料的性能要求

塑料模具承受一定的温度、压力、侵蚀和磨损作用，且形状复杂、加工难度大，要求具有较高的综合力学性能。因此，对其提出使用性能和工艺性能两方面的要求。

（1）材料的使用性能要求

● 具备较高的硬度、耐磨性和耐蚀性。

● 良好的可抛光性和镜面质量。

● 具备较高的强度、韧性和疲劳强度。

● 具备一定的热强度和热疲劳强度。

（2）材料的工艺性能要求

● 良好的切削加工性。塑料模具形状复杂，切削量大，型腔表面质量要求高，模具材料应便于切削加工。

● 良好的抛光性、雕刻性和电火花（电蚀）性能。

● 良好的热处理工艺性及表面处理性。

● 其他加工性能，如退火后塑性小、变形抗力小；焊补性能好，便于磨损及碰伤部位焊补修复。

3. 能正确选用塑料模具材料并制订热处理工艺

塑料模具结构和形状比较复杂，造价较高，在使用中要保证模具有较长的寿命，防止意外断裂破损。因此，合理选用模具钢材型号显得尤为重要。

（1）塑料模具钢的分类与特点

塑料模具钢按其特性和热处理状态可为碳素塑料模具钢（非合金塑料模具钢）、预硬化型塑料模具钢、渗碳型塑料模具钢、时效硬化型塑料模具钢、耐腐蚀型塑料模具钢、淬硬型塑料模具钢 6 类，其类型、牌号和特点见表 9-17。

表 9-17　塑料模具用钢类型、牌号与特点

类　型	牌　　号	特　　点
碳素塑料模具钢	SM45（45）、SM50（50）、SM55（55）	钢号前加 SM 符号以区别于优质碳素结构钢，这类钢中的 S、P 含量低，纯净度好，且碳含量的波动范围窄，力学性能更稳定，加工性能好。这类钢适于制造形状简单的小型塑料模具或精度要求不高、使用寿命不需要很长的塑料模具，多用于模架制造
预硬化型塑料模具钢	3Cr2Mo（P20）、3Cr2NiMo（P4410）、5CrNiMnMoVSCa、40Cr、42CrMo、8CrMn、4CrMnSCa、Y55CrNiMnMoVS、Y20CrNi3MoAl1S、B20H、8Cr2S、40CrMnNiMo（718）	供应时已预先进行了热处理（淬火、高温回火），使之达到模具使用硬度，该类钢 $w_C=0.3\%\sim0.5\%$，含有一定量的 Cr、Ni、Mo、V 等元素。特点是在硬度 30～40HRC 下可直接车削、铣削、钻孔、雕刻、精锉等加工，精加工后可直接交付使用，避免热处理变形，保证模具的制造精度。如需提高模具表面硬度，可进行表面淬火或渗氮处理
渗碳型塑料模具钢	20Cr、12CrNi3A、SM1CrNi3、0Cr4NiMoV（LJ）、20CrMnTi、20CrMnMo	$w_C=0.1\%\sim0.25\%$，退火后硬度低，切削加工性能好，加工后渗碳处理，再淬火、低温回火。模具具有较高的强度、较好的塑性韧性，表面具有高硬度、高耐磨性和良好的抛光性能。该钢制作要求耐磨性好的塑料模具。碳钢用于型腔简单、生产批量较小的小型模具；合金钢用于型腔较为复杂、承受载荷较高的大、中型模具
时效硬化型塑料模具钢	SM2CrNi3 MoAl1S、25CrNi3MoAl、1Ni3MnCuAl（PMS）、18Ni9Co、06Ni16MVTiAl、06Ni6CrMoVTiAl	含碳量低、合金度较高，经高温退火（固溶处理）后，钢处于软化状态（便于切削加工），组织为过饱和固溶体，进行时效处理，造成钢的强化和硬化，获得所需要的综合力学性能，避免或减少了模具热处理变形。钢的纯净度高，镜面抛光性和电蚀性能优良。适用于制造形状复杂、高精度、长寿命的塑料模具零件
耐腐蚀型塑料模具钢	2Cr13、3Cr13 4Cr13（420SS）、0Cr16Ni4Cu3Nb（PCR）、1Cr18Ni9、SM4Cr13、SM3Cr17Mo、SM2Crl3、9Cr18、9Cr18Mo、1Cr17Ni2 等	当加工含有氯、氟等元素的聚氯乙烯、氟塑料、阻燃塑料时，塑料受热分解出 HCl、HF 等强腐蚀性气体，造成模具表面侵蚀。为此，对不锈钢进一步纯净化处理，形成耐腐蚀塑料模具专门用钢。也可通过淬火、回火来强化，也有预硬化供应
淬硬型塑料模具钢	4Cr5Mo5iV1（SKD61、H13）、SM4Cr5MoSiV、SM4Cr5MoSiV1、SMCr12Mo1V1、GD 等	对于负荷较大的塑料模，要求型腔表面应有高耐磨性外，还要求模具基体具有较高强度、硬度和韧性，避免或减少模具在使用中产生塌陷、变形和开裂现象

（2）常用塑料模具钢的性能和热处理

目前我国还没有形成独立的塑料模具钢系列，部分是采用传统钢种，主要是引进一些国外钢种。常用塑料模具钢的性能和热处理见表 9-18。

（3）已知常用热塑性塑料选择注射模材料

塑件种类不同及塑件的尺寸、形状、精度、表面粗糙度不同，对塑料模具选用的材料分别提出了不同的性能要求。

● 型腔表面要求耐磨性好，心部韧性要好但形状并不复杂的塑料注射模，可选用低碳结构钢和低碳合金结构钢，如 20Cr 等。

● 聚氯乙烯、氟塑料及阻燃 ABS 塑料有腐蚀性，因为这些塑料在熔融状态会分解出氯化氢（HCl）、氟化氢（HF）和二氧化硫（SO_2）等气体，对模具型腔面有腐蚀性。所用模具钢必须有较好的抗腐蚀性，应选用耐蚀塑料模具钢，如 PMS、PCR 等。

● 对生产以玻璃纤维作添加剂的热塑性塑料制品的注射模或热固性塑料制品的压缩模，要求模具有高硬度、高耐蚀性、高的抗压强度和较高韧性，以防止塑料把模具型腔面过早磨花，或因模具受高压而局部变形。常用淬硬型模具钢制造，经淬火、回火后得到所需的模具性能，如 H13、SMCr12Mo1V1、GD 等。

● 制造透明塑料的模具，要求模具钢有良好的镜面抛光性能和高耐磨性，应采用时效硬化型钢制造，或采用预硬化塑料模具钢，如 PMS 钢、P20、SM1、SM2 等。

表 9-19 列出了生产塑料制品所对应的模具成型零件材料。

表 9-18 常用塑料模具钢的性能和热处理

类型	钢 号	退火/℃	正火/℃	高温回火(再结晶退火)/℃	淬火/℃	回火/℃	性能与应用
碳素塑料模具钢	SM45 (45)	820~840 炉冷	830~880 空冷	680~720 空冷	820~860 水淬	500~650 空冷	由于45钢，价格低廉，来源广，切削加工性能好，但淬透性差。热锻后退火或正火，用调质处理获得一定硬度及强韧性，适于制造模架，多用于制造模架的、小型模具。硬度170~220HB
	SM50 (50)	810~830 炉冷	820~870 空冷	—	820~850 水淬	500~650 空冷	化学成分与50钢接近，但纯净度更高、碳含量的波动范围更窄，力学性能更稳定。经热处理后具有高的表面硬度、强度、耐磨性和一定韧性。常在正火或调质处理(170~220HB)后使用。适合制造形状简单的小型塑料模具或使用寿命不长的塑料模具
	SM55 (55)	770~810 炉冷	810~860 空冷	680~720 空冷	790~830 水淬 820~850 油淬	400~650 空冷	化学成分与55钢接近，力学性能更接近，但纯净度更高。经热处理后具有高的表面硬度，力学性能、强度、耐磨性。切削加工性能中等，焊接性能良好。常在正火或调质处理(170~220HB)处理后使用。切削加工性能低，适合制造形状简单的塑料模具或冷变形不大精度高、使用寿命不长的塑料模具
预硬化型塑料模具钢	40Cr	825~845 炉冷	850~880 空冷	680~670 空冷	830~860 油淬	400~600 油冷	是机械制造行业应用广泛的钢种，价格便宜。调质处理后具有良好的综合力学性能，良好低温冲击韧度和高高频的缺口敏感性，切削性能良好。该钢还适于渗氮和高频淬火处理。适合制造中等塑料模具
	3Cr2Mo (P20)	等温退火：840~860 保温2 h	—	720~740, 炉冷至 500 出炉空冷	850~880 油淬	580~640 空冷	是国内外广泛应用的预硬型塑料模具钢，综合力学性能好，淬透性好，并具有很好的抛光性能，表面粗糙度值低。一般先调质处理，预硬至28~35HRC后直接切削加工，避免模具热处理引起变形。该钢适于制造尺寸大、形状复杂、精度与表面粗糙度要求较高的塑料模具
	40CrMnNiMo (718, 718H)	等温退火：840~860 保温2 h	—	690~710, 保温2 h, 炉冷至 500 出炉空冷	830~870 油淬或空冷	550~650 油冷或空冷	固内简称P20+Ni，是国内、国际广泛应用的塑料模具钢。综合力学性能好，淬透性高，使较大截面的钢材表硬均匀的硬度，并具有很好的抛光性能，表面粗糙度值低。一般先调质处理，避免大型模具抛光处理，预硬至28~35HRC后直接切削加工。避免大型模具或特大型塑料模具热处理引起变形。该钢适于制造大型或特大型塑料模具，精密塑料模具

续表

类　型	钢　号	退火/℃	正火/℃	高温回火（再结晶退火）/℃	淬火/℃	回火/℃	性能与应用
预硬化型塑料模具钢	2738(738)	等温退火：840～860 保温2 h	—	690～710 保温2 h，炉冷至500 出炉空冷	830～860 油淬	550～650 空冷	具有高韧性、高强度及优良的切削性能、抛光性能、电蚀性能。适于制造高韧性、对于厚度大于400mm的大型镜面模具尤为合适。预硬28～35HRC
	3Cr2NiMo(P4410)	等温退火：840～860 保温2 h	—	690～710 保温2 h，炉冷至500 出炉空冷	830～860 油淬	550～650 空冷	同端典生产的P20、718 接近，具有良好的机加工性能。表面可镀铬、渗氮、渗硼处理。可进行补焊修补。用于制作大型、复杂、精密塑料模具。预硬30～36HRC
	42CrMo	—	850～950 空冷	680～700 空冷	840～880 油淬	450～670 油淬或空冷	属于超高强度钢，具有高强度和韧性。调质处理后有较高的疲劳极限和抗多次冲击的能力。低温冲击韧性好。用于制作一定的强度和韧性要求的大、中型塑料模具
渗碳型塑料模具钢	20Cr	650～680 炉冷	870～900 空冷	700～720 空冷	860～880 油淬	170～190 空冷	为了提高型腔内的硬度和耐磨性，模具加工成形后需要表面渗碳淬火、低温回火硬度58～62HRC。对寿命要求不高的模具可直接进行调质处理。用于中、小型塑料模具
	12CrNi3A	670～680 炉冷	880～940 空冷	—	760～810 油淬	160～180 空冷	含碳量较低。加入镍、铬合金元素，提高淬透性的同时，渗碳层的强韧性，尤其是镍，在产生固溶强化的同时明显增加钢的塑、韧性。退火后硬度低，塑性好、可采用切削加工，冷挤压成形的方法制造模具。低温回火硬度58～62HRC
	SM1CrNi3	670～680 炉冷	880～940 空冷	—	830～860 油淬	190～210 空冷	在淬火和低温回火后都有良好的综合力学性能。钢的低温韧性好、缺口敏感度小，切削加工性能好。退火后硬度低、抗冷塑性变形能力低。有利于采用冷挤压成形制造模具。表面渗碳淬火、低温回火硬度≥62HRC
时效硬化型塑料模具钢	25CrNi3MoAl	—	—	—	870～880 空淬或水淬	520～540 时效	该钢经过固溶处理后得到板条马氏体组织，硬度可达48～50HRC，在650～680℃ 范围内回火，降低硬度，可进行切削加工，模具最后再进行时效处理，保证模具适宜制造复杂、精密的塑料模具

续表

类型	钢号	退火/℃	正火/℃	高温回火（再结晶退火）/℃	淬火/℃	回火/℃	性能与应用
时效硬化型塑料模具钢	1Ni3MnCuAl（PMS）	750~770 炉冷	—	—	840~850 固溶处理，空冷	660~680 回火 或 510 时效	该钢热处理后具有综合的力学性能，淬透性好，热处理工艺简便，变形小，镜面加工性能好，并有好的氮化性能、电加工性能和焊接性能以及图案蚀刻性能。即可进行机械加工。适宜于制造高质量的塑料模具和外观质量高的家用电器等塑料模具
耐腐蚀型塑料模具钢	S136，S136H	830~860 炉冷	—	—	980~1050，油淬	590~600 空冷	具有耐蚀，耐磨及良好的加工性能，有很好的抛光表面质量，使用时长期保持表面高质量，降低模具维护成本。预硬时硬度 30~34HRC，热处理硬度 45~52HRC。应用于超镜面塑料模具，耐腐蚀性好的PVC、醋酸盐类及照相机、眼镜镜片，医疗器械等塑料模具
耐腐蚀型塑料模具钢	2Cr13，3Cr13 4Cr13（420SS）	800~900 炉冷	—	—	1050~1100 油淬	200~300 空冷	具有良好的热处理尺寸稳定性，材质内外均匀，耐蚀性，超级镜面抛光性良好，淬火后硬度达 50HRC。用于制造超级镜面耐腐蚀精密模具，如照相机、激光唱盘、透镜、表盖等
耐腐蚀型塑料模具钢	PCR	830~860 炉冷	—	—	—	420~480 时效	属析出硬化不锈钢。硬度为 32~35HRC 时可进行切削加工。该钢再经 460~480℃时效处理后，可获得较好的综合力学性能，具有良好的耐蚀性。适于制作含氟、氯的塑料成形模具，具有良好的耐腐蚀性
淬硬型塑料模具钢	GD钢	760~780 炉冷	—	—	870~890 油淬	560~580 空冷	该钢强韧性高，淬透性好，淬火变形小。具有足够的硬度和优良的韧性，耐磨，成本低，用于制造大型、高耐磨、高精度塑料模具，不仅降低成本，而且提高模具的使用寿命
淬硬型塑料模具钢	4Cr5MoSiV1（SKD61，H13）	850~870 炉冷	—	—	1020~1050 油淬	550~580，三次回火	经淬火、回火处理后得到组织细密，晶粒适中的马氏体组织，具有高温强度和韧性好，耐磨性较佳，易切削等良好的综合力学性能。硬度 46~48HRC。用于制造强度高、耐磨性好的塑料模
铍青铜及合金 275C，165C，10C		—	—	—	—	—	该材料强度，硬度相对较高，耐腐蚀性能良好，脱模效果佳，导热率高，尤其适合侧脱模，复杂的注塑模具，要求高精度难脱模，要求其有良好冷却的型芯，镶件，电极材料

表 9-19 塑料制品所对应的模具成型零件材料

用　　途		塑料及制品		模 具 要 求	塑料模具钢
一般热塑性、热固性塑料	一般	聚丙烯、聚乙烯	电扇叶片、容器	高强度、耐磨损	40Cr、P20、SM1、SM2、8CrMn
		ABS	电视机壳、音响设备		
	表面有花纹	ABS	汽车仪表盘、化妆品容器	高强度、耐磨损、光刻性	PMS、20CrNi3MoAl
	透明件	有机玻璃、AS	电动机罩、仪表罩、汽车灯罩	高强度、耐磨损、抛光性	5NiSCa、P20、SM2、PMS
	热塑性	POM、PC	工程塑料制件、电动工具外壳、汽车仪表盘	好的耐磨性	8CrMn、65Nb、PMS、SM2
	热固性	酚醛、环氧树脂	齿轮、电器外壳、绝热或绝缘手柄	高强度和耐磨性	8CrMn、65Nb、06NiTi2Cr、06Ni6CrMoVTiAl
增强塑料	阻燃型塑料	ABS 加阻燃剂	电视机、收录机等家用电器外壳	良好的耐腐蚀性	S136、S136H、PCR
	聚氯乙烯	PVC	电话机、门把手	高强度及耐腐蚀性	S136、P20、PCR
	光学透镜	有机玻璃、聚苯乙烯	照相机镜头、放大镜	良好的抛光性及防锈性	PMS、8CrMn、PCR

（4）根据塑件的生产批量选用

模具的使用寿命关系到塑料制品的生产批量。大批量生产要求模具的耐磨性好、硬度高、使用寿命长，必须选用高硬度、高耐磨性的材料，并进行热处理。小批量生产，模具的硬度和耐磨性要求不高。为了降低成本，可选用廉价的模具材料制造模具。

塑料模具成形零件选材与塑料制品生产批量的关系见表 9-20。

（5）塑料模具的结构零件材料选用

塑料模具的结构零件主要是模架、支承零件和合模导向零件等，这些零件不直接接触塑料件，因此，抛光性、耐腐蚀性和表面粗糙度要求都不高。只要能满足常用机械材料性能要求即可，根据要求进行相应的热处理。表 9-21 为塑料模具结构零件选材和热处理要求。

表 9-20　塑料模具成形零件选材与塑料制品生产批量的关系

模具寿命	模具材料	模具寿命	模具材料
10 万～20 万件	SM55、40Cr	120 万件	SM2、PMS
30 万件	8CrMn、5NiSCa、P20	150 万件	PCR、LD2、65Nb
60 万件	SM1、NiSCa、P20	200 万件以上	65Nb、06Ni7Ti2Cr、06Ni6CrMoVTiAl、25CrNi3MoAl 氮化、012Al 氮化
80 万件	8CrMn 淬火、P20		

【**案例分享**】如图 9-24 所示的电器上罩塑料件，材料为 ABS 阻燃塑料，颜色为银灰色，外露可见表面粗糙度 $Ra=0.4\mu m$，大批量生产。根据注射模具各零件装配位置与名称，选择模具零件材料、确定热处理硬度。

ABS 阻燃塑料有腐蚀性，塑料件形状复杂，表面质量要求高，产品批量大，因此成形零件应选用耐腐蚀、耐磨损，高强度塑料模具钢。根据前面所学知识及表 9-17、表 9-18、表 9-19，综合考虑，模具各零件材料与热处理硬度要求见表 9-22。

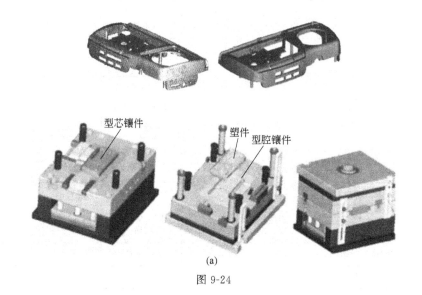

型芯镶件　塑件　型腔镶件

(a)

图 9-24

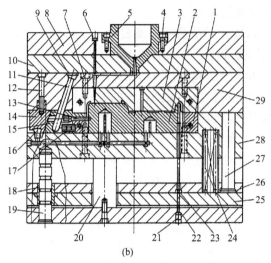

(b)

图 9-24 电器上罩塑料件与注射模具

1—动模镶件Ⅰ；2—动模镶件Ⅱ；3—定型腔镶件；4—内六角螺栓钉；5—浇口套；6—拉料杆；7—内六角螺钉；
8—定模座板；9—压板；10—流道推板；11—斜导柱；12—内六角螺钉；13—侧型芯；14—销紧块；15—侧滑块；
16—挡销；17—矩形定位弹簧；18—推板导套；19—推板导柱；20—支承柱；21—螺塞；22—推管型芯；23—推管；
24—复位弹簧；25—推板；26—推杆固定板；27—复位杆；28—动模板；29—定模板

表 9-21　塑料模具结构零件选材和热处理要求

模具零件类型	模具零件名称	性 能 要 求	模 具 材 料	热处理方法	硬　　　度
模架零件	支承板、锥模套	较好的综合力学性能	45	调质	220～260HBW
	动定模座板、动定模板				
	推杆固定板、推板				
	推件板		45、T8A、GCr15	淬火、回火、调质	54～58HRC/230～270HBW
浇注系统零件	浇口套、拉料杆、分流锥	表面耐磨，有时还要耐腐蚀和具有一定的热硬性	45、T8A、GCr15	淬火、回火	50～55 HRC
导向零件	导柱	表面耐磨，心部有较好的韧性	20	渗碳、淬火、回火	56～60HRC
	导套		T8A、T10A	淬火、回火	50～55HRC
	限位导柱、推板导柱、推板导套、导钉				
抽芯机构零件	斜导柱、滑块、斜滑块	较高强度，好的耐磨性和一定耐蚀性，淬火变形小	T8A、T10A	淬火、回火	50～55HRC
	锁紧块				
	导轨		40Cr、油钢	淬火、回火	50～55HRC
推出机构	推杆、推管、推块复位杆	较高的强度和一定的韧性、良好的耐磨性	T8A、GCr15、65Mn	淬火、回火	50～55 HRC
定位零件	圆锥定位件、边锁	较高的强度	T8A、GCr15	淬火、回火	58～62HRC
	定位圈		45	—	—
	定距螺钉		45	淬火、回火	43～48HRC

模具零件类型	模具零件名称	性能要求	模具材料	热处理方法	硬度
支承零件	支承柱	较高的强度和硬度	45	淬火、回火	43～48HRC
	垫块		45、Q235	—	—
其他零件	手柄	一定强度、塑性、好的耐蚀性	—	—	—
	水嘴		45、黄铜	—	—

表 9-22　电器上罩注射模具零件材料与热处理硬度要求

序号	名称	材料	数量	热处理规范	热处理硬度
1	动模镶件Ⅰ	S136H	1	淬火、回火	预硬 35～38HRC
2	动模镶件Ⅱ	S136H	1	淬火、回火	预硬 35～38HRC
3	定模型腔镶件	S136H	1	淬火、回火	预硬 35～38HRC
4	内六角螺栓	35	4	调质	M6×20
5	浇口套	45	1	淬火、回火	40～44HRC
6	拉料杆	45	3	淬火、回火	40～44HRC
7	内六角螺栓	35	4	调质	M10×40
8	定模座板	45	1	调质	22～26HBS
9	压板	45	1	—	—
10	流道推板	45	1	调质	22～26HBS
11	斜导柱	T8A	4	淬火、回火	56～60HRC
12	内六角螺栓	35	2		M10×35
13	侧型芯	P20	1	淬火、回火	预硬 35～38HRC
14	锁紧块	T8A	1	淬火、回火	50～55HRC
15	侧滑块	H13	2	淬火、回火	40～45HRC
16	挡销	45	2	淬火、回火	40～45HRC
17	矩形定位弹簧	6Si2Mn	2	淬火、回火	40～45HRC
18	推板导套	T8A	2	淬火、回火	56～60HRC
19	推板导柱	T8A	2	淬火、回火	56～60HRC
20	支承柱	45	4	调质	22～26HBS
21	螺塞	35	2	—	—
22	推管型芯	Gr15	2	淬火、回火	50～54HRC
23	推管	Gr15	2	淬火、回火	50～54HRC
24	复位弹簧	60Si2Mn	2	淬火、回火	44～48HRC
25	推板	45	1	调质	22～26HBS
26	推杆固定板	45	1	调质	22～26HBS

续表

序　号	名　　称	材　料	数　量	热处理规范	热处理硬度
27	复位杆	Gr15	4	淬火、回火	50～54HRC
28	动模板	45	1	调质	22～26HBS
29	定模板	45	1	调质	22～26HBS

思考与练习

一、名词解释

1. 失效；2. 畸变失效；3. 断裂失效；4. 表面损伤失效；5. 金属材料的使用性能；6. 金属材料的经济性；7. 冷作模具；8. 热作模具；9. 塑料模具

二、填空题

1. 失效分为_____失效、_____失效和_____失效三大类。

2. 畸变变形失效分为_____失效、_____失效和_____失效。

3. 断裂失效可分为_____、_____、_____、蠕变断裂、腐蚀断裂、冲击载荷断裂等。

4. 表面损伤失效可分为表面_____失效、表面_____失效和表面疲劳失效（疲劳点蚀）三类。

5. 工程上主要是通过提高金属材料的_____来提高零部件的耐磨性。

6. 传动轴的主要失效形式有_____、_____、_____；曲轴的设计应以_____作为主要使用性能要求；通常低速内燃机曲轴选用材料可以为_____或_____。

7. 齿轮的主要失效形式有_____、_____、和_____。

8. 冲裁模凸、凹模的主要失效形式为_____和_____。

9. 拉深模工作零件的主要失效是_____失效和_____失效。

10. 高速钢用于制作高速切削的刀具是因为其_____性、_____性以及高的_____。

11. 压铸模是在高的压力下将_____金属压铸成形的模具。模具不断地与炽热的熔融金属接触，反复_____和_____，且受到高速射入的金属液_____和_____。因此，压铸模材料须具有较高的_____、良好的_____和_____、高的导热性和耐热性、良好的高温力学性能和耐磨性、高的淬透性等。

12. 锻模的主要失效形式有_____、_____、_____及_____。

13. 塑料模具的失效形式有_____、_____、_____和_____。

14. 成型透明塑料的模具要求所选材料具有良好的_____性能和高的_____性能。

三．选择题

1. 材料断裂之前发生明显的宏观塑性变形的断裂叫做_____。
   A. 脆性断裂　　　　B. 韧性断裂　　　　C. 疲劳断裂　　　　D. 快速断裂

2. 在外力作用下，零件截面积越大，材料的弹性模量越高，越不容易发生_____失效。
   A. 腐蚀　　　　　　B. 磨损　　　　　　C. 脆性断裂　　　　D. 弹性变形

3. 在 W18Cr4V 高速钢中，W 元素的作用是_____。
   A. 提高淬透性　　　B. 细化晶粒　　　　C. 提高热硬性　　　D. 固溶强化

4. 下列牌号的金属材料中，属于合金工具钢的是_____。

    A. Cr12MoV   B. QT450-10   C. ZCuZn38   D. Q235

5. 下列合金钢中，属于合金渗碳钢的是_____，属于合金调质钢的是_____。

    A. 20CrMnTi   B. GCr15   C. 38CrMoAl   D. CrWMn

6. 下列牌号的钢中，含碳量最高的是_____，含碳量最低的是_____。

    A. 40Cr   B. 20CrMnTi   C. T10   D. 9SiCr

7. 下列牌号的金属材料中，硬度和抗压强度最高的是_____。

    A. T12   B. YG15   C. QT900-2   D. Cr12MoV

8. 对大部分的机器零件和工程构件，材料的使用性能主要是指_____。

    A. 物理性能   B. 化学性能   C. 力学性能   D. 热学性能

9. 用 20 钢制成弹簧，会出现_____问题；把 20 钢制成大锤，会出现问题_____。

    A. 弹性和强度不够   B. 弹性够，强度不够

    C. 弹性不够，强度够   D. 硬度和耐磨性不够

10. 下列零件与构件中选材不正确的是_____。

    A. 机床床身用灰口铸铁制造   B. 桥梁用 Q235（16Mn）钢制造

    C. 热作模具用 CrWMn 钢制造   D. 钻头用 W18Cr4V 钢制造

11. 下列工具或零件中选材正确的是_____。

    A. 机用锯条用 1Cr13 钢制造

    B. 汽车后桥齿轮用 Q345（16Mn）钢制造

    C. 汽车板簧用 20CrMnTi 钢制造

    D. 车床主轴用 40Cr 钢制造

12. 制造汽车及火车车厢下部承受重力和振动用的减震板簧宜采用_____钢。

    A. 65   B. 65Mn   C. 60Si2Mn   D. 9SiCr

13. 形状复杂、生产批量大的厚板冲裁模适宜采用的钢是_____。

    A. T8A   B. T10A   C. 9SiCr   D. Cr12MoV

14. 用 W6Mo5Cr4V2 钢制作厚钢板小孔冲裁模的冲头主要是利用其_____。

    A. 高淬透性   B. 高韧性   C. 高热硬性   D. 高抗压强度

15. 目前应用最广泛的压铸模具钢是_____。

    A. H13   B. 30CrMnSi   C. 1Cr18Ni9   D. W18Cr4V

16. 成型以玻璃纤维为添加剂的热塑性塑料注塑模宜采用_____钢。

    A. 12CrNi3A   B. PMS   C. 2Cr13   D. 20CrMnTi

四、判断题

1. 对于机械零件，最重要的是加工工艺性能，它是选材的最主要依据。（   ）

2. 弹性变形是临时的变形，外力去除后会恢复原状，因此它不会引起零件的失效。（   ）

3. 普通轴类零件一般可选用 45 钢经调质处理获得良好的综合力学性能。（   ）

4. 齿轮要求高硬度和高耐磨性，所以普通齿轮一般都选用高碳钢制造。（   ）

5. 20CrMnTi 作为渗碳合金钢是制造汽车各种齿轮的常用钢种。（   ）

6. 可采用球墨铸铁代替 45 钢通过铸造成形制造低速内燃机曲轴，节约成本。（   ）

7. 用于减振和复原的弹簧承受交变应力和冲击载荷的作用，所选材料应该具有较好的塑性和韧性。（   ）

8. 高速钢具有高硬度、高耐磨性、高的热硬性、好的强韧性和高的淬透性的特点，因此在刃具制造中广泛使用。（　　）

9. 高合金钢既有良好的淬透性，又有良好的淬硬性。（　　）

10. 高速钢具有很好的热硬性，是各类压铸模具的常用钢种之一。（　　）

11. 采用预硬型塑料模具钢制造的模具，在切削加工后不需要淬火和回火，可以避免变形、开裂、脱碳等缺陷。（　　）

五、简答题

1. 机械零件失效的具体表现有哪些？如何采取预防措施？

2. 金属疲劳断裂是怎样产生的？如何提高材料的疲劳强度？

3. 选用金属材料时应注意哪些原则？选用金属材料的一般程序是什么？

4. 比较冷作模具钢与热作模具钢碳的质量分数、性能要求、热处理工艺的不同。

5. 冷作模具钢的失效形式有哪些，应具备哪些特性？

6. 简述 Cr12MoV 的最终热处理淬火＋回火的工艺规范不同，能满足模具钢不同的性能要求。

7. 热作模具钢是怎么分类的？写出常用的热作模具钢材料的牌号。

8. 常用锤锻模用钢有哪些钢种？试比较 5CrNiMo 和 5CrZNiMoVSi 钢的性能特点、应用范围有什么区别。

9. 与其他热作模具相比，压铸模的工作条件、对材料的性能要求有什么不同？选择压铸模材料的主要依据有哪些？

10. 塑料模具材料的性能有什么要求？

11. 渗碳型塑料模具钢在渗碳后应如何淬火，为什么？

12. 何谓预硬型塑料模具钢？简述其成分、性能及应用特点。

13 何谓时效硬化型塑料模具钢？简述其性能及应用特点。

14. 淬硬型塑料模具钢应用场合是什么？常用哪些类型的模具钢淬火？

15. 选择塑料模材料的依据有哪些？请为下列工作条件下的塑料模选用材料：

(1) 形状简单、精度要求低、批量不大的塑料模；

(2) 高耐磨、高精度、型腔复杂的塑料模；

(3) 大型、复杂、产品批量大的塑料注射模；

(4) 耐蚀、高精度塑料模具。

16. 生产透明塑料制品的模具应选择什么模具材料？

六、分析题

1. 已知直径为 ϕ60mm 的轴，要求心部硬度为 30～40HRC，轴颈表面硬度为 50～55HRC，现库存 45 钢、20CrMnTi 钢、40CrNi 钢、40Cr 钢四种钢材，宜选用哪种材料制造为好？其工艺路线如何安排？

2. 欲做下列零件：小弹簧、錾子、手锯条、齿轮、螺钉，试为其各选一材料（待选材料：Q195 钢、45 钢、65Mn 钢、T10 钢、T8 钢）。

3. 有 20CrMnTi 钢、38 CrMoAl 钢、T12 钢、45 钢四种钢材，请选择一种钢材制作汽车变速器齿轮（高速中载受冲击），并写出工艺路线，说明各热处理工序的作用。

4. 由于管理上的疏漏，错把 10 钢当作 T10A 制成冷冲模的工作零件，问使用过程中可能会出现哪些问题？

5. 从工艺性能和承载能力角度试判断下列钢号属于哪类冷作模具钢：

W6Mo5Cr4V2；Cr4W2MoV；7Cr7Mo2V2Si；Cr12Mo1V1；5CrW2Si；9SiCr；Cr8MoWV3Si；8Cr2MnWMoVS。

6. 从金属材料手册或网络上查找下列钢号是哪个国家的？与我国什么牌号近似？

冷作模具钢 D3、GS-379、DC11、XW-42、SKD11；热作模具钢 H13、H21、DAC、SKD61、GSW-2344、8407；塑料模具钢 M310ESR、M238、618、718、738、S45C、GS-312、440C、P20。

课题十

了解工程前沿新材料的特点与应用（选学）

材料是国民经济的基础。所谓新材料，是指新出现的、具有特殊性能和特殊功能的材料。它是相对于传统材料而言的，二者之间并没有严格的分界线。新材料的发展往往以传统材料的组织结构和性能为基础。传统材料经过进一步改良和发展也可以成为新材料。

目前，各国都在加速新材料的研究和开发，新材料的研究正朝着高性能化、功能化、复合化和专用化的方向发展。传统的金属材料、有机材料、无机材料的界限正在逐渐消失，新材料的分类也变得困难起来，材料的属性区分也变得越来越模糊。例如，传统的观点认为导电性是金属固有的，而如今有些非金属材料也表现出了导电性。

随着科学技术的迅速发展及工农业生产对新材料需求的增加，新材料不断涌现，为新工艺、新技术取得突破创造物质条件，更好地为工农业生产服务。

任务一　了解新型高温材料的特点与应用

● 知识目标

了解新型高温材料。

● 能力目标

能对新型高温材料作出初步选用。

如果金属构件的工作温度超过600℃，就不能选择普通的耐热钢，而要选择高温材料或高温合金。所谓高温材料，是指能在600℃以上，甚至在1000℃以上满足使用要求的材料，这种材料在高温下能承受较高的应力并具有相应的使用寿命。常见的高温材料是高温合金，它出现于20世纪30年代，其发展和使用温度的提高与航空航天技术的发展紧密相关。目前高温材料的应用范围越来越广，从锅炉、蒸汽机、内燃机到石油、化工用的各种高温物理化学反应装置、原子反应堆的热交换器、喷气涡轮发动机和航天飞机的多种部件等，都有广泛的应用。高新技术领域对高温材料的使用性能不断提出更高的要求，促使高温材料的种类不断增多，耐热温度不断提高，性能不断改善。反过来，高温材料性能的提高，又扩大了其应用领域，推动了高新技术的进一步发展。已开发并进入实用状态的高温材料主要有高温合金（铁基高温合金、镍基高温合金、钴基高温合金）和高温陶瓷。

1. 了解高温合金分类与应用

高温合金是在高温下具有足够的持久强度、热疲劳强度及高温韧性，又具有抵抗氧化或气体腐蚀能力的合金。图 10-1 所示为用高温合金制造的各类零件。

图 10-1 用高温合金制造的各类零件

（1）高温合金的分类

按高温合金基本组成元素分类，高温合金分为铁基高温合金、镍基高温合金和钴基高温合金等；按高温合金的生产方法分类，高温合金分为变形高温合金和铸造高温合金。

变形高温合金的牌号以"GH＋合金类别号＋顺序号"表示，其中"GH"表示"高合"；"合金类别号"有 1（表示固溶强化铁基高温合金）、2（表示时效硬化铁基高温合金）、3（表示固溶强化镍基高温合金）、4（表示时效硬化镍基高温合金）、6（表示钴基高温合金）；"顺序号"以三位数字表示合金编号，如 GH1140 表示 140 号固溶强化铁基变形高温合金。

铸造高温合金的牌号以"K＋分类号＋顺序号"表示，其中"分类号"有 2（表示时效硬化铁基高温合金）、4（表示时效硬化镍基高温合金）、6（表示钴基高温合金）；"顺序号"以两位数字表示合金编号，如 K401 表示 1 号时效硬化镍基铸造高温合金。

另外，用作焊丝的高温合金在"GH"前加"H"，即"HGH"；采用粉末冶金方法生产的高温合金以"FGH"表示。

（2）铁基高温合金和镍基高温合金

① 铁基高温合金。铁基高温合金由奥氏体不锈钢发展而来。这种高温合金在成分中加入比较多的 Ni 以稳定奥氏体基体。部分现代铁基高温合金中 Ni 的质量分数甚至接近 50%。另外，加入 10%～25% 的 Cr 可以保证铁基高温合金获得优良的抗氧化性及耐热腐蚀能力；加入 W 和 Mo 是用来强化固溶体的晶界；加入 Al、Ti、Nb 元素主要是起沉淀强化作用，其主要强化相是 Ni，（Ti，Al）和 Ni，Nb，以及微量碳化物和硼化物。目前，我国研制的 Fe-Ni-Cr 系铁基高温合金有变形高温合金（如 GH1015、GH1140、GH2136、GH2132 等）和铸造高温合金（如 K211、K213、K214 等），这些铁基高温合金用作导向叶片的工作温度最高可达 900℃。这种高温合金的抗氧化性和高温强度都不足，但其成本较低，用于制作使用温度较低的航空发动机和工业燃气轮机部件。

② 镍基高温合金。镍基高温合金是在英国的 Nimonic 合金（Ni80Cr20）基础上发展起来的，合金以 Ni 为主，其质量分数超过 50%，基体是奥氏体组织，使用温度范围为 700～1000℃。镍基高温合金可溶解较多的合金元素，如 W、Mo、Ti、Al、Nb、Co 等，可使高温合金保持较好的组织稳定性。其高温强度、抗氧化性和耐蚀性都较铁基高温合金好。镍基

高温合金主要用作现代喷气发动机的涡轮叶片、导向叶片和涡轮盘等。镍基高温合金按其生产方式也分为变形高温合金（如 GH3039、GH4033 等）和铸造高温合金（如 K405）两大类。由于使用温度越高的镍基高温合金，其锻造性能也越差，因此，现在的发展趋势是耐热温度高的零部件，大多选用铸造镍基高温合金制造，其使用温度可达 1050℃。

（3）高温合金的发展趋势

为了提高高温合金的使用温度、力学性能和耐蚀能力，世界各国都在采用特殊工艺，如粉末冶金、微晶工艺、定向凝固技术、快速凝固、单晶、金属间化合物、难熔金属、涂层和包层以及人工纤维增强高温合金等新工艺，使高温合金的使用温度、力学性能和耐蚀能力达到现代工业要求。

由于单晶高温合金消除了晶界、去除了晶界强化元素，使合金的初熔温度大为提高，这样就可加入更多的强化元素并采取更高的固溶处理温度，使强化元素的作用得到充分发挥。单晶高温合金的工作温度要比普通铸造高温合金高约 100℃。对涡轮叶片而言，每提高 25℃，就相当于提高叶片使用寿命 3～5 倍，发动机的推力也将会有较大幅度增加。单晶高温合金的使用温度高达 1040～1100℃，主要用于民用和军用飞机的喷气发动机上。

金属构件在 1300℃ 以上高温下工作并承受较大应力时，则必须采用难熔金属，如钽（Ta）、铼（Re）、钼（Mo）、铌（Nb）等及其合金制造。这些合金具有熔点高，强度高等优点，但冶炼加工困难，而且密度大。例如，钽基合金可制作高温真空炉中的加热器、热交换器及热电偶套管等，其工作温度可达 1600～2000℃，在宇航、能源开发领域也有广泛的应用前景。又如已投入使用的 Nb-Hf（铌-铪）合金，用来制造火箭喷嘴等高温构件。可以说，难熔金属及其合金是制作高压、超高温热交换器，以及应用于航空、航天等高科技领域的优良材料。

2. 了解高温陶瓷材料的性能与应用

高温高性能结构陶瓷正在得到普遍关注。以氮化硅陶瓷为例，它已成为制造新型陶瓷发动机的重要材料。氮化硅陶瓷不仅具有良好的高温强度、高硬度和高耐磨性，而且具有热膨胀系数小、导热系数高、抗冷热冲击性能好、耐腐蚀能力强、不怕氧化等优点。用它制成的发动机可在更高的温度环境下工作，而且其热效率也有较大的提高。目前氮化硅陶瓷常用于制造轴承、燃汽轮机叶片或镶嵌块、机械密封环、永久性模具等机械构件。此外，碳化物基金属陶瓷也具有良好的耐热性及耐高温性，已经应用于航空、航天工业的部分耐热构件，如制造涡轮喷气发动机中的燃烧室、涡轮叶片、涡轮盘等。如图 10-2 所示用高温陶瓷制造的各类零件。

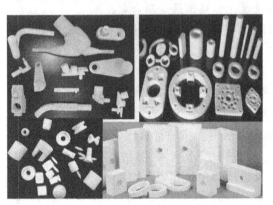

图 10-2　用高温陶瓷制造的各类零件

任务二　了解形状记忆材料的特点与应用

● **知识目标**

了解形状记忆材料。

● 能力目标

能对形状记忆材料作出初步选用。

形状记忆材料是指具有形状记忆效应（SME，Shape Memory Effect）的材料。形状记忆效应是指将材料在一定条件下进行一定限度以内的变形后，在对材料施加适当的外界条件（如加热）时，材料的变形会随之消失，并回复到变形前形状的现象。形状记忆效应首先是在金属材料中发现的。最早关于形状记忆效应的报道是由美国的 T. A. Read 等人在 1952 年报道的。他们首先发现 Au-Cd（金-镉）和 In-Tl（铟-铊）合金中的形状记忆现象，并观察到 Au-Cd 合金中相变的可逆性。后来在 Cu-Zn 合金中也发现了同样的现象，但当时并未引起人们的广泛注意。直到 1962 年，Buehler 及其合作者在等原子比的 Ti-Ni 合金中观察到具有宏观形状变化的记忆效应后，才引起了材料科学界与工业界的重视。到了 20 世纪 70 年代初，在 Cu-Zn、Cu-Zn-Al、Cu-Ni-Al 等合金中也发现了与马氏体相变有关的形状记忆效应。

通常将有形状记忆效应的金属材料称为形状记忆合金（SMA，Shape Memory Alloys）。六十多年来，有关形状记忆合金的研究已逐渐成为国际相变会议和材料会议的重要议题，并为此召开了多次专题讨论会，不断丰富和完善了马氏体相变理论。在理论研究不断深入的同时，形状记忆合金的应用研究也取得了长足进步，其应用范围涉及机械、电子、化工、宇航、能源和医疗等许多领域。20 世纪 80 年代，科学家在一些陶瓷和高分子材料中也发现了形状记忆效应现象，并将其作为研究和开发的重点对象。同时，随着智能材料的提出，形状记忆材料也被纳入了智能材料的范畴。

1. 了解形状记忆合金的性能

目前已开发成功的形状记忆合金有 Ti-Ni 系形状记忆合金、Cu 系形状记忆合金、Fe 系形状记忆合金等。其中 Ti-Ni 系形状记忆合金是最具有实用前景的形状记忆材料，其室温抗拉强度可达 1000MPa 以上，密度是 $6.45g/cm^3$，疲劳强度高达 480MPa，而且还具有很好的耐蚀性。近年来，随着形状记忆合金研究工作的深入开展，研制出了一系列改良型的 Ti-Ni 合金，如在 Ti-Ni 合金中加入微量的 Fe、Cr、Cu 等元素，可以进一步扩大 Ti-Ni 合金的应用范围。Cu 系形状记忆合金主要是 Cu-Zn-Al 合金和 Cu-Ni-Al 合金，与 Ti-Ni 合金相比，其加工制造较为容易，价格便宜，记忆性能也比较好，其主要问题是合金的热稳定性还比较差；Fe 系形状记忆合金主要有 Fe-Pt 系、Fe-Ni-Co-Ti 系、Fe-Mn-Si 系等，其中 Fe-Mn-Si 系形状记忆合金是一种具有单程形状记忆效应的合金，特别适合制作管接头，它具有成本低、强度高、适合大批量生产等特点。Fe 系形状记忆合金在价格上具有明显的优势，目前正处于研究和应用的初级阶段。

典型的形状记忆合金的应用例子是制造月面天线。半球形的月面天线全部展开后，其直径达数米，用登月舱难以将其运载进入太空。科学家们就利用 Ti-Ni 合金的形状记忆效应，首先将处于一定状态下的 Ti-Ni 合金丝制成半球形的天线，然后压成小卷团状，使它的体积缩小到原来的千分之几，然后用火箭送上月球，放置在月球上。小卷团状天线被阳光晒热后，逐步恢复成原状，即可成功地进行通信。如图 10-3 所示用形状记忆合金制造的各类零件。

形状记忆合金形状记忆效应的本质是利用合金的马氏体相变与其逆转变的特性，即热弹性马氏体相变产生的低温相在加热时向高温相进行可逆转变的结果。如果在高温下将处理成

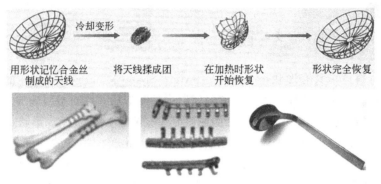

图 10-3　用形状记忆合金制造的各类零件

一定形状的合金急冷下来，再在低温下经塑性变形制成另一种形状，然后加热到一定温度，此时合金产生马氏体逆相变，并逐渐回复到低温变形前的原始状态。通常将形状记忆合金的这种马氏体相变称为可逆的热弹性马氏体相变。在相变过程中，马氏体一旦形成，就会随着温度下降而生长，如果温度上升它又会减少，以完全相反的过程消失。马氏体数量的增加不是依靠新生的马氏体相，而是依靠旧马氏体相的长大，即随温度下降马氏体长大，温度升高马氏体缩小，马氏体的长大和缩小随温度改变而弹性地发生变化。图 10-4 所示为形状记忆合金在形状记忆过程中晶体结构的变化过程。

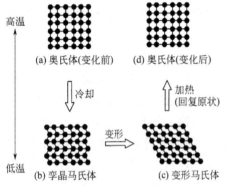

图 10-4　形状记忆合金在形状记忆过程中晶体结构的变化过程

在形状记忆合金中，马氏体相变不仅由温度引起，也可以由应力引起。这种由应力引起晶体结构的变化过程的马氏体相变称为应力诱发马氏体相变，且相变温度同应力呈线性关系。

形状记忆合金的形状记忆效应包括单程形状记忆效应和双程形状记忆效应。单程形状记忆效应是指形状记忆合金在高温下制成某种形状，在低温下将其任意变形，若将其加热到高温时，形状记忆合金回复高温下的形状，但重新冷却时形状记忆合金不能回复到低温时的形状。双程形状记忆效应是指形状记忆合金在第二次冷却到低温下时，仍然能回复到低温下的形状，但双程形状记忆效应往往不完全，而且在继续循环时，形状记忆效应将逐渐消失。

2. 了解形状记忆陶瓷的特性

20 世纪 60 年代，人们发现在 ZrO_2 陶瓷中也存在形状记忆效应。但需要指出的是，陶瓷的形状记忆效应与形状记忆合金相比存在一些差别，第一，陶瓷相变的热滞较大；第二，陶瓷形状记忆变形的量较小；第三，每次记忆循环中都有较大的不可回复变形，而且随着循环次数的增加，累积变形量增加，最终会导致裂纹出现；第四，没有双程形状记忆效应。

3. 了解形状记忆高分子材料性能

高分子材料的形状记忆机理与形状记忆合金和形状记忆陶瓷不同。它不是基于马氏体相变过程，而是基于高分子材料中分子链的取向与分布的变化过程。由于分子链的取向与分布可受光、电、热或化学物质等作用的控制，因此，形状记忆高分子材料可以是光敏（通过光照条件的变化实现形状记忆效应）、热敏、电敏等不同类型。

目前开发的形状记忆高分子材料具有两相结构，即固定成品形状的固定相和在某种温度下能可逆地发生软化和固化的可逆相。固定相的作用是记忆初始形态，在工作温度范围内保持稳定，第二次变形和固定是由可逆相来完成的。凡是有固定相和软化-固化可逆相的高分子材料都可以作为形状记忆高分子材料（或高聚物）。根据固定相的种类不同，形状记忆高分子材料可分为热固性和热塑性两类，如聚乙烯类结晶性聚合物、苯乙烯丁二烯共聚物等。

4. 了解形状记忆合金的应用

形状记忆合金具有广泛的应用前景，其应用主要有以下几个方面。

① 在汽车制造方面的应用。利用形状记忆合金可以制造后雾灯罩、手动变速器的防噪声装置、燃料蒸发气体排出控制阀、防止发动机过热用的风扇离合器、防滑轮胎等。例如，利用形状记忆合金可以制成钉子安装在汽车轮胎的外胎上，一旦气温降低到零摄氏度以下，公路结冰时，钉子就会"记得"从外胎内伸出来，防止汽车在结冰的公路上打滑。

② 在电子设备制造方面的应用。利用形状记忆合金可以制造各种不需电力的温度控制仪器（如温室窗户的自动开闭装置、电磁调理器、过热感知器、咖啡牛奶沸腾感知器、温泉浴池调理器等），电路的连接，自控系统的驱动器，电子炉灶换气门的开闭器，空调风向自动调节器，电饭锅压力调节器等。

③ 在安全器具制造方面的应用。利用形状记忆合金可以制造过热报警器、火灾报警器、自动灭火喷头、烟灰缸灭火栓等。

④ 在医学领域方面的应用。由于形状记忆合金与生物体的相容性好、耐蚀性好，因此，形状记忆合金在医学领域方面也获得了广泛的应用，如制成脊柱矫形棒、牙齿矫形唇弓丝、人造关节、人造骨骼、骨折部位的固定板、人造心脏、血栓过滤器等。血栓过滤器的工作原理如图 10-5 所示。

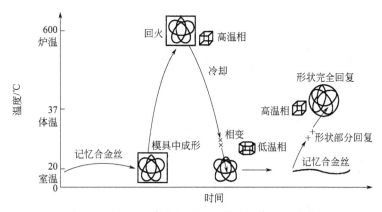

图 10-5　形状记忆合金血栓过滤器的工作原理示意图

在心脏、下肢和骨盆静脉中形成的血栓，通过血管输送到肺部时，会发生肺栓塞，危及生命。为了阻止凝血块游动，可以将一条 Ti-Ni 形状记忆合金丝在温度 Af（马氏体逆转变终了点）以上制成能阻止凝血块游动的罗网状结构，并且使 Af 温度略低于人体的温度，然后在低温下（马氏体转变终了点的温度以下）将其拉直，通过导管插入腔静脉。进入腔静脉的 Ti-Ni 形状记忆合金丝被体温加热后回复成原先的罗网状，就可成为血栓过滤器，并阻止凝血块游动。

⑤ 在能源开发方面的应用。利用形状记忆合金可以制造小型固体热机，用作热机能量转换材料。

⑥ 在日常生活方面的应用。利用形状记忆合金可以制作家庭换气门开闭器、记忆密码锁、防火挡板、净水器热水防止阀、恒温箱混合水栓温度调节阀、眼镜固定件、眼镜框架、钓鱼线、便携电话天线、装饰品等。

例如，把用形状记忆合金制成的弹簧放在热水中，弹簧的长度会立即伸长，再放到冷水中，它会立即回复原状。利用这种弹簧可以控制浴室水管的水温，在热水温度过高时通过"记忆"功能，调节或关闭供水管道，避免烫伤。形状记忆合金可以制作消防报警装置及电器设备的保安装置。当发生火灾时，形状记忆合金制成的弹簧发生形变，启动消防报警装置，达到报警的目的。还可以把用记忆合金制成的弹簧放在暖气的阀门内，用以保持暖房的温度，当温度过低或过高时，阀门会自动开启或关闭暖气的阀门。

再如用 Ti-Ni 形状记忆合金制作的眼镜架，即使镜片受热膨胀，该形状记忆合金也能靠超弹性的恒定力夹牢镜片。如果不小心被碰弯曲了，只要将其放在热水中加热，就可以回复原状。不久的将来，汽车或家用电器的外壳也可以用形状记忆合金制作。如果汽车或家用电器的外壳不小心被碰瘪了，只要用电吹风或热水加温就可回复原状，全回复过程不超过3min，既省钱又省力，非常方便。

⑦ 在工件连接方面的应用。形状记忆合金可用于特殊要求场合（如军用飞机、化工管道、化工容器、深底管道等）下制作各种管接头和铆钉，实现各种管道及容器的连接等，其工作原理如图 10-6 所示。

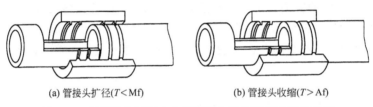

(a) 管接头扩径($T<$Mf) (b) 管接头收缩($T>$Af)

图 10-6 使用形状记忆合金管道接头进行管道连接示意图

在管道连接过程中，由于形状记忆合金在 Mf 温度以下处于马氏体状态，容易进行变形，接头内径容易扩大，如图 10-6(a) 所示。在此状态下，把管子插入接头内，待加热到 Af 温度以上后，管接头内径即可回复到原来的尺寸，从而完成管子的连接过程，如图 10-6(b) 所示。因为形状记忆合金的形状回复力很大，故连接接头很严密，很少有漏油、脱落等事故发生。例如，美国海军 F-14 飞机的液压系统中，就使用 Ti-Ni 形状记忆合金作连接接头，至今没有出现过一次失效记录。我国已经成功地研制了铁耐高压系形状记忆合金管接头，用于石油开采、炼油、化工等行业的管道连接，效果非常好。

在使用形状记忆合金铆钉连接的过程中，首先将合金在 Af 温度以上制成如图 10-7(a) 所示形状的铆钉，铆接时将其冷却到 Mf 温度以下，这时合金处于马氏体状态，容易变形，略加一点力即可将铆钉扳成图 10-7(b) 所示的形状，并能将其插入铆钉孔内［见图 10-7(c)］，然后使铆钉升温，当温度升高到 Af 以上时，铆钉回复到变形前的形状［见图 10-7(d)］，从而达到铆接的目的。

⑧ 作为智能材料。Ti-Ni 形状记忆合金是目前研究最充分的智能材料。利用形状记忆合金的形状记忆效应和超弹性等特征可开发出大量集感知、判断与动作为一体的小型智能零部件或产品。例如，当振幅增大到使马氏体变体间发生自协调时，Ti-Ni 合金内部界面移动可不断吸收振动能量，表现出高阻尼特征；在温度变化引发相变时，该材料又可产生很大的回

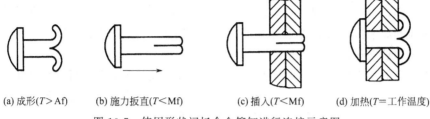

(a) 成形(T>Af)　(b) 施力扳直(T<Mf)　(c) 插入(T<Mf)　(d) 加热(T=工作温度)

图 10-7　使用形状记忆合金铆钉进行连接示意图

复应力和显著的应变，因此，Ti-Ni 合金除可作为高阻尼被动减振材料外，还可作为主动减振降噪的智能材料使用，是制造减振降噪智能结构关键驱动元件的首选材料之一。此外，由于形状记忆材料具有感知和驱动的双重功能，因此，形状记忆材料还可成为未来微型机械手和机器人的理想材料。

任务三　了解非晶态合金材料的特点与应用

● 知识目标

了解非晶态合金材料。

● 能力目标

能对非晶态合金材料作出初步选用。

非晶态合金是 20 世纪 50 年代问世的新金属材料，它利用超急冷技术（即 10^6/s 的冷却速度）使液态金属快速凝固直接成材而制成非晶态软磁合金。它具有高导磁率、高电阻率、高磁感、耐蚀等优异特性，是传统金属无可比拟的。

非晶态合金是一种没有原子三维周期性排列的固体合金。非晶态是相对晶态而言的，在非晶态材料中，原子在微观排列方面不存在有规律的周期性；在宏观上具有各向同性和无规则的外形。具有非晶态的材料很多，如传统的硅酸盐玻璃、非晶态聚合物、非晶态半导体、非晶态超导体、非晶态离子导体等。下面主要介绍非晶态合金。由于非晶态合金在结构上与玻璃相似，故又称为金属玻璃，如图 10-8 所示。

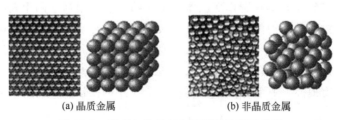

(a) 晶质金属　　　　　　　(b) 非晶质金属

图 10-8　晶态与非晶态金属原子排列示意图

非晶态合金可采用液相急冷法、气相沉积法、注入法等工艺制取。1959 年，杜威兹（Duwez）等人以超过 106℃/s 的急冷速度将 Al-Si 合金熔体制成非晶态箔片，这种采用液态急冷制备金属玻璃的方法，大大促进了非晶态金属的发展。急冷法的原理是：熔体在快速冷却条件下，晶核的产生与长大受到抑制，即使冷却到理论结晶温度以下也不结晶，被过冷的熔体处于亚稳态；进一步冷却时，熔体中原子的扩散能力显著下降，最后原子被冻结成固体，这种固体的原子排列与过冷液体相同。这种非平衡状态的固态就是非晶态或称为玻璃态。固化温度即玻璃化温度。

非晶态合金的化学成分选择十分重要。若化学成分设计不合理，即使急冷也不可能得到非晶态材料。非金属 B、P、Si、Ge 等与原子半径较大的金属组成的合金比较容易晶化。实用意义较大的是 Fe、Ni、Co 为主体的金属-非金属合金系。

与普通晶态金属或合金相比，非晶态合金在力学、电学、磁学和化学性能诸方面均有独特之处。非晶态合金具有很高的强度和硬度，如非晶态合金 $Fe_{80}B_{20}$，其抗拉强度达 3630MPa，而晶态超高强度钢的抗拉强度仅为 1800～2000MPa；非晶态铝合金的抗拉强度是超硬铝的 2 倍（见表 10-1）。同时，非晶态合金还具有很高的韧性和塑性，许多非晶态合金薄带可以反复弯曲，即使弯曲到 180° 也不会断裂，因此，既可以进行冷轧弯曲加工，也可编织成各种网状物。

表 10-1　非晶态铝合金与其他合金的强度比较

材　料　名　称	抗拉强度 R_m/ MPa	比强度 (R_m/ρ) /MPa·m³·g⁻¹
非晶态铝合金	1140	3.8×10^2
超硬铝	520	1.9×10^2
马氏体钢	1890	2.4×10^2
铁合金	1100	2.4×10^2

与晶态合金相比，非晶态合金的电阻率显著增高，一般要高 2～3 倍，这与非晶态合金原子的无序排列有关。这一特性显示了其在仪表测量中的应用前景。此外，非晶态合金制成的磁性材料具有高磁导率、低损耗等软磁性能，其耐蚀性也十分优异。有实验显示，$w_{Cr} > 8\%$ 的非晶态合金在酸性和中性氧化物介质中经 168h 浸蚀，其腐蚀速度几乎为零。

由于非晶态合金（非晶纳米晶材料）具有饱和磁感高、磁导率高、损耗低等优异特性，广泛应用于通信、电子、电力等工业，能替代传统坡莫合金及铁氧体等材料，被称为"二十一世纪绿色电子材料"，今后在电子、信息领域的应用将会越来越广，前景广阔。

非晶态合金常用于制作磁头、脉冲变压器、磁传感元件、漏电保护器、电流互感器、逆变电源、高频开关电源、脉冲变压器及防窃磁条、钎焊料等 10 多种产品，如图 10-9 所示。

我国用非晶铁芯替代硅钢片制作变压器，每年约可节省相当于两个葛洲坝水电站的发电量；非晶态硅薄膜材料是当前最有发展前景的太阳能光电转换材料，在微电子学和信息技术方面也有应用前景。非晶态超导材料目前已制成，将投入实际应用；非晶态陶瓷材料也已问世；非晶态催化剂处于起步阶段。可以预见，随着非晶态材料制备工艺技术的改进，非晶态材料的产量会大幅度提高，其制取成本会逐步降低，并将在相当广阔的领域中得到应用。

任务四　了解超导材料的特点与应用

● 知识目标

了解超导材料。

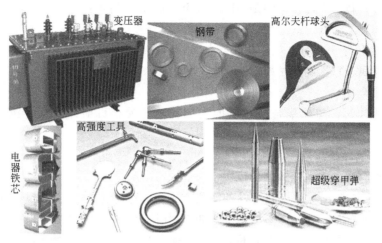

图 10-9 非晶态合金制造的各种产品

● **能力目标**

能对超导材料作出初步选用。

超导材料是指在一定温度下材料的电阻变为零，并且磁力线不能进入其内部，材料呈现完全抗磁性的材料。超导现象是荷兰物理学家卡梅林·昂内斯（Kamerlingh Onnes）在 1911 年首先发现的。他在检测水银低温电阻时发现当温度低于 4.2K 时水银的电阻会突然消失。这种零电阻现象称为超导现象。超导材料从正常的电阻态过渡到超导态（零电阻态）的转变称为正常超导转变，此时的转变温度 T_c 值称为超导体的临界温度。T_c 值是物质常数，同一种超导材料在相同的条件下有确定的 T_c 值。T_c 值越高，超导材料的实用价值越大。

1933 年迈斯纳（Meissner）发现超导材料的第二个标志——完全抗磁。当金属在超导状态时，它能将通过其内部的磁力线排出体外，称为迈斯纳效应。零电阻和完全抗磁性是超导材料的两个最基本的宏观特性。

超导材料为人类提供了十分有诱惑力的工业前景，但 4K 的低温让人们失去了应用的信心。此后，人们不仅在超导理论研究上做了大量工作，而且在研究新的超导材料、提高超导零电阻温度上也进行了不懈的努力。由于大多数超导材料的 T_c 值都太低，必须用液氦才能降到所需温度，这样不仅费用昂贵而且操作不便，因而许多科学家都致力于提高 T_c 值的研究工作。1973 年应用溅射法制成的 Nb_3Ge 薄膜，T_c 从 4.2K 提高到 23.2K。到 20 世纪 80 年代中期，超导材料研究取得突破性进展。中国、美国、日本等先后获得 T_c 高达 90K 以上的一种含钇和钡的铜氧化物高温超导材料，而后采用液氮冷却技术，又研制出 T_c 超过 125K 的高温超导材料。这些结果成为超导技术发展史上重要的里程碑，对许多科学技术领域产生了难以估计的深远影响。至今，高温超导的研究仍方兴未艾。

1. 了解超导材料分类

超导材料一般分为超导合金、超导陶瓷和超导聚合物三类。

（1）超导合金

超导合金是超导材料中机械强度最高、应力应变小、磁场强度低的超导体，是早期具有实用价值的超导材料。广泛使用的是 Nb-Zr 系和 Ti-Nb 系超导合金。

（2）超导陶瓷

1986 年随着超导陶瓷的出现，使超导体的 T_c 获得重大突破。T_c 高于 120K 的 Ti-Ba-Ca-Cu-O 材料就属于超导陶瓷材料。

（3）超导聚合物

与超导合金相比，超导聚合物材料的发展比较缓慢，目前最高临界温度只达到 10K 左右。

2. 了解超导材料的应用

（1）超导材料在电力系统方面的应用

目前，采用的传统铜导线或铝导线的输电方式，约有 15％的电能要损耗在输电线路上，仅在我国造成的损耗每年就达 1000 多亿度。如果利用超导材料输电，电力损耗则几乎为零，可节省大量的电能。将超导线圈用于发电机，可大大提高电机中的磁感应强度，提高发电机的输出功率，使发电效率提高约 50％。利用超导体可将热核反应堆中的超高温等离子体包围和约束起来，然后慢慢地释放能量，从而使受控核聚变能源成为人类取之不尽的新能源。如图 10-10 所示。

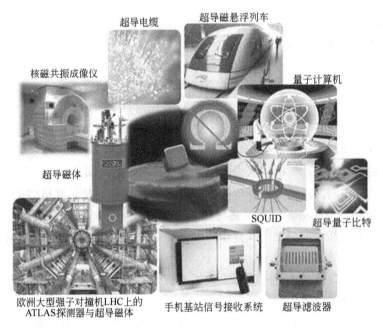

图 10-10　超导材料的应用

（2）超导材料在运输方面的应用

利用超导材料的抗磁性，将超导材料放在一块永久磁体上方，由于永久磁体的磁力线不能穿过超导体，磁体和超导体之间就会产生排斥力，使超导体悬浮在永久磁体上方。利用超导体的这种磁悬浮效应，可将许多小型超导磁体安装在磁悬浮列车底部，并在轨道两旁埋设一系列闭合的铝环。磁悬浮列车运行时，铝环内产生的磁场与超导体相互作用，产生的浮力便使列车浮起。磁悬浮列车速度越高，浮力越大。目前，超导磁悬浮列车的运行速度可达 550km/h，如图 10-10 所示。

（3）超导材料在电子信息方面的应用

利用超导材料的隧道效应，可解决计算机器件的散热难题，制造运算速度极快的超导计算机等；超导材料还可用于制作各种高灵敏度的超导电磁测量装置，用于测量微弱的电磁信号，实现高精度测量和对比，如图 10-10 所示。

（4）超导材料在军事方面的应用

利用超导材料具有高载流能力和零电阻的特点，可长时间无损耗地储存大量电能，需要时即可将储存的能量连续地释放出来。在此基础上可制成超导储能系统，将超导储能系统应用于军事方面，可更换军车和坦克上的笨重油箱和内燃机，对军用武器装备来说是一次革命。此外，利用超导材料可以制作超导粒子武器、自由电子激光器、超导电磁炮、超导电磁推进系统和超导陀螺仪等，如图 10-10 所示。

任务五　了解纳米材料的特点与应用

● 知识目标

了解纳米材料。

● 能力目标

能对纳米材料作出初步选用。

著名的诺贝尔化学奖获得者 Feyneman 在 20 世纪 60 年代曾预言："如果我们对物体微小规模上的排列加以某种控制的话，我们就能使物体得到大量的异乎寻常的特性，就会看到材料的性能产生丰富的变化。"这种材料就是现在的纳米材料。

1. 理解纳米材料的定义及分类

纳米是一种度量单位，1 纳米（nm）等于 10^{-9} m（1mm 等于 10^{-3} m，1μm 等于 10^{-6} m），即百万分之一毫米、十亿分之一米。1nm 相当于头发丝直径的 10 万分之一。广义地说，纳米材料是指微观结构至少在一维方向上受纳米尺度（1～100nm）调制的各种固体超细材料，它包括零维的原子团簇（几十个原子的聚集体）和纳米微粒、一维调制的纳米多层膜、二维调制的纳米微粒膜（涂层），以及三维调制的纳米相材料。简单地说，纳米材料是指用晶粒尺寸为纳米级的微小颗粒制成的各种材料，其纳米颗粒的大小不应超过 100nm。目前，国际上将处于 1～100nm 尺度范围内的超微颗粒及其致密的聚集体，以及由纳米微晶所构成的材料，统称为纳米材料，它包括金属、非金属、有机、无机和生物等多种粉末材料。

纳米材料研究是目前材料科学研究的一个热点，纳米材料是纳米技术应用的基础，由其发展起来的纳米技术被公认为是 21 世纪最具有前途的科研领域。所谓纳米科学，是指研究纳米尺寸范围在 0.1～100nm 之内的物质所具有的物理、化学性质和功能的科学。纳米科技大致涉及以下七个分支：纳米材料学、纳米电子学、纳米生物学、纳米物理学、纳米化学、纳米机械学（制造工艺学）、纳米加工及表征。其中每一门类都是跨学科的边缘科学，不是某一学科的延伸或某一项工艺的革新，而是许多基础理论、专业工程理论与当代尖端高新技术的结晶。

2. 了解纳米材料的结构与性能

纳米固体中的原子排列既不同于长程有序的晶体，也不同于长程无序的"气体状"固体结构，是一种介于固体和分子间的亚稳中间态物质。因此，一些研究人员把纳米材料称为晶态、非晶态之外的"第三态晶体材料"。正是由于纳米材料这种特殊的结构，使之产生了四大效应，即小尺寸效应、量子效应（含宏观量子隧道效应）、表面效应和界面效应，从而具有传统材料所不具备的物理性能、化学性能，并表现出独特的光、电、磁和化学特性。

由于纳米材料尺寸特别小，纳米材料的表面积比较大，处于表面上的原子数目的百分比显著增加，当纳米材料颗粒直径只有 1nm 时，原子将全部暴露在表面，因此，原子极易迁移，使其物理性能发生极大变化。纳米材料特殊的物理性能主要有以下几点。

① 纳米材料具有高比热、高电导率、高扩散率，对电磁波具有强吸收特性，据此可制造出具有特定功能的产品，如电磁波屏蔽、隐形飞机涂料等。

② 纳米材料对光的反射能力非常低，低到仅为原非纳米材料的百分之一。

③ 气体在纳米材料中的扩散速度比在普通材料中快几千倍。

④ 纳米材料的力学性能成倍增加，具有高强度、高韧性及超塑性，如纳米铁材料的断裂应力比一般铁材料高 12 倍。

⑤ 纳米材料与生物细胞的结合力较强，为人造骨质的应用拓宽了途径。

⑥ 纳米材料的熔点大大降低，如纯金熔点是 1064℃，但 2nm 的金粉末熔点只有 327℃。

⑦ 纳米材料具有特殊的磁性，如 20nm 的铁粉，其磁矫顽力可增加 1000 倍。纳米磁性材料的磁记录密度可比普通的磁性材料提高 10 倍。

3. 了解纳米材料的应用

① 纳米结构材料。它包括纯金属、合金、复合材料和结构陶瓷，具有十分优异的力学及热力性能，可使构件重量大大减轻，如图 10-11 所示。

② 纳米催化、敏感、储氢材料。它用于制造高效的异质催化剂、气体敏感器及气体捕获剂，用于汽车尾气净化、环境保护、石油化工、新型洁净能源等领域，如图 10-11 所示。

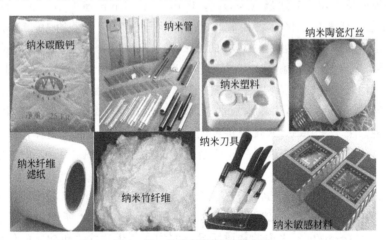

图 10-11 纳米结构材料的应用

③ 纳米光学材料。它用于制作多种具有独特性能的光电子器件，如蓝光二极管、量子点激光器、单电子晶体管等，如图 10-11 所示。

④ 纳米技术电子器件。纳米技术制作的电子器件的性能大大优于传统的电子器件：其工作速度快，是硅器件的 1000 倍，因而可使产品性能大幅度提高；功耗低，纳米电子器件的功耗仅为硅器件的 1/1000；信息存储量大，在一张不足巴掌大的 5in（1in＝2.54cm）光

盘上,至少可以存储 30 个中国国家图书馆的全部藏书;体积小、重量轻,可使各类电子产品体积和重量大为减小。

⑤ 纳米生物与医学材料。纳米粒子与生物体有着密切的关系,如构成生命要素之一的核糖核酸蛋白质复合体,其粒度在 $15 \sim 20nm$ 之间,生物体内的多种病毒也是纳米粒子。用纳米 SiO_2 微粒可进行细胞分离,用金的纳米粒子可进行定位病变治疗,以减少副作用等。通过研究纳米生物学,可以使人类在纳米尺度上了解生物大分子的精细结构及其与功能的关系,获取生命信息,特别是细胞内的各种信息。此外,还可利用纳米粒子研制成机器人,注入人体血管内,对人体进行全身健康检查,疏通脑血管中的血栓,清除心脏动脉脂肪沉积物,甚至还能吞噬病毒、杀死癌细胞等。

⑥ 在军事方面。以昆虫作平台,利用先进的纳米技术,可把纳米机器人植入昆虫的神经系统中以控制昆虫,使昆虫飞向敌方,收集情报,或使敌方的目标或设施丧失功能。

⑦ 纳米硬质合金。纳米硬质合金的出现是硬质合金制造技术的飞跃。由于纳米硬质合金具有纳米级微观结构,因此具有极高的硬度和韧性,拓展了硬质合金的应用范围。

任务六 了解功能材料的特点与应用

● 知识目标

了解功能材料。

● 能力目标

能对功能材料作出初步选用。

功能材料是指那些具有优良的电学、磁学、光学、热学、声学、力学、化学、生物医学功能,具有特殊的物理、化学、生物学效应,能完成功能相互转化,主要用来制造各种功能元器件而被广泛应用于各类高科技领域的高新技术材料。

功能材料是新材料领域的核心,是国民经济、社会发展及国防建设的基础和先导,也是世界各国高技术发展中战略竞争的热点。它涉及信息技术、生物工程技术、能源技术、纳米技术、环保技术、空间技术、计算机技术、海洋工程技术等现代高新技术及其产业,正在形成一个规模宏大的高技术产业群,有着十分广阔的市场前景和极为重要的战略意义。功能材料不仅对高新技术的发展起着重要的推动和支撑作用,还对我国相关传统产业的改造和升级,实现跨越式发展起着重要的促进作用。在全球新材料研究领域中,功能材料约占 85%。

1. 了解功能材料的分类

功能材料种类繁多,分类方法各异,主要有以下几种分类方法。

① 功能材料按化学组成分类,可分为金属功能材料、无机非金属功能材料、有机高分子功能材料和复合功能材料。

② 功能材料按聚集态分类。可分为气态功能材料、液态功能材料、固态功能材料、液晶态功能材料和混合态功能材料,其中固态功能材料又包括晶态功能材料、准晶态功能材料和非晶态功能材料。

③ 功能材料按功能分类,可分为物理功能材料(如光、电、磁、声、热等)、化学功能

材料（如感光、催化、降解、交换等）、生物功能材料（如生物医药、生物模拟、仿生等）和核功能材料。

2. 了解功能材料的性能特点和用途

① 导电功能材料。它是指那些具有导电特性的物质，包括电阻材料、电热与电光材料、导电与超导材料、半导体材料、介电材料、离子导体和导电高分子材料等，如图 10-12 所示。

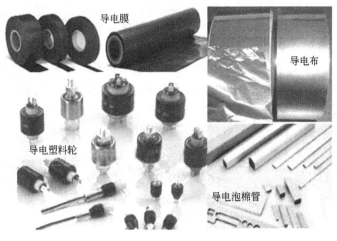

图 10-12　导电功能材料制造的产品

② 超塑性材料。长期以来，人们一直希望能够很容易地对高强度材料进行塑性加工成形，成形以后，又能像钢铁一样坚固耐用。随着超塑性合金的出现，这种希望已经成为现实。

1920 年，德国人罗森汉在锌-铝-铜三元共晶合金的研究中，发现这种合金经冷轧后具有暂时的高塑性。超塑性锌合金的形成条件为温度 250～270℃，压力 0.39～1.37MPa。超塑性锌合金具有成形加工温度低，成形性和耐蚀性好等优点。超塑性合金除了制作各种复杂形状的容器外，还广泛用作建筑材料。

1928 年英国物理学家森金斯下了一个定义：凡金属在适当的温度下变得像软糖一样柔软，而且其应变速度为 10mm/s 时，产生 300％以上的延伸率，均属超塑性现象。1945 年前苏联包奇瓦尔等针对这一现象提出了"超塑性"这一术语，并在许多非铁金属共晶体及共析体合金中，发现了不少延伸率特征显著的特异现象。

在通常情况下，金属的延伸率不超过 90％，而超塑性材料的最大延伸率可高达 1000％～2000％，个别的甚至达到 6000％。金属只有在特定条件下才显示出超塑性，如在一定的变形温度范围内进行低速加工时可能出现超塑性。产生超塑性的合金，晶粒一般为微细晶粒，这种超塑性称为微晶超塑性。

自 20 世纪 70 年代初，全世界都在寻找新的超塑性金属，到目前已发现了 170 多种合金材料具有超塑性。超塑成型应用如图 10-13 所示。

③ 磁功能材料。磁性是物质普遍存在的基本属性。所谓磁性材料和非磁性材料，实际上是指强磁性材料和弱磁性材料。早期的磁性材料是指软铁、硅钢片、铁氧体等。随着新材料的发展，出现了非晶态软磁材料、纳米晶软磁材料、稀土永磁材料等一系列高性能磁性材料。磁功能材料一般是指在常温下表现为强磁性的磁性材料，根据其用途可分为软磁性材

料、硬磁性材料、信息磁性材料及特殊功能磁性材料。

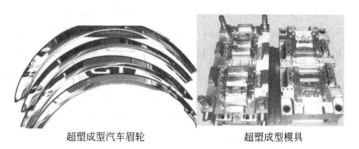

超塑成型汽车眉轮　　　　　　超塑成型模具

图 10-13　超塑成型应用

软磁性材料是指容易被反复磁化，并在外磁场除去后磁性基本消失的磁性材料。软磁性材料的特点是在较弱的外磁场中就可获得较高的磁感应强度，并随外磁场的增加很快达到饱和，在外磁场除去后磁性基本消失，如纯铁、硅钢、合金及非晶态合金等。

硬磁性材料（或称永磁材料）是指材料被磁化后，在外磁场除去后仍然具有较高剩磁的材料。硬磁性材料有 Al-Ni-Co 系永磁材料、Fe-Cr-Co 系永磁材料、永磁铁氧体、稀土永磁材料和复合永磁材料，如图 10-14 所示。

磁芯

磁吊

磁环

图 10-14　硬磁性材料应用

信息磁性材料是指在信息处理中用于信息存取的磁功能材料。信息磁性材料能将信息转化为材料的磁化，并可再将材料的磁化转化为信息，如磁记录材料、磁微波材料、磁光材料等。

特殊功能磁性材料是指具有某些特殊功能的磁性材料，如磁致伸缩磁性材料、微波磁吸收材料、磁姗，广泛用于雷达、卫星通信、电子对抗、声呐系统等领域。

④ 电子信息材料。它是指那些用于集成电路的半导体材料、电子元器件材料、人工晶体材料，以及通信技术中使用的光导纤维等。它是新材料领域中最重要的组成部分，已成为推动信息产业增长的主要动力。

⑤ 智能材料。它是指能够根据所处环境的变化，使自身功能处于最佳状态的材料，如形状记忆材料、电流变体材料、电致变色材料、微孔材料等都可列入智能材料。不同的智能材料系统依靠不同的机制来完成智能功能，如形状记忆材料是利用材料受热、光等的作用发生相变，导致形状变化；电致变色材料是利用一些氧化物在电场作用下与金属发生离子交

换，从而改变吸收波的波长范围。

⑥ 热功能材料。材料在受热或温度变化时，会出现性能变化并产生一系列现象，如热膨胀、热传导（或隔热）、热辐射等，凡具有此类现象的材料，就称为热功能材料。根据热性能变化的特性，热功能材料可分为膨胀材料、热电材料、形状记忆材料、热释电材料、隔热材料等，它们广泛用于仪器仪表、医疗器械、导弹武器、空间技术和能源开发等领域。

⑦ 梯度功能材料。由两种或多种材料复合成组分和结构呈现连续梯度变化的新型复合材料，称为梯度功能材料。其主要特征是：材料的组分和结构呈现连续梯度变化，材料内部无明显界面，材料的性质呈现连续梯度变化。例如，宇宙飞船进入太空过程中，会受到大气层的摩擦热和较高的热应力循环。如果采用金属材料制作飞船部件，虽然其强度高、韧性好，但其耐高温性能和耐蚀性能较低；如果采用陶瓷材料制作飞船部件，虽然耐高温、耐腐蚀，但其脆性大，不耐冲击；如果将两者组合，发挥两者各自的优点，克服两者的缺点，就可满足飞船部件的使用要求。但普通的粘接技术或复合技术不能消除两者在界面处的巨大结构变化和性能差异，很容易产生剥离、开裂和脱落，造成材料损坏，严重时损坏飞船，而若采用梯度热防护功能材料就可满足航天飞机、飞船部件（如壳体、发动机燃烧室等）的使用要求。

⑧ 能源转化与储存材料。地球上可再生的能源主要指太阳能、风能、地热能、潮汐能等，这些能源在大多数情况下不能直接使用，也不能储存，因此，必须将它们转换成可以使用的能源形式，或将之用适当的方式储存起来，再加以利用。能源转化与储存材料就是围绕可再生能源的利用这一目标而发展起来的新材料，如太阳能转换材料（如光电转换材料）、热电转换材料、储氢材料（如镁基储氢材料）等。

⑨ 阻尼材料。随着工业和交通运输业的飞速发展，噪声污染对人类的危害越来越大。因此，将噪声降低到无害的程度，是环境保护的一项重要任务。噪声与振动可以通过吸声、隔音、消声、阻尼减振技术等措施治理。阻尼减振技术中所用的材料称为阻尼材料或减振材料。阻尼材料分为金属基阻尼材料（烧结多孔铸铁、泡沫铝合金等）和非金属基阻尼材料（橡胶系、沥青系、塑料系等）两大类。

⑩ 光学材料。根据光与材料相互作用时产生的不同物理效应可将光学材料分为光介质材料和光功能材料两大类。光介质材料是指传输光线的材料，这些材料以折射、反射和透射的方式，改变光线的方向、强度和位相，使光线按照预定的要求传输，也可以吸收或透过一定波长的光线而改变光线的光谱成分，如光学玻璃、光学塑料、光导纤维和光学晶体等；光功能材料是指在电、声、磁、热、压力等外场作用下，其光学性质能发生变化，或者在光的作用下其结构和性能能发生变化的材料。利用这些变化，可以实现能量的探测和转换，如激光材料、电光材料、声光材料、非线性光学材料、显示材料和光信息存储材料等。

⑪ 生物医学材料。它是指用于与生命系统接触和发生相互作用的，并能对其细胞、组织和器官进行诊断、治疗、替换修复或诱导再生的天然或人工合成的特殊功能材料，或称生物材料。生物医学材料是当代科学技术发展的重要领域之一，已被许多国家列为高技术材料发展计划。生物医学材料按材料的物质属性来分，可分为医用金属材料（如不锈钢、钛合金等）、生物陶瓷（如 Al_2O_3 陶瓷、ZrO_2 陶瓷、磷酸盐陶瓷等）、医用高分子材料（如硅橡胶、聚四氟乙烯等）和复合材料四类。

⑫ 隐身材料。能够减弱物体目标特征的材料称为隐身材料。目前，获得成功应用的是涂敷吸波材料，该材料是一种功能复合材料，它以高分子溶液、乳液或液态高聚物为基料，

加入吸波剂和其他组分并均匀分散制成。涂敷吸波材料广泛应用于军事装备，如军舰、巡航导弹、飞机、坦克等。

思考与练习

一、名词解释

1. 新材料；2. 高温合金；3. 形状记忆材料；4. 形状记忆效应；5. 非晶态合金；6. 超导材料；7. 纳米材料；8. 功能材料；9. 硬磁性材料；10. 梯度功能材料

二、填空题

1. 高温材料主要有高温_____和高温_____。

2. 按高温合金组成元素可分为_____高温合金、_____高温合金和_____高温合金。按生产方法可分为_____高温合金和_____高温合金。

3. 形状记忆合金的形状记忆效应包括_____程形状记忆效应和_____程形状记忆效应。

4. 非晶态合金可采用_____相急冷法、_____相沉积法、_____法等工艺制取。

5. _____电阻和_____抗磁性是超导材料的两个最基本的宏观特性。

6. 超导材料一般分为超导_____、超导_____和超导_____三类。

7. 纳米是一种度量单位，1nm 等于_____ m。

8. 凡金属在适当的温度下变得像软糖一样柔软，而且其应变速度为 10mm/s 时，所产生_____以上的延伸率，均属超塑性现象。

9. 磁功能材料根据其用途可分为_____磁性材料、_____磁性材料、信息磁性材料及特殊功能磁性材料。

10. 根据热性能变化的特性，热功能材料可分为_____材料、_____材料、形状记忆材料、热释电材料、隔热材料等。

11. 阻尼材料分为_____基阻尼材料和_____基阻尼材料两大类。

12. 根据光与材料相互作用时产生的不同的物理效应可将光学材料分为_____材料和_____材料两大类。

13. 生物医学材料按材料的物质属性来分，可分为_____金属材料、_____陶瓷、医用高分子材料和复合材料四类。

三、判断题

1. CH1140 表示 140 号固溶强化铁基变形高温合金。（   ）

2. 在形状记忆合金中，马氏体相变不仅由温度引起，也可以由应力引起。（   ）

3. 形状记忆合金可用于特殊要求场合下制作各种管接头和铆钉，实现各种管道及容器的连接等。（   ）

4. T_c 值是物质常数，同一种超导材料在相同的条件下有不同的值。（   ）

5. 纳米颗粒的大小不应超过 100nm。（   ）

四、简答题

1. 形状记忆合金的形状记忆效应的本质是什么？

2. 简要说明纳米材料的主要性能特点与应用。

思考与练习答案汇总

课题一

一、名词解释（略）

二、填空题

1. 金属材料；非金属材料；结构材料；功能材料；晶体材料；非晶体材料
2. 铁矿石；焦炭、石灰石；燃料燃烧；铁的还原和增碳；其他元素的还原和造渣；平炉炼钢法；转炉炼钢法；电炉炼钢法
3. 工艺、力学、物理、化学
4. 密度、熔点、导热性、导电性、热膨胀性、磁性
5. 强度、硬度、塑性、疲劳强度
6. 弹性变形阶段、屈服阶段、变形强化阶段、缩颈与断裂
7. 洛氏、布氏、维氏
8. 5、硬质合金、7.35kN、10～15、布氏、450
9. R_{eL}、R_m、HRA、A、Z、σ_{-1}
10. 小于、大于、重、轻
11. 耐腐蚀、抗氧化、化学稳定
12. 铸造性能、压力加工性能、焊接性能、热处理性能、切削加工性能

三、单项选择题

1. D；2. B；3. B；4. B；5. D；6. C；7. D；8. A；9. C；10. C

四、判断题

1. ×；2. √；3. ×；4. √；5. ×；6. ×；7. √；8. √；9. ×；10. ×

五、简答题（略）

六、分析题（略）

课题二

一、名词解释（略）

二、填空题

1. 晶体内部原子排列有规律，有规则的外形和固定的熔点。而非晶体与之相反
2. 体心立方晶格；面心立方晶格；密排六方晶格；Cr-体心立方晶格；Cu-面心立方晶格；Mg-密排六方晶格
3. 点缺陷；线缺陷；面缺陷

4. 晶核的形成；晶核的长大

5. 必要；不；冷却速度；结晶

6. 高；好

7. 固溶体；金属化合物；机械混合物

8. 置换固溶体；间隙固溶体；增加

9. 变质处理；冷变形强化

10. 滑移；孪晶

11. 回复；再结晶；晶粒长大

12. 再结晶；高；好

三、选择题

1. D、C；2. B；3. A；4. B；5. C

四、判断题

1. ×；2. √；3. √；4. ×；5. ×；6. ×；7. √；8. √；9. √；10. ×；11. √；12. √；13. ×

五、简答题（略）

六、应用题

1. （1）只有 1 个液相；（2）液相和固相；（3）1 个固溶体相

2. 解：$T_{再\,Al}=0.4\times660=264℃$

$T_{再\,Cu}=0.4\times950=380℃$

$T_{再\,Fe}=0.4\times1538=615.2℃$

课题三

一、名词解释（略）

二、填空题

1. A；F；Fe_3C；P；Ld；Ld'

2. F；Fe_3C；A；Fe_3C

3. $w_C=2.11\%$；$w_C=0.77\%$

4. $w_C=0.77\%$；共析；F；Fe_3C；P

5. 莱氏体；$w_C=4.3\%$

6. $0.0218\%\leqslant w_C<0.77\%$；F+P；$0.77\%<w_C\leqslant2.11\%$；P+ Fe_3C

7. $2.11\%<w_C<4.3\%$；$Ld'+P+$ Fe_3C_{II}；$4.3\%<w_C<6.69\%$；$Ld'+ Fe_3C_I$

8. F+P；P+ Fe_3C_{II}；P+ Fe_3C_{II}

三、选择题

1. A、B、D；2. C、A；3. A；4. B；5. D；6. B、D；7. A；8. C、A

四、判断题

1. ×；2. √；3. ×；4. ×；5. √；6. √；7. ×；8. ×

五、简答题（略）

六、应用题（略）

课题四

一、名词解释（略）

二、填空题

1. 加热；保温；冷却

2. 箱式电阻炉；盐浴炉；井式炉；火焰加热炉；水槽；油槽

3. 退火；正火；淬火；回火

4. 形核；核长大；晶核形成；晶核长大；剩余渗碳体溶解；奥氏体化学成分均匀化

5. 珠光体；贝氏体；马氏体；高；中；低；上；下

6. 完全退火；球化退火；等温退火；去应力退火；均匀化退火

7. 单液；双液；马氏体分级；贝氏体等温；水；油；盐水

8. 过热；过烧；氧化；脱碳；硬度不足；发现软点；变形；开裂

9. 低；中；高

10. 自然；热；变形；振动；沉淀硬化

11. 感应；火焰；高频；中频；工频

12. 分解；吸收；扩散；渗碳、渗氮

13. 低碳钢；低碳合金钢；气体；液体；固体

14. 气体渗氮；离子渗氮；

15. 形变热处理；真空热处理；可控气氛热处理；激光热处理；电子束淬火

16. 附加；基础；整体；表面；化学

17. Fe_3O_4；防护装饰性镀铬；耐磨镀铬

三、选择题

1. B、A、C；2. C；3. A；4. A；5. A；6. C；7. D、C；8. C、A；9. C；10. D；11. B；12. C；13. A；14. D

四、判断题

1. ×；2. √；3. ×；4. √；5. √；6. √；7. ×；8. ×；9. √；10. √；11. √；12. √；13. √；14. ×；15. √；16. √；17. √；18. √；19. ×；20. ×

五、简答题（略）

六、应用题（略）

课题五

一、名词解释（略）

二、填空题

1. 硫、磷、氢

2. 低碳钢；中碳钢；高碳钢；普通钢；优质钢；普通碳素结构钢；优质碳素结构钢（A）；碳素工具钢；其他专用优质碳素钢

3. 冲压钢；渗碳钢；调质钢

4. 低碳钢；碳素结构钢；普通碳素结构钢；屈服强度；最低屈服强度值大于235MPa

5. 调质钢；优质碳素结构钢碳

6. 270；500

7. 碳素工具钢；高碳钢；高级优质

三、选择题

1. D；2. B；3. A；4. B、A、D、C；5. A、B、C、D；6. A、B、C、D；7. C；8. A

四、判断题

1. √；2. √；3. √；4. √；5. ×；6. ×；7. ×；8. ×

五、简答题（略）

六、分析题（略）

课题六

一、名词解释（略）

二、填空题

1. 合金铁素体；合金

2. 普通质量低合金钢；优质低合金钢；特殊质量低合金钢

3. 优质合金钢；特殊质量合金钢

4. 合金渗碳钢；合金调质钢；合金弹簧钢；超高强度钢

5. 合金渗碳钢；渗碳、淬火＋低温回火；合金调质钢；淬火＋高温回火；合金弹簧钢；淬火＋中温回火

6. 低合金超高强度钢；二次硬化型超高强度钢；马氏体时效钢；超高强度不锈钢

7. 锻造；等温退火；三；63；600；高硬度；高耐磨性

8. 10.5％；1.2％；奥氏体型不锈钢；铁素体型不锈钢；马氏体型不锈钢；奥氏体-铁素体型不锈钢；沉淀硬化型不锈钢

9. 抗氧化性；高温热强性

10. 永磁钢；软磁钢；无磁钢

11. 低碳锰钢；镍钢；奥氏体不锈钢

12. 大型低合金铸钢；特殊铸钢

三、选择题

1. A；2. A；3. C、B；4. A；5. B、A、C、D；6. C、D、E、B、A、F；7. A、B、C、D；8. C

四、判断题

1. √；2. ×；3. √；4. √；5. √；6. ×；7. √

五、简答题（略）

六、分析题（略）

课题七

一、名词解释（略）

二、填空题

1. 白口铸铁；灰铸铁；麻口铸铁；灰铸铁；球墨铸铁；可锻铸铁；蠕墨铸铁

2. 铸造性；切削加工性；减摩性；减振性；缺口敏感性

3. 铁素体；珠光体

4. 退火；正火；调质

5. 白口铸铁；退火；渗碳体；团絮状

6. 耐磨铸铁；耐热铸铁；耐蚀铸铁

三、选择题

1. B；2. A、C；3. D、C、B、A；4. C、B、A；5. B

四、判断题

1. √；2. √；3. ×；4. √；5. ×；6. ×；7. √

五、简答题（略）

六、分析题（略）

课题八

一、名词解释（略）

二、填空题

1. 轻；2.7；660；面心立方晶格

2. 防锈铝；硬铝；超硬铝；锻铝；铝硅合金；铝铜合金；铝镁合金；铝锌合金

3. 黄铜；白铜；青铜；黄铜；白铜；普通黄铜；特殊黄铜

4. 铜；锌；特殊黄铜

5. 锡青铜；铝青铜；铍青铜；硅青铜

6. 密排六方；8.6；Cu；Mg

7. 4.51；1677；去应力退火；再结晶退火

8. 锡基；铅基；铜基；铅基；锡；锑；铜

9. 生产粉末；粉末配料混合；成形；烧结；烧结后处理

10. 切削工具；地质、矿山；钢结硬质；P、M、K、N、S、H；切削工具；地质、矿山

三、选择题

1. C、B、E、A、F、D；2. B、C；3. B；4. B；5. A；6. A、D、B、C

四、判断题

1. √；2. √；3. ×；4. ×；5. ×；6. ×；7. ×；8. √；9. ×；10. ×；11. √

五、简答题（略）

六、分析题（略）

课题九

一、名词解释（略）

二、填空题

1. 畸变；断裂；表面损伤

2. 弹性变形；塑性变形；翘曲畸变

3. 韧性断裂；低应力脆断；疲劳断裂

4. 磨损；腐蚀

5. 硬度

6. 变形和断裂；疲劳断裂；磨损；综合力学性能；45钢；球墨铸铁

7. 断齿；齿面磨损；接触疲劳

8. 断裂；磨损

9. 磨损；黏附

10. 高硬度；高耐磨；红硬性

11. 熔融；加热；冷却；冲刷；腐蚀；热疲劳抗力；抗氧化性；耐腐蚀性

12. 磨损失效；断裂失效；热疲劳开裂失效；塑性变形失效

13. 磨损、腐蚀失效；塑性变形失效；塑性变形失效

14. 耐磨、耐蚀

三、选择题

1. C；2. D；3. C；4. A；5. A、C；6. C、B；7. B；8. C；9. A、D；10. C；11. D；12. C；13. D；14. D；15. A；16. B

四、判断题

1. ×；2. ×；3. √；4. ×；5. √；6. √；7. ×；8. √；9. √；10. ×；11. √

五、简答题（略）

六、分析题

课题十

一、名词解释（略）

二、填空题

1. 合金；陶瓷

2. 铁基；镍基；钴基；变形；铸造

3. 单程；双程

4. 液相；气相；注入

5. 零；完全

6. 合金；陶瓷；聚合物

7. 10^{-9}

8. 300%

9. 软；硬

10. 膨胀；热电

11. 金属；非金属

12. 光介质；光功能

13. 医用；生物

三、判断题

1. √；2. √；3. √；4. ×；5. √

四、简答题（略）

附录

附录一　国内外常用模具钢号对照表（近似）

中国 GB	美国 AISI	德国 DIN	日本 JIS	英国	瑞典
20	1020	X22	S20C	En2C	—
20Cr	5120	20Cr4	SCr420H	En207	—
12CrNi3	E3310	14NiCr14	SCNC22H	655A12	—
T7	W1 和 W2	C70W1	SK6	—	—
T10	W1 和 W2	100V1	SKS94	BW1B	—
9Mn2V	O2	90MnV8	SKT6	BO2	DF-2
9CrWMn	O1	—	SKS3	—	DF-3
CrWMn	O7	105WCr6	SKS31	—	—
Cr12	D3	X210Cr12	SKD1	BD3	—
Cr12Mo1V1	D2	X165CrMoV12	SKD11	BD2	XW-42
Cr5MoV	A2	—	SKD12	BA2	XW-10
GCr15	L3	105Cr5	—	BL3	—
W18Cr4V	T1	S6-0-1	SKH2	BT1	—
W6Mo5Cr4V2	M2	S6-5-2	SKH9	BM2	—
6W6Mo5Cr4V2	H42	—	—	—	—
5CrW2Si	S1	45WCV7	SKS41	—	—
7CrSiMnMoV	—	—	～SX105	—	—
5CrNiMnMo	VIG（ASM）	40 CrMnMo7	SKT5	—	—
5CrNiMo	L6	55CrMoV6	SKT4	PLMB/1	—
4Cr3MoSiV	H10	—	—	—	—
4Cr5MoSiV	H11	X38CrMoV51	SKD6	BH11	～8407
4Cr4MoSiV1	H13	X40CrMoV51	SKD61	BH13	8407
4Cr5W2SiV	～H11	—	—	—	—
3Cr2W8V	H21	X30WCrV93	SKD5	BH21A	—
3Cr2NiMnMo	—	—	—	—	718HH

中国 GB	美国 AISI	德国 DIN	日本 JIS	英国	瑞典
3Cr13/4Cr13	420SS	X40Cr13	S-STAR	EN56d	S-136
3Cr2Mo	P20	P20M	—	—	618HH
3Cr2Mo＋Ni	P20＋Ni	GS-738	—	—	718
40Cr	5140	41Cr4	SCr4H	530A40	—

附录二 压痕直径与布氏硬度对照表

钢球直径：10mm 试验力：4900N（注：试验力为 9800N 时硬度值为表中 2 倍，以此类推）

压痕直径/mm	布氏硬度值	压痕直径/mm	布氏硬度值	压痕直径/mm	布氏硬度值
2.00	158	3.55	48.9	5.15	22.3
2.05	150	3.60	47.5	5.20	21.8
2.10	143	3.65	46.1	5.25	21.4
2.15	136	3.70	44.9	5.30	20.9
2.20	130	3.75	43.6	5.35	20.5
2.25	124	3.8	42.4	5.4	20.1
2.30	119	3.85	41.3	5.45	19.7
2.35	114	3.9	40.2	5.50	19.3
2.40	109	3.95	39.1	5.55	18.9
2.45	104	4.00	38.1	5.60	18.6
2.50	100	4.05	37.1	5.65	18.2
2.55	96.3	4.10	36.2	5.70	17.8
2.60	92.6	4.15	35.3	5.75	17.5
2.65	89.0	4.20	34.4	5.80	17.2
2.70	85.7	4.25	33.6	5.85	16.8
2.75	82.6	4.30	32.8	5.90	16.5
2.80	79.6	4.35	32.0	5.95	16.2
2.85	76.8	4.40	31.2	6.00	15.9
2.90	74.1	4.45	30.5	6.05	15.6
2.95	71.5	4.50	29.8	6.10	15.3
3.00	69.1	4.55	29.1	6.15	15.1
3.05	66.8	4.60	28.4	6.20	14.8
3.10	64.6	4.65	27.8	6.25	14.5
3.15	62.5	4.70	27.1	6.30	14.2
3.20	60.5	4.75	26.5	6.35	14.0
3.25	58.6	4.80	25.9	6.40	13.7

续表

压痕直径/mm	布氏硬度值	压痕直径/mm	布氏硬度值	压痕直径/mm	布氏硬度值
3.30	56.8	4.85	25.4	6.45	13.5
3.35	55.1	4.90	24.8		
3.40	53.4	4.95	24.3		
3.45	51.8	5.00	23.8		
3.50	50.3	5.05	23.3		

附录三　钢铁材料硬度与强度换算表

维氏硬度 HV	布氏硬度 HBW	洛氏硬度 HRA	洛氏硬度 HRC	抗拉强度	维氏硬度 HV	布氏硬度 HBW	洛氏硬度 HRA	洛氏硬度 HRB	洛氏硬度 HRC	抗拉强度
940		85.6	68.0		410	388	71.4		41.8	137
920		85.3	67.5		400	379	70.8		40.8	134
900		85.0	67.0		390	369	70.3		39.8	130
880		84.7	66.4		380	360	69.8	110.0	38.8	127
860		84.4	65.9		370	350	69.2		37.7	123
840		84.1	65.3		360	341	68.7	109.0	36.6	117
820		83.8	64.7		350	331	68.1		35.5	113
800		83.4	64.0		340	322	67.6	108.0	34.4	110
760		83.0	63.3		330	313	67.0		33.3	106
740		82.2	61.9		320	303	66.4	107.0	32.2	103
720		81.8	61.0		310	294	65.8		31.0	99
700		81.3	60.1		300	284	65.2	105.5	29.8	98
690		81.1	59.7		295	280	64.8		29.2	96
680		80.8	59.2	232	290	275	64.5	104.5	28.5	94
670		80.6	58.8	228	285	270	64.2		27.8	92
660		80.3	58.3	224	280	265	63.8	103.5	27.1	91
650		80.0	57.8	221	275	261	63.5		26.4	89
640		79.8	57.3	217	270	256	63.1	102.0	25.6	87
630		79.5	56.8	214	265	252	62.7		24.8	85
620		79.2	56.3	210	260	247	62.4	101.0	24.0	83
610		78.9	55.7	207	255	243	62.0		23.1	82
600		78.7	55.2	203	250	238	61.6	99.5	22.2	80
590		78.4	54.7	200	245	233	61.2		21.3	78
580		78.0	54.1	196	240	228	60.7	98.1	20.3	75
570		77.8	53.6	193	230	219		96.7	18.0	71

续表

维氏硬度 HV	布氏硬度 HBW	洛氏硬度		抗拉强度	维氏硬度 HV	布氏硬度 HBW	洛氏硬度			抗拉强度
		HRA	HRC				HRA	HRB	HRC	
560		77.4	53.0	189	220	209		95.0	15.7	68
550	505	77.0	52.3	186	210	200		93.4	13.4	65
540	496	76.7	51.7	183	200	190		91.4	11.0	61
530	488	76.4	51.1	179	190	181		89.0	8.5	59
520	480	76.1	50.5	176	180	171		87.1	6.0	55
510	473	75.7	49.6	173	170	162		85.0	3.0	51
500	465	75.3	49.1	169	160	152		81.7		50
490	456	74.9	48.4	165	150	143		78.7		48
480	449	74.5	47.7	162	140	133		75.0		44
470	441	74.1	46.9	158	130	124		71.2		40
460	433	3.6	46.1	155	120	114		66.7		
450	425	73.3	45.3	151	110	105		62.0		
440	415	72.8	44.5	148	100	95		54.2		
430	405	72.3	43.6	144	95	90		52.0		
420	397	71.8	42.7	141	90	86		48.0		

附录四 常用热处理工艺及代号 (GB/T12603—2005)

工　艺	代　号	工　艺	代　号	工　艺	代　号
热处理	500	形变淬火	513-Af	离子渗碳	531-08
整体热处理	510	气冷淬火	513-G	碳氮共渗	532
可控气氛热处理	500-01	淬火及冷处理	513-C	渗氮	533
真空热处理	500-02	可控气氛加热淬火	513-01	气体渗氮	533-01
盐浴热处理	500-03	真空加热淬火	513-02	液体渗氮	533-03
感应热处理	500-04	盐浴加热淬火	513-03	离子渗氮	533-08
火焰热处理	500-05	感应加热淬火	513-04	流态床渗氮	533-10
激光热处理	500-06	流态床加热淬火	513-10	氮碳共渗	534
电子束热处理	500-07	盐浴加热分级淬火	513-10M	渗其他非金属	535
离子轰击热处理	500-08	盐浴加热盐浴分级淬火	513-10H＋M	渗硼	535 (B)
流态床热处理	500-10	淬火和回火	514	气体渗硼	535-01 (B)
退火	511	调质	515	液体渗硼	535-03 (B)
去应力退火	511-St	稳定化处理	516	离子渗硼	535-08 (B)
均匀化退火	511-H	固溶处理．水韧化处理	517	固体渗硼	535-09 (B)
再结晶退火	511-R	固溶处理＋时效	518	渗硅	535 (Si)

工　艺	代　号	工　艺	代　号	工　艺	代　号
石墨化退火	511-G	表面热处理	520	渗硫	535（S）
脱氢处理	511-D	表面淬火和回火	521	渗金属	536
球化退火	511-Sp	感应淬火和回火	521-04	渗铝	536（Al）
等温退火	511-1	火焰淬火和回火	521-05	渗铬	536（Cr）
完全退火	511-F	激光淬火和回火	521-06	渗锌	536（Zn）
不完全退火	511-P	电子束淬火和回火	521-07	渗钒	536（V）
正火	512	电接触淬火和回火	521-11	多元共渗	537
淬火	513	物理气相沉积	522	硫氮共渗	537（S-N）
空冷淬火	513-A	化学气相沉积	523	氧氮共渗	537（O-N）
油冷淬火	513-O	等离子体增强化学气相沉积	524	铬硼共渗	531（Cr-B）
水冷淬火	513-W	离子注入	525	钒硼共渗	537（V-B）
盐水淬火	513-B	化学热处理	530	铬硅共渗	537（Cr-Si）
有机水溶液淬火	513-Po	渗碳	531	铬铝共渗	537（Cr-Al）
盐浴淬火	513-H	可控气氛渗碳	531-01	硫氮碳共渗	537（S-N-C）
加压淬火	513-Pr	真空渗碳	531-02	氧氮碳共渗	537（O-N-C）
双介质淬火	513-1	盐浴渗碳	531-03	铬铝硅共渗	537(Cr-Al-Si)
分级淬火	513-M	固体渗碳	531-09		
等温淬火	513-At	流态床渗碳	531-10		

参 考 文 献

[1] 王英杰，金升．金属材料及热处理．北京：机械工业出版社，2012．

[2] 彭广威．金属材料与热处理．北京：机械工业出版社，2010．

[3] 杨素萍．模具材料与热处理．上海：上海科学技术出版社，2011．

[4] 叶宏．金属材料与热处理．北京：化学工业出版社，2009．

[5] 王晓丽．金属材料及热处理．北京：机械工业出版社，2012．

[6] 吴元微，赵利群．模具材料与热处理．大连：大连理工大学出版社，2009．